普通高等教育“十一五”国家级规划教材
21 世纪农业部高职高专规划教材

微 生 物 学

张曙光 主编

生物技术类专业用

中 国 农 业 出 版 社

主　编　张曙光（湖北三峡职业技术学院）

副主编　唐玉琴（吉林农业科技学院）

　　　　　周希华（潍坊职业学院）

参　编　刘志军（保定职业技术学院）

　　　　　薛永三（黑龙江农业经济职业学院）

　　　　　张中社（杨凌职业技术学院）

审　稿　赵　斌（华中农业大学）

　　　　　张亚雄（三峡大学）

前　言

《微生物学》是生物技术类专业一门重要的专业基础课，主要是为专业课的学习提供必要的理论基础和技术方法。本教材在编写中遵照教育部的教学改革文件精神，力求体现能力本位的教学思想，坚持理论必需、够用为度，突出实践操作技能和技术方法训练的原则，按照学生识记知识的特点和规律，由浅入深，依次展开。

本教材在保证知识的系统性和完整性的前提下，强调理论的实用性和技能的可操作性，适当补充更新当代微生物学发展的新理论、新知识、新技术和新方法，体现“宽、全、新、实”的特点，即覆盖面宽、内容全面、知识点新、注重实用。为了拓宽知识覆盖面，突出教材的实用性，将感染与免疫单独列为一章，以强调现代免疫技术的应用。在第十章微生物的应用中，增加了微生物与环境、微生物与食品、微生物与制药等内容，教师可以根据不同的专业选讲部分章节，便于灵活选用。编写中注意引用现实生活中生动有趣的事例，尽量采用形象逼真的图片说明，增强教材的直观性和趣味性，激发学生的学习兴趣。

本教材集理论知识和实践内容为一体，全书分理论部分、实验实训及附录。绪论、第三章及实训七、八、九、十由张曙光编写；第一章、第九章及实训一、二、三由唐玉琴编写；第四章、第五章及实训五、六由周希华编写；第二章、第十章第一节及实训四由张中社编写；第六章、第八章、第十章第二节及实训十一由刘志军编写；第七章、第十章第三、四节及实训十二、十三、十四由薛永三编写；为了方便学生自学，在附录中收录了常用的试剂、指示剂、培养基等的配方。

赵斌教授和张亚雄副教授审阅了全文，并提出了宝贵的修改意见。本教材在编写中引用了一些著作者的插图和数据，湖北三峡职业技术学院朱沙同志编绘了部分图片，在此一并致谢。

本教材适应面广、选择性强，各学校可根据不同的专业学习需求选讲部分章节，或选做部分实验实训。本教材既可作为高等职业院校生物技术、生物制药、种植类专业的教学用书，也可作为中等职业院校相近专业的参考用书。

限于编者的知识水平和能力，书中难免存在不足之处，敬请各位同行和广大读者批评指正。

编　者

2006 年 4 月

目　录

绪　论

一、什么是微生物

微生物是指那些形体微小，结构简单，必须借助显微镜才能看见的微小生物类群的总称。微生物不是分类系统中的一个类群，种类多，成员杂，通常包括病毒、细菌、真菌、原生动物和某些藻类。它们具有如下特点：①形体微小，肉眼看不见，需用显微镜观察，大小以 μm 或 nm 计量。②生长繁殖快，在实验室培养条件下细菌几十分钟至几小时可繁殖一代。③比表面积（表面积与体积之比）大，代谢活性强。在适宜条件下微生物 24h 所合成的细胞物质相当于原来细胞质量的 30～40 倍。④分布广泛，适应性强。凡有高等生物的地方均有微生物存在，甚至在动植物不能生活的极端环境中微生物也能生活。⑤与高等生物相比，容易发生变异。在所有生物类群中，已知微生物种类的数量仅次于被子植物和昆虫。微生物种内的遗传多样性也非常丰富，具有广泛的用途。

二、微生物的种类

微生物的类群很多，形态各异，大小不一，生物学特性差异极大。根据细胞结构的有无和细胞核的类型分为非细胞微生物——病毒、亚病毒，原核微生物——细菌、放线菌，真核微生物——原生生物、真菌及单细胞藻类。

由于微生物种类的多样性及其独特的生物学特性，使其在自然界中占有重要位置。1969 年魏塔克（Whittaker）提出五界系统，把具有细胞结构的生物分为五界。1977 年我国学者王大耜等建议在五界系统基础上将无细胞结构的病毒单列一界，便构成了六界系统，即动物界、植物界、原生生物界、真菌界、原核生物界和病毒界。1978 年伍斯（Woese）根据不同生物 16S 和 18S rRNA 寡核苷酸序列的同源性测定结果，提出将生物分为 3 个域（domain），把传统的界分别放在域中，即古生菌域、细菌域和真核生物域。

三、微生物学的发展

微生物学是研究微生物生命活动规律的学科。基本内容包括：微生物细胞的形态结构及其功能、生理生化反应与营养代谢、微生物遗传变异与菌种选育、微生物的多样性与分类、微生物之间及其与环境之间的相互作用、微生物与人类的关系等。随着微生物学的不断发展，形成了许多新的分支学科，并且还会不断形成新的学科和研究领域。见表0-1。

表0-1 微生物学的分科

分科的依据	微生物学分支学科名称
按微生物的种类分	细菌学、真菌学、病毒学、菌物学、原生动物学、藻类学
按技术与工艺分	分析微生物学、发酵微生物学、微生物技术学、遗传工程
按应用范围分	工业微生物学、农业微生物学、医学微生物学、药学微生物学、兽医微生物学、食品微生物学、预防微生物学
按生命活动规律分	微生物生理学、微生物遗传学、微生物生物化学、微生物生态学、微生物分类学、分子微生物学、细胞微生物学、微生物基因组学
按生态环境分	土壤微生物学、海洋微生物学、环境微生物学、水微生物学、宇宙微生物学
按与疾病的关系分	免疫学、医学微生物学、流行病学

对微生物的应用可以追溯到8 000年以前，在4 000年前我国的酿酒工艺已经普及，2 500年前我国人民已发明酿制酱油和醋，公元6世纪，我国《齐民要术》详细记载了制曲、酿酒、制酱、酿醋等工艺。尽管在很早以前就已经有了关于利用和防治微生物的记载，但作为一门学科，只有在人们直接看到了微生物之后才有可能诞生微生物学。17世纪中叶，荷兰人列文虎克（Antonie van Leeuwenhoek，1632—1723）用自制的简单显微镜观察并发现了许多微生物，包括一些细菌和原生动物，并于1676年向英国皇家学会报告了发现结果，为以后的微生物学研究奠定了基础。由于时代的局限性，研究结果没有受到应有的重视，在随后的200年微生物学也未取得研究进展。在19世纪欧洲完成产业革命之后，科学技术发展进入了一个新时期，微生物学的研究也开始活跃起来。微生物学发展中的重大事件见表0-2。

法国科学家巴斯德（Louis Pasteur，1822—1895）为微生物学的发展做出了开创性的杰出贡献，被称为“微生物学之父”。他所做的著名的曲颈瓶试验证明空气中含有大量微生物，它们是引起有机质腐败的原因，用无可争辩的事实彻底推翻了“自然发生学说”。在此基础上，他通过对酒精发酵的研究证明发酵是由微生物引起的，与微生物的生长繁殖有关。他之后还发现乳酸发酵、醋酸发酵和丁酸发酵都是由不同细菌引起的，为微生物学的生理生化研究奠定了基础。此外，他还研究了鸡霍乱病、牛炭疽病和狂犬病，并首次制成狂犬疫苗，为人类防病、治病做出了重大贡献。

另一位微生物学创始人——德国医生柯赫（Robert Koch，1843—1910）是著名的细菌学家，对病原细菌的研究做出了突出贡献。他从动物血液中分离到引起炭疽病的细菌，证实炭疽杆菌是炭疽病的病原菌，并在1876年提出了疾病的微生物致病学说。他的经典实验被称为柯赫氏法则(Koch's postulates)，通过对肺结核病的研究发现了结核杆菌，随后又研究了细菌的染色方法和固体培养基的制备，建立了纯培养技术，为微生物的分离培养研究奠定了基础。

到了20世纪上半叶，由于科学技术的进步推动了微生物学的快速发展。一方面朝着应用微生物学方向发展。在应用方面，对人类疾病和躯体防御机能的研究促进了医学微生物学和免疫学的发展。青霉素的发现（Fleming，1929）和Waksman关于土壤中放线菌的研究成果导致了抗生素科学的出现，如今抗生素的生产已经是现代化大企业的规模化生产。微生物酶制剂已广泛应用于农、工、医各方面；微生物的其他产品如有机酸、氨基酸、维生素等都已在进行批量生产。微生物在农业中的应用研究成果促进了农业微生物学和兽医微生物学的发展。

另一方面和其他生物科学的交叉、渗透和融合使基础微生物学研究获得了全面深入的发展。首先是微生物学与遗传学和生物化学的结合，催生了微生物遗传学和微生物生理学，进而推动了分子遗传学的形成。与此同时，微生物的其他分支学科也得到迅速发展，细菌学、真菌学、病毒学、微生物分类学、微生物生态学相继形成了独立的学科，全面揭示了微生物的一系列生命活动规律，包括遗传变异、细胞结构与功能、酶及生理生化反应等。进入20世纪50年代，微生物学与分子生物学技术的结合使微生物学成为生命科学领域中一门发展最快、影响最大的前沿科学。

表0-2　微生物学发展中的重大事件

时　间	重　大　事　件
1857	Pasteur证明乳酸发酵是由微生物引起的
1861	Pasteur用曲颈瓶实验证明微生物非自然发生，推翻了“自然发生学说”
1864	Pasteur建立巴氏消毒法
1867	Lister首次成功进行石炭酸消毒试验，创立消毒外科
1867—1877	Koch证明炭疽病是由炭疽杆菌引起
1881	Koch等首创用明胶固体培养基分离细菌
1882	Koch* 发现结核杆菌
1884	柯赫法则发表

（续）

时　间	重 大 事 件
1885	Pasteur 研制狂犬疫苗成功
1887	Richard Petri 发明双层培养皿
1888	Beijerinck 首次分离根瘤菌
1890	Von Behring 制备抗毒素治疗白喉和破伤风
1891	Sternberg 与 Pasteur 同时发现肺炎球菌
1892	Ivanowsky 发现烟草花叶病是由病毒引起的
1897	Ross 证实疟疾病原菌由蚊子传播
1909—1910	Ricketts 发现立克次氏体
1928	Griffith 发现细菌转化
1929	Fleming 发现青霉素
1935	Stanley* 首次提纯烟草花叶病毒，并得到其“蛋白质结晶”
1944	Avery 等证实转化过程中 DNA 是遗传信息载体；Waksman* 发现链霉素
1946—1947	Lederberg* 和 Tatum 发现细菌的接合现象、基因连锁现象
1949	Enders*、Robbins* 和 Weller* 离体培养脊髓灰质炎病毒成功
1952	Hershey* 和 Chase 发现噬菌体将 DNA 注入寄主细胞；Zinder 和 Lederberg 发现普遍性传导
1953	Watson* 和 Crick* 提出 DNA 双螺旋结构
1956	Umbarger 发现反阻遏现象
1961	Jacob* 和 Monod* 提出基因调节的操纵子模型
1961—1966	Holley*、Khorana*、Nirenberg* 等阐明遗传密码
1969	Edelman* 测定抗体蛋白分子的一级结构
1970—1972	Arber*、Nathans* 和 Smith* 发现并提纯限制性内切酶；Temin 和 Baltimore 发现反转录酶
1973	Cohen 等首次将重组质粒转入大肠杆菌成功
1975	KÖhler 和 Milstein* 建立生产单克隆抗体技术
1977	Woese 提出古生菌是不同于细菌和真核生物的特殊类群；Sanger* 首次对 ϕX174 噬菌体 DNA 进行全序列分析
1982—1983	Cech* 和 Altman* 发现具有催化活性的 RNA；McClintock* 发现转座因子；Prusiner* 发现朊病毒（prion）
1983—1984	Gallo 和 Montagnier 分离和鉴定人免疫缺陷病毒；Mullis 建立 PCR 技术
1988	Deisenhofer 等发现细菌的光合色素
1989	Bishop* 和 Varmus* 发现癌基因
1995	第一个独立生活的生物（流感嗜血杆菌）全基因组序列测定完成
1996	第一个自养生活的古生菌基因组测定完成
1997	第一个真核生物（啤酒酵母）基因组测序完成

*为诺贝尔奖获得者。

四、微生物学的重要性

微生物作为大自然的一部分与人类生活密不可分，绝大多数对人类和动植物是有益的，有些甚至是必需的。自然界中 N、C、S 等元素的循环需要微生物的参与，否则植物就不能代谢，人类和动物就难于生存。当你品尝面包或酸奶的时候，能享受它们带给你的恩惠，当你感冒或患病的时候，能感受它们带给你的痛苦，它们在给人们带来巨大利益的同时也带来了灾难。因此，对微生物生命活动规律的认识已成为人类认识自然、改造自然的一项重要内容。微生物学一直处于生命科学的前沿，生命活动的许多规律大多是在研究微生物的过程中被认识的。利用酵母菌及其无细胞制剂对酒精发酵的研究，阐明了生物体内的糖酵解途径；以细菌为材料确定的 DNA 双螺旋结构和遗传密码揭示了所有生物的遗传本质；细菌全基因组碱基测序促进了人和植物染色体遗传密码的破译研究。

微生物学的发展促进了人类的进步，使得微生物在工业、农业、医药、环境等方面得到更广泛的应用，微生物生产与动物生产、植物生产并列为生物产业的三大支柱。在工业方面，微生物应用于食品、皮革、纺织、石油、化工、冶金等行业，如利用微生物发酵法生产味精，既能节约成本，又可节约粮食；利用微生物进行石油脱蜡可提高石油的产量和质量。在农业方面，应用微生物生产菌肥、植物生长激素等，还可利用微生物感染昆虫来进行害虫防治，开辟了以菌造肥、以菌促长、以菌防虫、以菌治病等农业增产新途径。在医药方面，可利用微生物来生产抗生素、维生素、辅酶等药物。在环境方面，微生物是消除环境污染、净化环境的重要手段。在新兴的生物技术产业中，微生物的作用更为突出。作为基因工程的外源 DNA 载体，不是菌体本身，就是其细胞中的质粒；用作切割与拼接基因的工具酶，绝大多数来自微生物，而且也是最丰富的外源基因供体。

微生物学发展的短短 300 年间，已在人类生活和生产实践中得到广泛应用。21 世纪，随着微生物学研究技术和方法的发展，微生物学与能源、信息、材料、计算机等的结合将开辟新的研究和应用领域。微生物产业除了更广泛地利用和挖掘不同环境的自然微生物资源外，基因工程菌将形成一批强大的工业生产菌，生产外源基因表达的产物，特别是药物的生产将为完全征服癌症、艾滋病等顽症做出新的贡献。

复习思考题

1. 什么是微生物？微生物有哪些种类？
2. 为什么说微生物在人类生活中占有重要位置？
3. 你如何看待微生物学发展的前景？

第一章　原核微生物——细菌、放线菌、蓝细菌

［**本章提要**］　原核微生物主要包括细菌、放线菌、蓝细菌。细菌的基本形态主要有球状、杆状和螺旋状；细菌的大小以 μm 为单位进行计量；细菌细胞一般由细胞壁、细胞质、细胞质膜、原核等基本结构构成，此外还有鞭毛、荚膜、芽孢等特殊结构，这些结构是细菌分类鉴定的主要依据；细菌以二分裂方式进行繁殖。放线菌的个体由基内菌丝、气生菌丝、孢子丝和孢子构成，它们是抗生素的主要产生菌。蓝细菌是能够进行光合作用的微生物。

现代的生物学观点认为，整个生物界首先要区分为细胞生物和非细胞生物两大类群。非细胞生物包括病毒和亚病毒；细胞生物包括一切具有细胞形态的生物，可以区分为原核生物和真核生物。原核生物包括细菌、放线菌和蓝细菌，是本章介绍的内容。真核生物包括各种低等动植物和高等动植物。低等动植物又可以区分为藻类、真菌类和原生动物 3 个类群，它们中的大多数是微生物。

以电子显微镜为主要工具研究细胞的微细构造和功能，发现原核细胞和真核细胞（图 1-1）有 3 项主要区别。

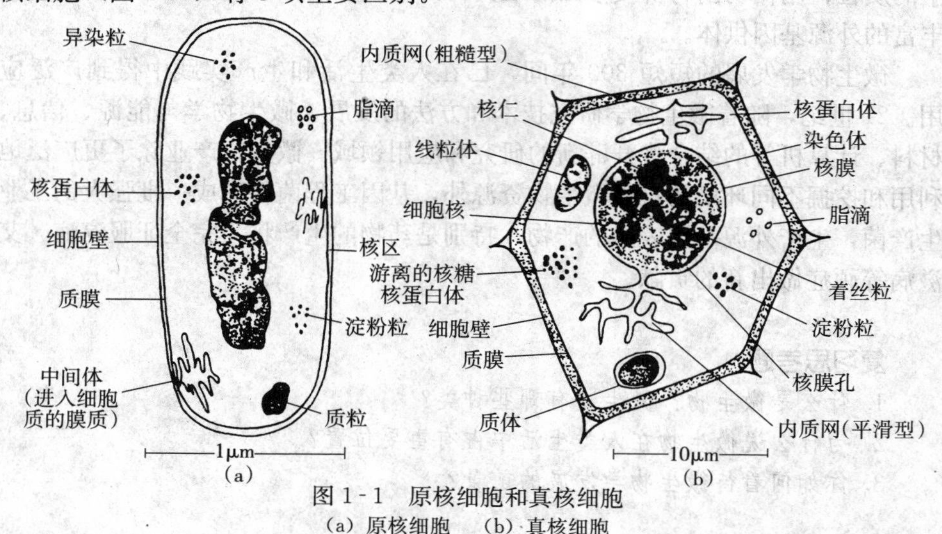

图 1-1　原核细胞和真核细胞
（a）原核细胞　（b）真核细胞

（1）原核细胞中有明显的核区，核区内含有一条双螺旋脱氧核糖核酸构成的基因体，亦称染色体；真核细胞含有由多条染色体组成的基因体群。真核细胞的染色体除含有双螺旋脱氧核糖核酸外还含有组蛋白。真核细胞有一个明显的核，染色体位于核内，核由一层核膜包围，这样的核称为真核。原核细胞的核区没有核膜包围，称为原核。

（2）原核细胞有一个连续不断的细胞质膜，它包围着细胞质，并且大量折皱陷入到细胞质中去，称为中体（中间体）。真核细胞的细胞质膜包围着细胞质，但并不陷入，在细胞质内有各种细胞器，它们都各由一层膜包围，这些细胞器的膜和细胞质膜没有直接关系。

（3）核蛋白体位于细胞质内，它们是蛋白质合成的场所。原核细胞的核蛋白体小，沉降系数为70S粒子。真核细胞的核蛋白体要大些，沉降系数为80S粒子（细胞器内是70S）。

除上述3项尚有其他不同点，见表1-1。

表1-1　原核细胞与真核细胞的主要区别

性　状	原核细胞	真核细胞
细胞核结构	是原核，不具有核膜和核仁	是真核，具有核膜与核仁
DNA	只有一条，不与RNA和蛋白质结合	一至数条，与RNA和蛋白质结合
核糖体	70S粒子在细胞质中	80S粒子在细胞质中（在某些细胞器中为70S粒子）
细胞器	无	有线粒体、高尔基体、内质网等
细胞壁组成	肽聚糖或脂多糖	几丁质、多聚糖或寡糖
繁殖方式	无性繁殖	无性繁殖和有性繁殖
细胞分裂	二分裂	具有有丝分裂和减数分裂
细胞大小	一般较小，1～10μm	较大，10～100μm

注：S是沉降系数（Svedberg），用来测试颗粒大小。

第一节　细　　菌

细菌是单细胞生物，每一个细胞都是一个独立生活的个体，细胞内没有真正的细胞核，只在细胞的中部有一絮状核区，用简单分裂的方式进行繁殖。

一、细菌的形态和大小

（一）细菌的形态

细菌的个体是由一个原核细胞组成，虽然细菌的个体只是一个细胞，根据它们的外形不同，可将其分为3种基本形态：球状、杆状和螺旋状，分别称为球菌、杆菌和螺旋菌。

1. 球菌 球形或近似球形的细菌。有的单独存在，有的连在一起。根据球菌分裂之后排列方式的不同，可将其分为以下几种。

（1）单球菌。分裂后的细胞分散而单独存在的为球菌，如尿素小球菌（*Micrococcus*）。

（2）双球菌。分裂后的两个球菌俩俩成对排列，如肺炎双球菌（*Diplococcus pneumoniae*）。

（3）链球菌。分裂是沿着一个平面进行的，分裂后的细胞排列成链状，如乳酸链球菌（*Streptococcus lactis*）。

（4）四联球菌。分裂沿两个相互垂直的平面进行，分裂后的四个细胞呈"田"字形排列，如四联小球菌（*Micrococcus tetragenous*）。

（5）八叠球菌。按三个互相垂直的平面进行分裂，分裂后的每8个细胞呈立方体形排列，如尿素八叠球菌（*Sarcina ureae*）。

（6）葡萄球菌。分裂面不规则，多个球菌聚在一起，像一串串葡萄，如金黄色葡萄球菌（*Staphylococcus aureus*）（图1-2）。

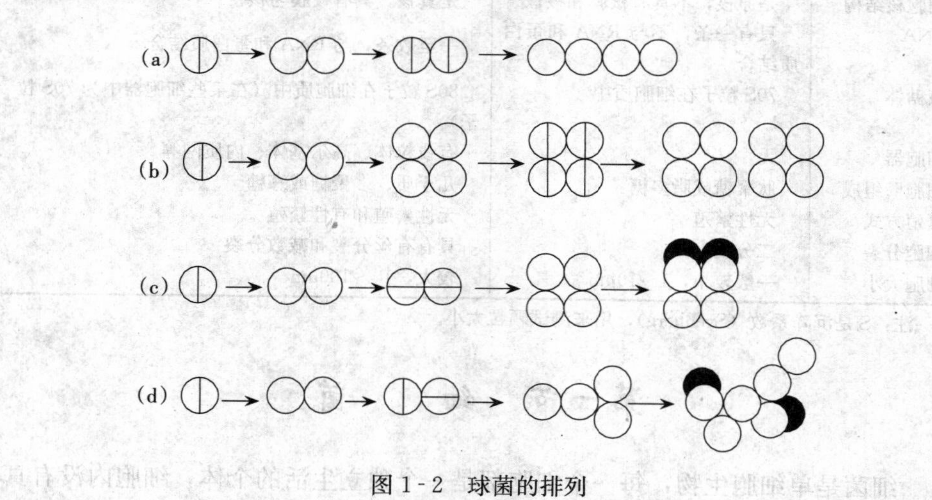

图1-2 球菌的排列

（a）链球菌 （b）四联球菌 （c）八叠球菌 （d）葡萄球菌

（杨颐康，微生物学，1986）

2. 杆菌 杆菌一般呈正圆柱形，也有近似卵圆形的，菌体多数平直，亦有稍为弯曲的；有的菌体短粗，两端钝圆，形状近似球菌，称为球杆菌；有的菌体分裂后仍连在一起，呈链状，称为链杆菌；有的菌体一端或两端膨大，称为棒状杆菌；有的菌体形成侧枝或分枝，称为分枝杆菌。

各种杆菌的长短、粗细不一致，大杆菌长约 3～10μm，中等杆菌长约 2～3μm，小杆菌长约 0.6～1.5μm（图 1-3）。

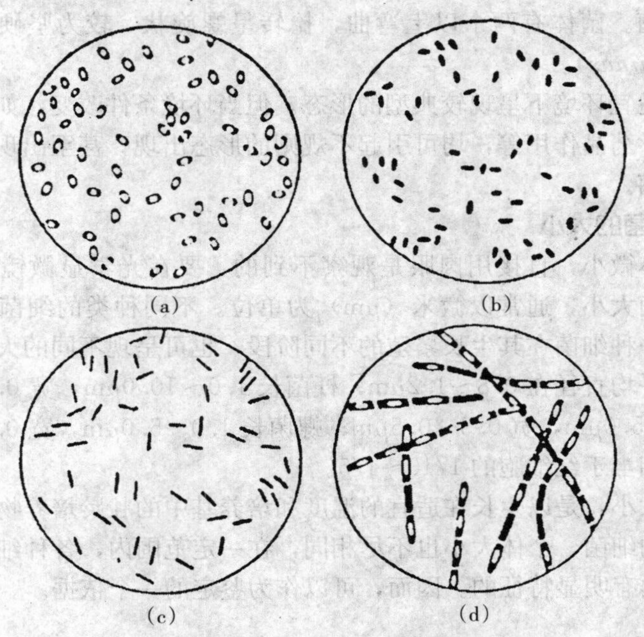

图 1-3　各种杆菌的形态和排列

(a)、(b) 小杆菌　(c) 中等杆菌　(d) 链状大杆菌

杆菌的排列方式依其种类而不同，有的散生，有的成双，也有的呈链条状排列，个别呈栅栏状、V、Y、L 字样等排列。

3. **螺旋菌**　菌体弯曲或呈螺旋状（图 1-4）。根据形成的螺旋数又分为弧菌和螺菌两类。

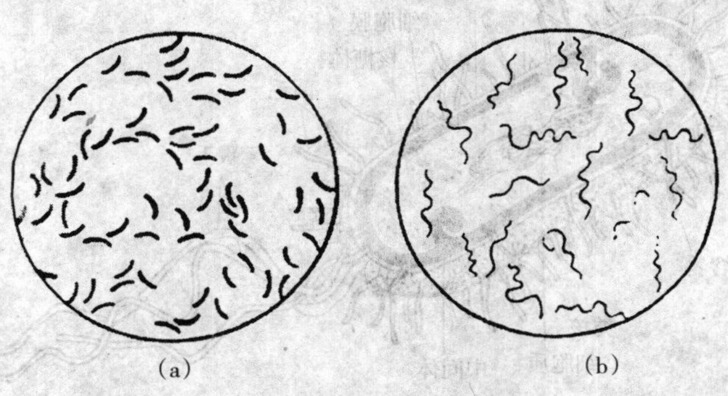

图 1-4　螺旋菌的形态和排列

(a) 弧菌　(b) 螺菌

(1) 弧菌。菌体只有一个弯曲，呈弧状或逗点状，如霍乱弧菌（*Vibrio cholerae*）。

(2) 螺菌。菌体有两个以上弯曲，捻转呈螺旋状，较为坚硬，如小螺菌（*Spirillum minus*）。

细菌在适宜环境下呈现较典型的形态。但当环境条件改变，如改变培养的条件或受化学药品作用等，均可引起不规则的形态出现，甚至出现多形性或细胞壁缺陷细菌。

（二）细菌的大小

细菌个体微小，直接用肉眼是观察不到的，要在光学显微镜下才能看得见。测量细菌大小，通常以微米（μm）为单位。不同种类的细菌，其大小也不一致；同一种细菌在其生长繁殖的不同阶段，也可呈现不同的大小。

球菌的平均直径在 0.8～1.2μm；杆菌长 1.0～10.0μm，宽 0.2～1.0μm；弧菌长 1.0～5.0μm，宽 0.3～0.5μm；螺菌长 1.0～5.0μm，宽 0.3～1.0μm。球菌的大小相当于红细胞的 1/10～1/5。

细菌的大小，是以生长在适宜的温度和培养基中的壮龄培养物为标准。但同一菌落中的细菌，个体大小也不尽相同，在一定范围内，各种细菌的大小是相对稳定而具有明显特征的。因而，可以作为鉴定的一个依据。

二、细菌的细胞结构

细菌细胞的基本结构包括细胞壁、细胞质膜、细胞质及原核。有些细菌还有荚膜、鞭毛、纤毛（也称伞毛或菌毛）、芽孢等特殊结构（图 1-5）。

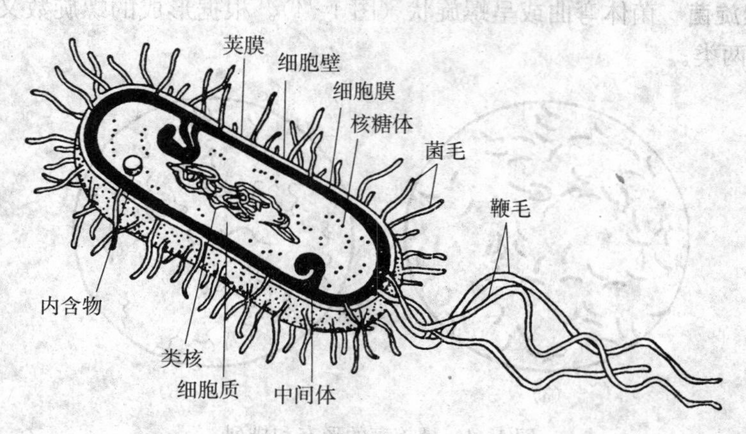

图 1-5　细菌细胞结构示意图

（一）细胞壁

细胞壁在细菌菌体的最外层，是较为坚韧、略具弹性的结构，厚度均匀一致。细胞壁约占细胞干重的10%～20%。用染色法、质壁分离法在电镜下观察细菌的超薄切片或用溶菌酶水解细胞壁等方法，均可以证明细胞壁的存在。各种细菌的细胞壁厚度不等，一般为10～80nm。

1. 细胞壁的功能　细胞壁具有保护细胞及维持细胞外形的功能。失去细胞壁的各种形态的菌体都将变成球形。细菌在一定范围的高渗溶液中细胞质收缩，但细胞仍然可以保持原来的形状；在一定的低渗溶液中细胞吸水膨大，但不致破裂。这些都与细胞壁具有一定坚韧性及弹性有关。细菌细胞壁的化学组成与细菌的抗原性、致病性以及对噬菌体的敏感性有关。有鞭毛的细菌失去细胞壁后，仍保持其鞭毛但不能运动。可见细胞壁的存在是鞭毛运动所必需的，可能为鞭毛运动提供了可靠的支点。此外，细胞壁实际上是多孔性的，可允许水及一些小分子化学物质通过，对大分子物质有阻拦作用的结构。

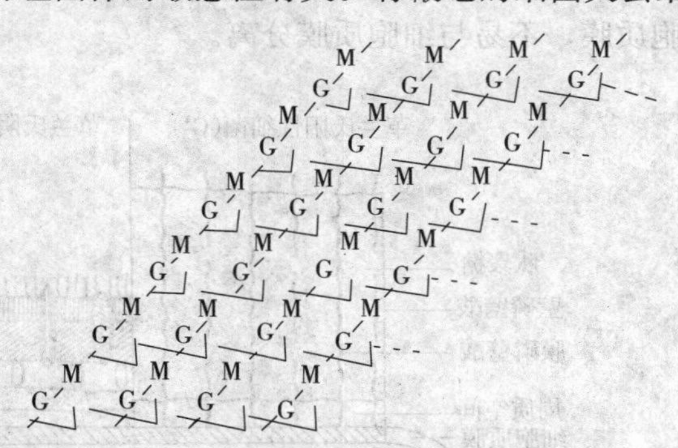

图1-6　革兰氏阳性细菌肽聚糖结构
G. *N*-乙酰葡萄糖胺　M. *N*-乙酰胞壁酸

2. 细胞壁的化学组成与结构　细菌细胞壁的主要成分为肽聚糖。肽聚糖是由*N*-乙酰葡萄糖胺、*N*-乙酰胞壁酸以及短肽聚合成多层网状结构的大分子化合物。不同种类的细菌细胞壁中肽聚糖的结构与组成不完全相同。一般是由*N*-乙酰葡萄糖胺与*N*-乙酰胞壁酸重复交替连接构成骨架，短肽接在胞壁酸上，相邻的短肽通过一定的方式将肽聚糖亚单位交叉联结成重复结构。图1-6为革兰氏阳性细菌的肽聚糖结构，图1-7为革兰氏阴性细菌（大肠杆菌）的肽聚糖结构。

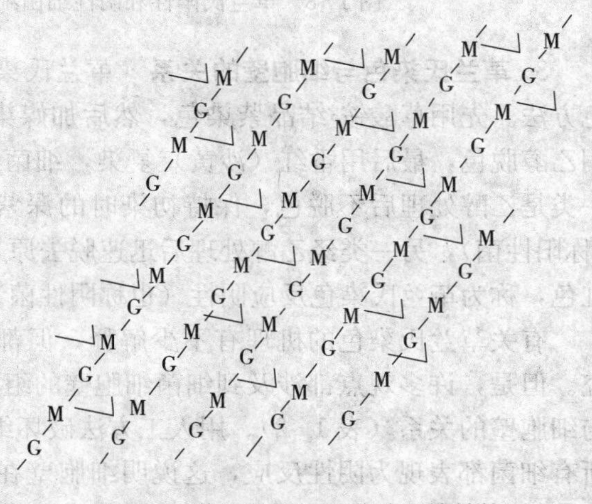

图1-7　革兰氏阴性细菌肽聚糖结构
G. *N*-乙酰葡萄糖胺　M. *N*-乙酰胞壁酸

此外，磷壁酸，又名垣酸。是大多数革兰氏阳性细菌细胞壁中所特有的化学成分，是多元醇和磷酸的聚合物，能溶于水，在革兰氏阳性细菌细胞壁中脂类含量低，一般为1%～4%，而革兰氏阴性细菌细胞壁中含量高，一般可达11%～22%。

以上是细菌细胞壁的化学组成。从细胞壁结构来看，革兰氏阴性细菌比革兰氏阳性细菌要复杂些。革兰氏阳性细菌细胞壁超薄切片在电子显微镜下观察可见细胞壁为一厚20～80nm的电子致密层，是肽聚糖层。而革兰氏阴性细菌细胞壁超薄切片的观察则可见紧靠细胞质膜外有2～3nm厚的一层电子致密层，即肽聚糖层，最外面还有一较厚（8～10nm）的外壁层（图1-8）。革兰氏阴性细菌细胞壁中肽聚糖层比革兰氏阳性细菌相应部分薄的多，而且内贴细胞质膜，不易与细胞质膜分离。

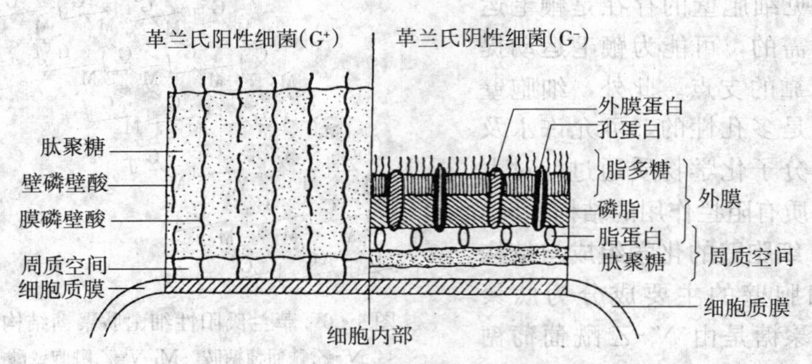

图1-8　革兰氏阳性和阴性细菌细胞壁构造的比较

3. 革兰氏染色与细胞壁的关系　革兰氏染色是微生物学中常用的一种染色方法。先用草酸铵-结晶紫染色，然后加媒染剂——碘液，使细胞着色继而用乙醇脱色，最后用番红（沙黄）复染，细菌经此法染色可将其分成两大类：一类是乙醇处理后不脱色，保持初染时的深紫色，称为革兰氏染色反应阳性（称阳性菌），另一类经乙醇处理后迅速脱去原来的颜色而染上番红的颜色——红色，称为革兰氏染色反应阴性（也称阴性菌）。

有关革兰氏染色的机理有不少解释，但都不能圆满说明，尚需进一步研究。但是，许多观点都涉及到细菌细胞壁的组成与结构以及结晶紫-碘复合物与细胞壁的关系（表1-2）。用人工方法破坏细胞壁后，再经革兰氏染色，则所有细菌都表现为阴性反应，这说明细胞壁在革兰氏染色中的作用。革兰氏阳性细菌与革兰氏阴性细菌细胞壁的化学成分不同，革兰氏阴性细菌细胞壁中脂类物质含量高，肽聚糖含量较低。因而，认为在革兰氏染色过程中用脂溶剂乙醇处理后，溶解了脂类物质，结果使革兰氏阴性细菌的细胞壁通透性增强，结晶紫-碘复合物被乙醇抽提出来，于是革兰氏阴性细菌细胞被脱色，用番红复染就可被染成红色。革兰氏阳性细菌由于细胞壁肽聚糖含量高，脂类含量低，用脱水剂乙醇处理时，细胞被脱水引起细胞壁肽聚糖层中孔径变小，通透性降低，使结晶紫-碘复合物保留在细胞质内，细胞不被脱色仍为紫色。

表 1-2　细菌细胞壁的组成

细菌类型	肽聚糖	磷壁酸	脂多糖	脂肪	蛋白质
革兰氏阳性菌	50%～90%	+	−	2%	10%
革兰氏阴性菌	5%～10%	−	+	20%	60%

（二）细胞膜

细胞膜（又称细胞质膜）是靠在细胞壁内侧包围着细胞质的一层柔软而富有弹性的半透膜，是选择性的透过膜。

1. 细胞膜的成分　细菌细胞经质壁分离后，可用中性或碱性染料使细胞膜染色而看见，用四氧化锇染色的细菌细胞超薄切片，在电子显微镜下观察可见细胞膜厚度为 7～8nm，是两层厚度约为 2nm 的电子致密层，中间夹着一透明层构成。细菌细胞膜约占细胞干重的 10%，其中含 60%～70%的蛋白质、20%～30%的脂类和少量（2%）的多糖。所含的脂类均为磷脂，磷脂多由磷酸、甘油、脂肪酸和含氮碱基构成。

2. 细胞膜的结构　在细胞膜中所含的磷脂既有疏水的非极性基团，又有带负电荷的亲水的极性基团，每个磷脂分子都由一个亲水的“头部”和一个疏水的“尾部”构成，使得它在水溶液中很容易形成具有高度定向性的磷脂双分子层，相互平行排列于膜内，亲水的“头部”指向双分子层外表面（即面向水分子较多的外界和原生质），疏水的“尾部”朝内（即排列在组成膜的内部），这样就形成了膜的基本结构。

细胞膜就是以双层脂类（磷脂）分子构成分子层的骨架，双分子层中有蛋白质或结合于膜双分子层表面或镶嵌于双分子层中，有的甚至可以从双分子层的一侧穿过双分子层而暴露于另一侧之外，这些蛋白质称为膜蛋白。膜蛋白不是单一种类，而是由许多不同种类的分别执行不同生理功能的蛋白质所构成，由于这些蛋白质都是 α-螺旋结构，因此都是球形蛋白，嵌入于双分子层的蛋白质或穿过双分子层于另一侧的蛋白质又称内在蛋白，占细胞质膜蛋白含量的 70%～80%。位于膜外的蛋白质又称外在蛋白或表面蛋白质。细胞膜结构示意图见图 1-9。

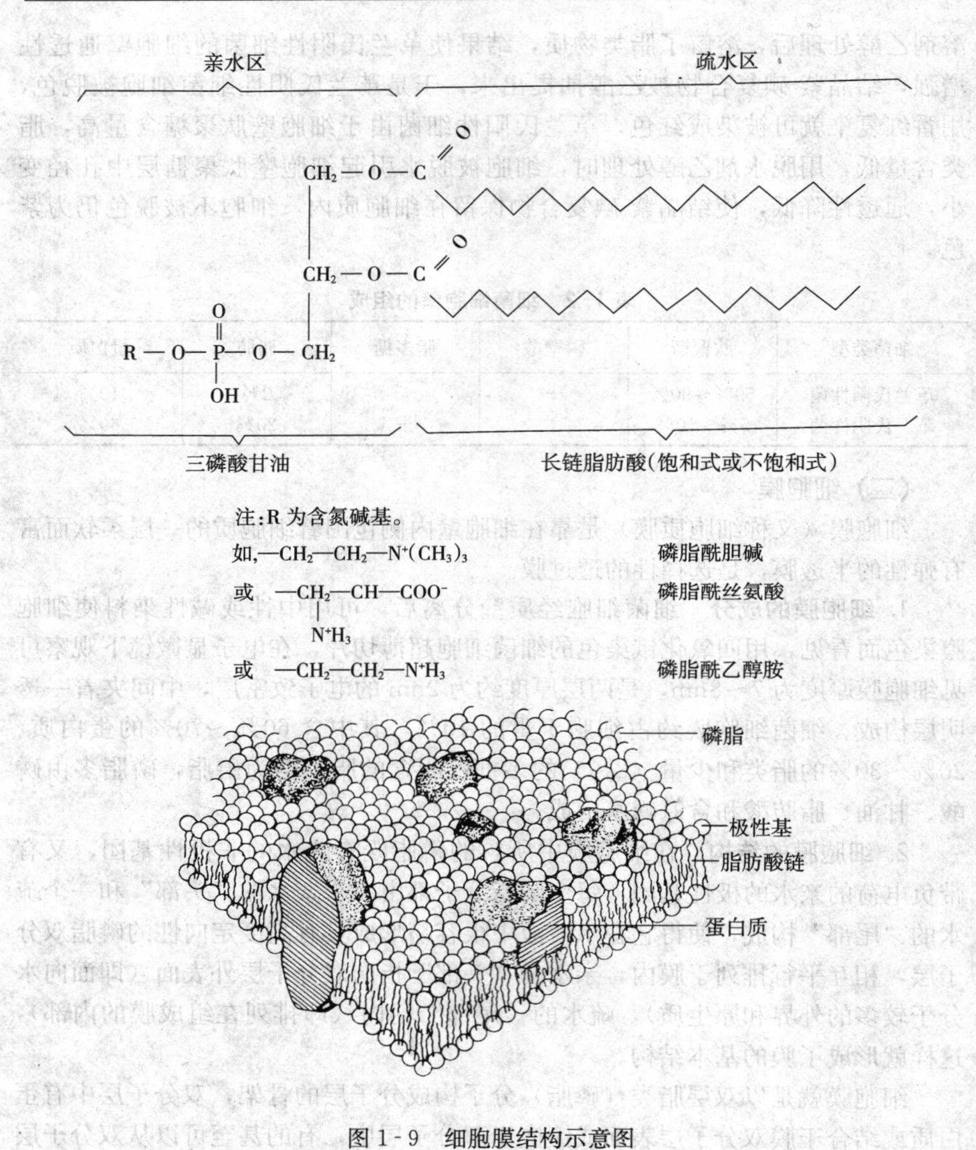

图 1-9　细胞膜结构示意图

(三) 中体

细菌的细胞膜折皱陷入到细胞质内，形成一些管状或囊状体称中体或中间体，是能量代谢的场所。在细菌细胞分裂时，还与细胞壁隔膜的形成及核的复制有关。

(四) 细胞质

细胞质是位于细胞膜内的无色透明黏稠状胶体，是细菌细胞的基础物质，基本成分是水、蛋白质、核酸和脂类，也含有少量的糖和无机盐类。细菌细胞质与其他生物细胞质的主要区别是其核糖核酸含量高，可达固形物的15%～20%。据近代研究表明，细菌的细胞质可分为细胞质区和染色质区。细胞质区富含核糖核酸，染色质区含有脱氧核糖核酸。由于细菌细胞质中富含核糖核酸，因而嗜碱性强，易被碱性和中性染料所着色，尤其是幼龄菌。老龄菌细胞中核糖核酸常被作为氮和磷的来源被利用，核酸含量减少，故着色力降低。

（五）原核

细菌只具有比较原始形态的核称原核或称拟核。它没有核膜、核仁，只有一条染色体。一般呈球状、棒状或哑铃状，由于原核分裂在细胞分裂之前进行，所以，在生长迅速的细菌细胞中有两个或四个核区，生长速度低时只有一个或两个核区。由于细菌染色体比其周围的细胞质电子密度低，在电子显微镜下观察呈现透明的核区域，用高分辨率的电镜可观察到细菌的核区为丝状结构，实际上是一个巨大的、连续的环状双链 DNA 分子（其长度可达 1mm），高度盘旋折叠缠绕形成的。原核在遗传性状的传递中起重要作用。

在很多细菌细胞中尚存有染色体外的遗传因子，为小的环状 DNA 分子，分散在细胞质中，能自我复制，称为质粒（plasmid）。而附着在染色体上的质粒称为附加体，它们也是遗传信息储存、发出及遗传给后代的物质基础。

（六）核糖体

核糖体是细胞中核糖核蛋白的颗粒状结构，由核糖核酸（RNA）与蛋白质组成，其中 RNA 约占 60%，蛋白质占 40%，核糖体分散在细菌细胞质中，其沉降系数为 70S 粒子，是细胞合成蛋白质的场所，其数量多少与蛋白质合成直接相关，因菌体生长速度不同而异，当细菌生长旺盛时，每个菌体可有 10^4 个，生长缓慢时只有2 000个。细胞内核糖体常串联在一起，称为多聚核糖体。

（七）内含物

1. **气泡**　某些细菌如盐杆菌（*Halobacteria*）含有气泡，气泡吸收空气以其中氧气组分供代谢需要，并帮助细菌漂浮到盐水上层吸收较多的空气。

2. **颗粒状内含物**　细菌细胞内含有各种较大的颗粒，大多为细胞储藏物，颗粒的多少随菌龄及培养条件的不同而有很大差异。

（1）异染颗粒。是普遍存在的储藏物，其主要成分是多聚偏磷酸盐，有时也被称为捩转菌素。多聚磷酸盐颗粒对某些染料有特殊反应，产生与所用染料不同的颜色，因而得名异染颗粒。如用甲苯胺蓝、次甲基蓝染色后不呈蓝色而呈紫红色。棒状杆菌和某些芽孢杆菌常含有这种异染颗粒。当培养基中缺磷时，异染颗粒可作为磷的补充来源。

（2）聚 β-羟基丁酸颗粒。聚 β-羟基丁酸是一类类脂物，一些细菌如巨大芽孢杆菌、根瘤菌、固氮菌、肠杆菌的细胞内均含有聚β-羟基丁酸的颗粒（是碳源与能源的储藏物质）。由于易被脂溶性染料如苏丹黑着色，故常被误认为是脂肪滴或油球。

（3）肝糖粒与淀粉粒。某些肠道杆菌和芽孢杆菌体内可积累一些多聚葡萄糖，用稀碘液可染成红棕色即为肝糖。有些梭状芽孢杆菌在形成芽孢时有细菌淀粉粒的积累，可被碘液染成蓝色。

（4）脂肪粒。这种颗粒折光性较强，可用苏丹红Ⅲ染成红色。随着菌体的生长，细菌体内脂肪粒的数量亦会增加，细胞破裂后脂肪粒游离出来。

（5）硫滴。硫磺细菌，如紫色硫细菌、贝氏硫细菌等，当环境中含有H_2S的量很高时，它们可以把H_2S氧化成硫，在体内积累起来，形成大分子的折光性很强的硫滴，为硫素储藏物质。如果环境中H_2S不足时，又可把硫进一步转变成硫酸盐，从中获得能量。

（6）液泡。许多细菌当其衰老时，细胞质内就会出现液泡。其主要成分是水和可溶性盐类，被一层含有脂蛋白的膜包围，用中性红染色可显现出来。

由于细菌的发育阶段不同，以及营养和环境的差异，各种细菌甚至同种细菌之间，内含物的数量和成分也可不同，但是同一菌种在相同的环境条件下常含有相同的内含物，这一点有助于细菌的鉴定。

（八）特殊结构

鞭毛、纤毛、荚膜、芽孢等是某些细菌特有的结构，是分类鉴定的依据。

1. 鞭毛 某些细菌能从菌体内长出纤细呈波浪状的丝状物称为鞭毛，是细菌的“运动器官”。在电镜下观察能看到鞭毛起源于细胞质膜内侧。细胞质区内有一个颗粒状小体，此小体称为基粒。鞭毛自基粒长出穿过细胞壁延伸到细胞外部（图1-10）。

鞭毛长度是菌体长度的几倍至几十倍，而直径极小，约为10～25nm，由于已超过普通光学显微镜的可视度，只能用电子显微镜直接观察或采用特殊的染色方法（鞭毛染色），染料堆积在鞭毛上使鞭毛加粗，才能用光学显微镜观察到。另外用悬滴法及暗视野映光法观察细菌的运动状态以及用半固体琼脂穿刺培养，从菌体生长扩散情况也可以初步判断细菌是否具有鞭毛。

大多数球菌不生鞭毛，杆菌中有的生鞭毛，有的不生鞭毛，弧菌与螺菌都生鞭毛。鞭毛着生的位置、数目是细菌种的特征，根据鞭毛的数目与位置将其分为以下几种。

①单生：偏端单生鞭毛菌是在菌体的一端长一根鞭毛，如霍乱弧菌（*Vibrio cholerae*）。两端单生鞭毛菌是在菌体两端各生一根鞭毛，如鼠咬热螺旋体（*Spirochaeta mosusmuris*）。②丛生：偏端丛生鞭毛菌是在菌体一端丛生鞭毛，

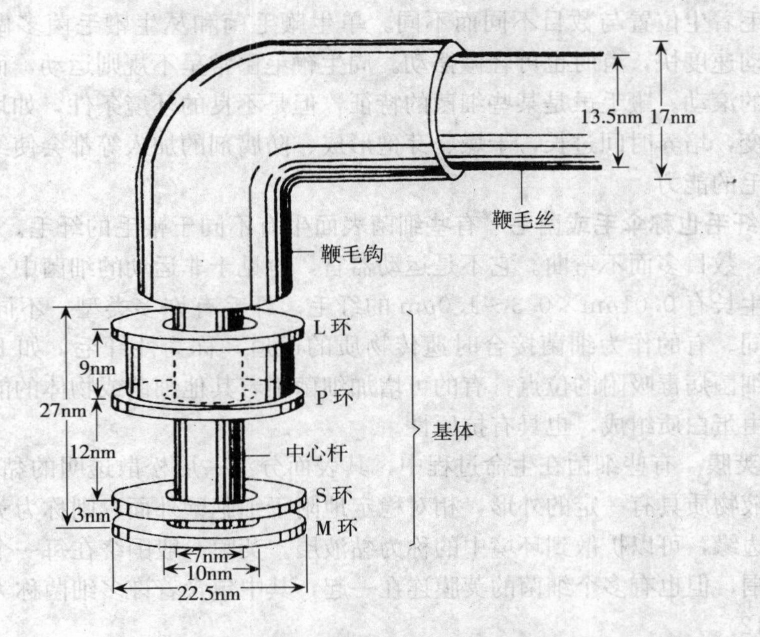

图 1-10　大肠杆菌鞭毛基部示意图

如铜绿假单胞杆菌（*Pseudomonas aeruginosa*）。两端丛生鞭毛菌是在菌体两端各丛生鞭毛，如红色螺菌（*Spirillum rubrum*）。③周生：菌体周身生有鞭毛的菌称周毛菌，如枯草杆菌（*Bacillus subtilis*）、大肠杆菌等。图 1-11 是几种鞭毛类型的示意图。

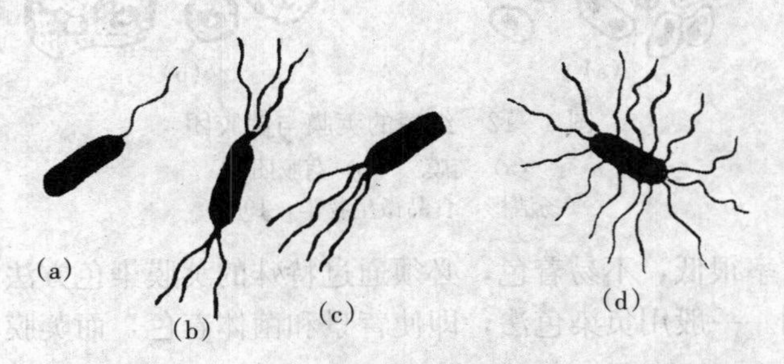

图 1-11　各种鞭毛类型

（a）偏端单生鞭毛菌　（b）两端丛生鞭毛菌

（c）偏端丛生鞭毛菌　（d）周生鞭毛菌

鞭毛主要的化学成分是鞭毛蛋白，它与角蛋白、肌球蛋白、纤维蛋白属于同类物质，所以鞭毛的运动可能与肌肉收缩相似。

鞭毛是细菌的运动器官，有鞭毛的细菌在液体中借助鞭毛运动，其运动方式依鞭毛着生位置与数目不同而不同。单生鞭毛菌和丛生鞭毛菌多做直线运动，运动速度快，有时也可轻微摆动。周生鞭毛菌常呈不规则运动，而且常伴有活跃的滚动。鞭毛虽是某些细菌的特征，但是不良的环境条件，如培养基成分的改变，培养时间过长，干燥、芽孢形成、防腐剂的加入等都会使细菌丧失生长鞭毛的能力。

2. 纤毛也称伞毛或菌毛 有些细菌表面生有不同于鞭毛的纤毛。纤毛短、细且直，数目多而不弯曲。它不是运动器官，也见于非运动的细菌中。大肠杆菌表面生长有 0.01μm×0.3～1.0μm 的纤毛。纤毛有许多类型，不同类型其功能不同。有的作为细菌接合时遗传物质的通道，称为性纤毛，如 F-纤毛；有的是细菌病毒吸附的位点；有的可增加细菌附着其他细菌或物体的能力。纤毛也是由蛋白质组成，也具有抗原性。

3. 荚膜 有些细菌在生命过程中，其表面分泌一层松散透明的黏液物质，这些黏液物质具有一定的外形，相对稳定地附于细胞壁外面，则称为荚膜。没有明显边缘，可以扩散到环境中的称为黏液层。荚膜一般围绕在每一个细菌细胞的外围，但也有多个细菌的荚膜连在一起，其中包含着许多细菌称为菌胶团（图 1-12）。

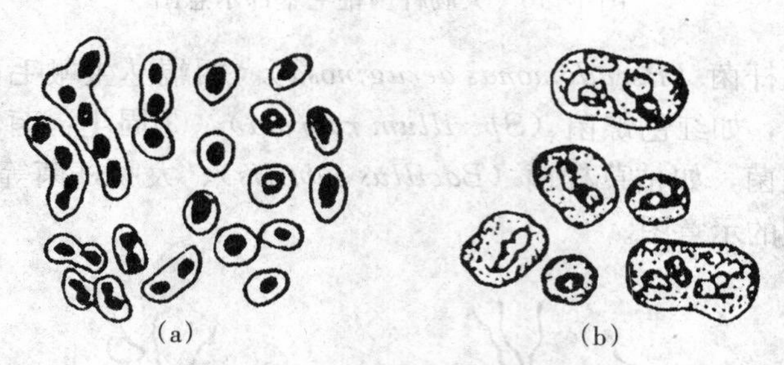

图 1-12 细菌的荚膜与菌胶团

（a）荚膜 （b）菌胶团

（杨洁彬，食品微生物学，1989）

荚膜折射率很低，不易着色，必须通过特殊的荚膜染色方法，才能用光学显微镜观察到。一般用负染色法，即使背景和菌体着色，而荚膜不着色，使之衬托出来。

荚膜含有大量的水分，约占 90%，还有多糖或多肽聚合物。荚膜的形成既受遗传特性影响，又与环境条件密切关系。生长在含糖量高的培养基上的菌体容易形成荚膜，如肠膜明串珠细菌，只有在含糖量高、含氮量低的培养基中才能形成荚膜。某些病原菌，如炭疽芽孢杆菌只有在宿主体内才能形成荚膜，在人工培养基上不形成荚膜，形成荚膜的细菌也不是整个生活期内都形成荚膜，如肺炎双球菌在生长缓慢时形成荚膜，某些链球菌在生长早期形成荚膜，后期则消失。

荚膜虽然不是细菌的主要结构，通过突变或用酶处理，失去荚膜的细菌仍然生长正常，但荚膜有一定的生理功能。由于荚膜的存在，可以保护细菌在机体内不易被白血球所吞噬，使细菌具有比较强的抗干燥能力。当营养缺乏时可作为碳源和能源被利用，某些细菌由于荚膜的存在而具有毒力，如具有荚膜的肺炎双球菌毒力很强，当失去荚膜时，则失去毒性。

4. **芽孢**　有的细菌细胞发育到一定的时期，繁殖速度下降，细胞原生质失水浓缩，在细胞内部形成一个圆形、椭圆形或圆柱形的、对不良环境条件具有较强抗性的休眠体称为芽孢或内生孢子。菌体在未形成芽孢之前称繁殖体或营养体。

能否形成芽孢是细菌种的特征，受其遗传性的制约，杆菌中形成芽孢的种类较多，球菌和螺旋菌中少数种能形成芽孢。

芽孢有较厚的壁和高度折光性,在显微镜下观察芽孢为透明体。芽孢难以着色,为了便于观察常采用特殊的芽孢染色法使其着色,在光学显微镜下清晰可见。

细菌芽孢的位置、形状与大小是细菌鉴定的重要依据。有的位于细胞的中央，有的位于顶端或中央与顶端之间。芽孢在中央且直径大于菌体宽度时，细胞呈梭状，如丙酮丁醇梭菌（*Clostridium acetobutylicum*）。芽孢在顶端且直径大于菌体宽度时，细胞呈鼓槌状，如破伤风梭菌（*Clostridium tetani*）。芽孢直径小于菌体宽度时，则细胞不变形，如常见的枯草杆菌、蜡状芽孢杆菌（Bacillus cereus）等。芽孢的形状、大小和位置见图 1-13。

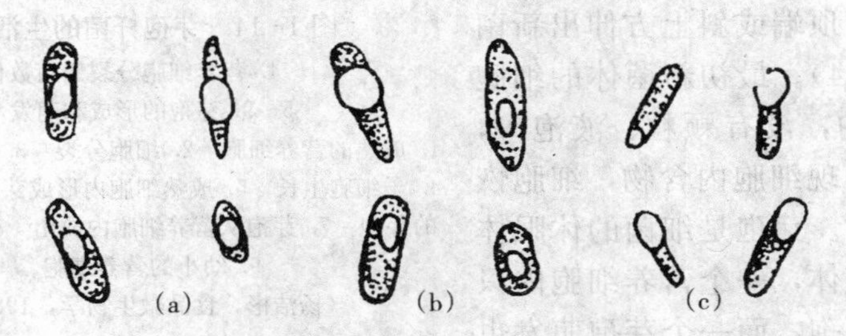

图 1-13　细菌芽孢的形状、位置和大小示意图

(a) 中央位　(b) 近端位　(c) 极端位

（杨洁彬，食品微生物学，1989）

细菌能否形成芽孢，由其遗传性决定，但也需要一定的环境条件。菌种不同，需要的环境条件也不相同。大多数芽孢杆菌在营养缺乏、温度较高或代谢产物积累等不良条件下，衰老的细胞内形成芽孢。但有的菌种需要在营养丰

富、适宜温度条件下才能形成芽孢。如苏云金芽孢杆菌，在营养丰富、温度和通气等适宜条件时，在幼龄细胞中形成芽孢。

细菌形成芽孢包括一系列复杂过程，在电镜下观察芽孢形成过程：开始时细胞中核物质凝集向细胞一端移动，细胞质膜内陷延伸形成双层膜，构成芽孢的横隔壁，将核物质与一部分细胞质包围而形成芽孢。

芽孢对不良环境有很强的抵抗能力，有的芽孢在不良条件下可保持活力数年、数十年，甚至更长的时间。芽孢耐高温能力很强，如破伤风梭菌在沸水中可存活 3h。芽孢耐高温是由于其形成时可同时形成 2,6-吡啶二羧酸，简称 DPA。在细菌的营养细胞和其他生物的细胞中均未发现有 DPA 存在。

DPA 在芽孢中以钙盐的形式存在，占芽孢干重的 15%。芽孢形成时 DPA 很快形成，DPA 形成后芽孢就具有耐热性。当芽孢萌发时 DPA 就被释放出来，同时芽孢也就丧失耐热能力。因此芽孢的耐热性主要与它的含水量低、含有大量 DPA 以及存在致密而不透水的芽孢壁有关。

芽孢在合适的条件下萌发，如在营养、水分、温度等条件适宜时芽孢即可萌发。芽孢萌发时首先吸收水分、盐类和其他营养物质而体积膨大，折射率降低，染色性增强，释放 DPA，耐热性消失，酶活性和呼吸力提高。然后，孢子壁破裂而通过中部、顶端或斜上方伸出新菌体（图 1-14）。最初新菌体的细胞质比较均匀，没有颗粒、液泡等，以后逐渐出现细胞内含物，细胞恢复正常代谢。芽孢是细菌的休眠体而不是繁殖体，一个营养细胞内只形成一个芽孢，而一个芽孢萌发也只产生一个营养细胞。

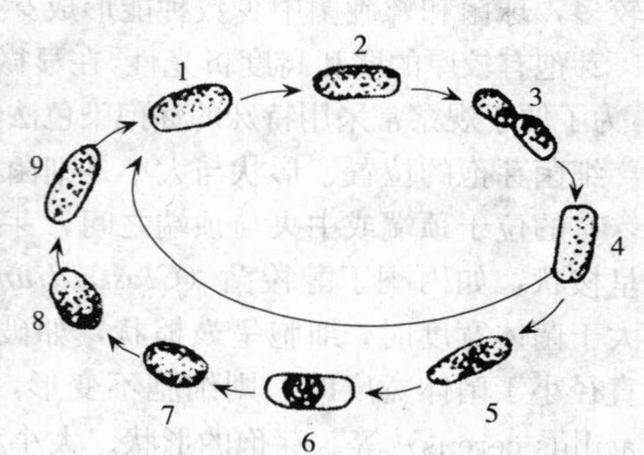

图 1-14 芽孢杆菌的生活史

1～4. 营养细胞分裂繁殖数代
5～9. 芽孢的形成和萌发
1. 成熟的营养细胞 2. 细胞分裂 3. 两个子细胞 4. 子细胞生长 5. 成熟细胞内形成芽孢 6. 成熟的芽孢 7. 芽孢从营养细胞内放出 8. 芽孢萌发 9. 幼小的营养细胞
（杨洁彬，食品微生物学，1989）

三、细菌的繁殖

（一）细菌的繁殖

细菌繁殖主要是分裂繁殖简称裂殖。分裂时首先菌体伸长，核质体分裂，菌体中部的细胞膜从外向中心做环状推进，然后闭合而形成一个垂直于细胞长轴的细胞质隔膜，把菌体分开，细胞壁向内生长把横隔膜分为两层，形成子细胞壁，然后子细胞分离形成两个菌体。球菌依分裂方向及分裂后子细胞的排列状态，可以形成各种形态的群体，如单球菌、双球菌、四联球菌、八叠球菌、葡萄球菌等。杆菌繁殖时，其分裂面都与长轴垂直，分裂后的杆菌排列形式也依菌种不同形态各异，有单生、双生、短链、长链、八字形等排列。

除无性繁殖外，经电镜观察及遗传学研究证明细菌也存在有性结合，不过细菌有性结合发生的频率极低。

（二）细菌菌落特征

细菌个体小，肉眼是看不到的，如果把单个或少数细菌细胞接种到适合的固体培养基上，在适宜的温度等条件下能迅速生长繁殖。由于细胞受到固体培养基表面或深层的限制，不像在液体培养基中那样自由扩散，繁殖的结果是形成一个肉眼可见的细菌细胞群体，我们把这个细菌细胞群体称为菌落。

不同菌种其菌落特征不同，同一菌种因不同生活条件其菌落形态也不相同，所以菌落形态特征对菌种的鉴定有一定的意义。

菌落特征包括菌落的大小、形态（圆形、丝状、不规则状、假根状等）、侧面观察菌落隆起程度（如扩展、苔状、低凸状、乳头状等）、菌落边缘（如边缘整齐、波状、裂叶状、圆锯齿状、有缘毛等）、菌落表面状态（如光滑、皱褶、颗粒状龟裂、同心圆环等）、表面光泽（如闪光、不闪光、金属光泽等）、质地（如油脂状、膜状、黏、脆等）、颜色与透明度（如透明、半透明、不透明等）等。

另外，菌落特征也受其他方面的影响，如产荚膜的菌落表面光滑、黏稠状为光滑型（S-型）；不产荚膜的菌落表面干燥、皱褶为粗糙型（R-型）。菌落的形态、大小有时也受培养空间的限制，如果两个相邻的菌落相靠太近，由于营养物有限，有害代谢物的分泌和积累使生长受阻。因此，进行菌落形态观察时，一般以培养3～7d为宜，选择分布比较稀疏而孤立的菌落进行观察。

观察试管斜面上菌苔形态时，采用划直线接种法培养3～5d，观察其生长状况（良好、微弱、不生长）、菌苔形状（线状、串珠状、扩展、根状等）、菌苔隆起情况（扁平、苔状、凸起等）、表面形状、表面光滑度、透明度及颜色。

液体培养时，一般培养1～3d，观察时注意表面生长状况（菌膜、菌环等）、混浊程度、沉淀的形成、有无气泡、培养基有无颜色等。

第二节 放线菌

放线菌也是原核生物，自然界中分布很广，在土壤、空气、水中都有存在。绝大多数是腐生，很少寄生。放线菌在抗生素生产中非常重要，目前应用的抗生素大多数都是由放线菌产生的。

一、放线菌的一般特征

（一）放线菌个体形态特征

放线菌个体是由分枝状菌丝组成，菌丝无隔膜，单细胞且有许多核（原核），菌丝比较细，与球菌的直径相似，细胞壁中含有胞壁酸和二氨基庚二酸，革兰氏染色为阳性。放线菌菌丝依形态与功能不同可分为 3 种类型（图 1-15）。

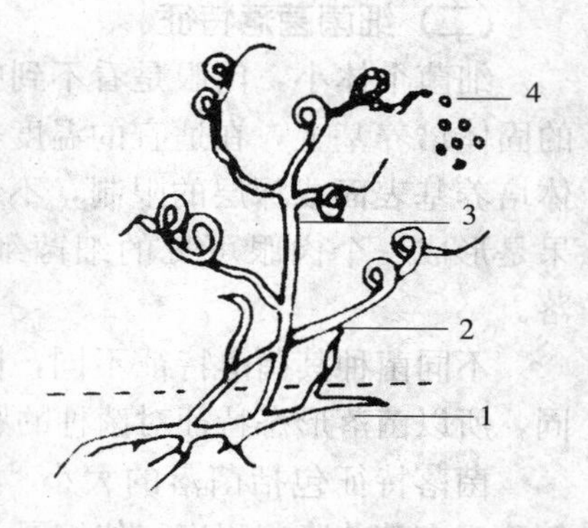

图 1-15 放线菌的形态
1. 基内菌丝 2. 气生菌丝
3. 孢子丝 4. 孢子

1. **基内菌丝** 生长于培养基中吸收营养物质的菌丝，也称营养菌丝。一般无隔膜，有的无色，有的产生色素，可呈黄、橙、红、紫、蓝、褐、黑等不同颜色，所产生的色素可是脂溶性的，也可是水溶性的，水溶性的可在培养基内扩散。

2. **气生菌丝** 当基内菌丝发育到一定阶段时，向空间长出的菌丝称为气生菌丝，较基内菌丝粗。

3. **孢子丝** 气生菌丝发育到一定阶段时，气生菌丝上分化出可形成孢子的菌丝称为孢子丝。孢子丝有直立、弯曲、丛生和轮生的。孢子丝的形态有直线形、环形、螺旋形等（图 1-16）。在孢子丝上长出孢子，孢子的形状为球形、卵形、椭圆形、杆形、瓜子形等。在电镜下观察其表面结构也不相同，有的光滑，有的带小疣、带刺或毛发状。孢子也常具有色素。孢子丝的着生状况、形态及孢子的形状、颜色等特征是放线菌分类鉴定的重要依据。

（二）放线菌的菌落特征

放线菌由于菌落呈放射状而得名，其菌落由菌丝体组成，菌丝分枝相互交错缠绕形成质地致密、表面呈较紧密的绒状或坚实、干燥、多皱、体小而向外延伸的菌落。由于放线菌的基内菌丝与培养基结合牢固，所以一般用接种针很

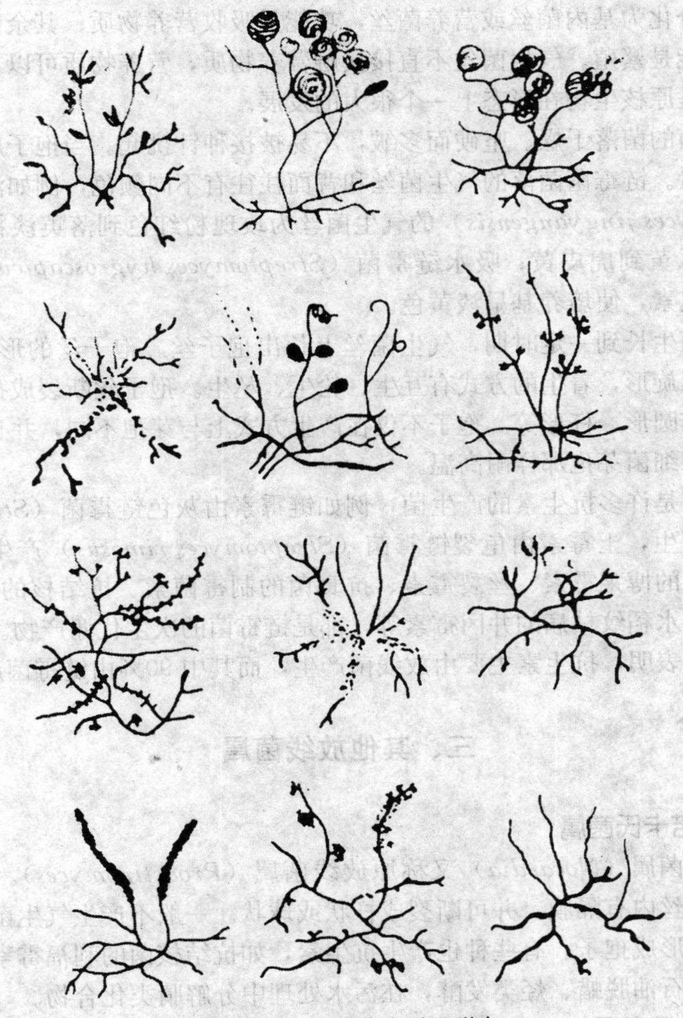

图 1-16　放线菌孢子丝形态

难挑起。幼龄菌落因气生菌丝尚未分化成孢子丝，则菌落表面与细菌菌落表面相似不易区分。形成孢子丝时，在孢子丝上形成大量的分生孢子并布满菌落表面，成为表面粉末状或颗粒状的典型放线菌菌落。此外，由于基内菌丝、孢子常有颜色使其培养基的正反面呈现不同的色泽。

二、链霉菌属放线菌

链霉菌是高等的放线菌。链霉菌的孢子在固体培养基上萌发形成菌丝。一部分菌丝分化为基内菌丝或营养菌丝，功能是吸收营养物质；其余菌丝为气生菌丝，功能是繁殖。气生菌丝不直接接触营养物质，营养物质可以在菌丝体内传递，这是原核生物在形态上一个很大的发展。

链霉菌的菌落干燥、坚硬而多皱，不易被接种针挑起。当孢子成熟后，表面呈粉末状。链霉菌菌落的气生菌丝和背面往往有不同颜色，例如泾阳链霉菌（*Streptomyces jingyangensis*）的气生菌丝为玫瑰粉红色到落英淡粉红色，而背面为木瓜黄到虎皮黄；吸水链霉菌（*Streptomyces hygroscopicus*）产生黄色水溶性色素，使培养基呈淡黄色。

链霉菌生长到一定时期，气生菌丝上长出孢子丝。孢子丝的形状有线形、波浪形、螺旋形，着生的方式有互生、轮生、丛生。孢子丝断裂成孢子，孢子有球形、椭圆形、杆形等。孢子不仅在产生方式上与芽孢不同，并且只能耐干旱，而不像细菌芽孢那样耐高温。

链霉菌是许多抗生素的产生菌，例如链霉素由灰色链霉菌（*Streptomyces griseus*）产生，土霉素由龟裂链霉菌（*Streptomyces rimosus*）产生。还有常用的抗肿瘤的博莱霉素、丝裂霉素、抗真菌的制霉菌素、抗结核的卡那霉素、能有效防治水稻纹枯病的井冈霉素等，都是链霉菌的次生代谢产物。对放线菌的大量研究表明，抗生素主要由放线菌产生，而其中90%由链霉菌产生。

三、其他放线菌属

（一）诺卡氏菌属

诺卡氏菌属（*Nocardia*）又称原放线菌属（*Proactinomyces*）。与链霉菌属不同，菌丝内有隔膜，并可断裂成杆状或球状。一般不产生气生菌丝，以横隔分裂方式形成孢子。有些种也产生抗生素，如抗结核菌的利福霉素。有些诺卡氏菌用于石油脱蜡、烃类发酵，在污水处理中分解腈类化合物。

（二）放线菌属

放线菌属（*Actinomyces*）菌丝较细，直径小于1μm，有横隔，可断裂成V形或Y形。不形成气生菌丝，不产生孢子，一般为厌氧或兼性厌氧。放线菌属多是致病菌。如引起牛的颚肿病的牛型放线菌（*Act. bovis*）。

（三）小单孢菌属

小单孢菌属（*Micromonospora*）菌丝较细，0.3～0.6μm，无横隔，不断裂，不形成气生菌丝，只在基内菌丝上长出孢子梗，顶端着生一个球形或长圆形的孢子。很多种能产生抗生素，如产生庆大霉素的有绛红小单孢菌（*Micromonospora purpurea*）、棘孢小单孢菌（*Micromonospora echinospora*）。

（四）链孢囊菌属

链孢囊菌属（*Streptosporangium*）主要特点是形成孢子囊及孢囊孢子。孢子囊由气生菌丝上的孢子丝盘卷而成。这类放线菌也有不少可产生抗生素而受到重视。如可以抑制革兰氏阳性细菌、革兰氏阴性细菌、病毒和肿瘤的多霉素就是由粉红链孢囊菌（*Streptosporangium roseum*）产生的。

第三节　蓝　细　菌

蓝细菌和藻类一样，含有叶绿素和其他光合色素，进行好氧型光合作用，因此，以前把这一类生物归为藻类植物，把蓝细菌叫蓝绿藻。自从利用现代生物技术，明确了它的原核性质，并根据细胞结构、成分分析（含胞壁酸的细胞壁、70S粒子的核糖体、没有细胞器）、以分裂方式进行繁殖、自生或与其他生物共生固氮、革兰氏染色阴性等，才将蓝绿藻划为原核生物，现称蓝细菌。

蓝细菌分布极广。从热带到两极，从海洋到高山，到处都有其分布。许多蓝细菌生长在池塘和湖泊中，并形成胶质浮于水面，甚至有的在80℃以上的热温泉、含盐多的湖泊或其他极端环境中，也是占优势或是惟一进行光合作用的生物。

各种蓝细菌差异极大，一般有球状或杆状的单细胞和丝状体两种形态，个体直径或宽度为3～10μm，也有细胞直径大到60μm的，这在原核生物中罕见。当许多个体聚集在一起时，可形成肉眼可见的很大的群体，常使水的颜色随菌体颜色而变化。

在化学组成上，蓝细菌最独特之处是含有由两个或多个双键组成的不饱和脂肪酸，而其他原核生物（如细菌）差不多都含有饱和脂肪酸和单一不饱和脂肪酸（一个双键）。蓝细菌的细胞壁结构与革兰氏阴性细菌细胞壁结构相似，但其许多种能不断向细胞壁外分泌一种胶黏物质，类似细菌的荚膜，将细胞包围形成菌胶团或菌胶鞘。大多数蓝细菌无鞭毛，但可通过“滑行”运动。许多蓝细菌的细胞质中还有气泡，可使菌体漂浮以便使菌体处于接受光线最佳的位置，进行光合作用。

蓝细菌的光合作用在由多层膜片相叠而成的类囊体中进行。类囊体具有膜结构，蓝细菌是原核生物中惟一在其细胞质中具有膜结构的生物。在膜的片层结构中含有α叶绿素、藻胆素（藻胆蛋白）、类胡萝卜素等光合色素。藻胆素在光合作用中起辅助色素的作用，是蓝细菌所特有的。藻胆素包括藻蓝素和藻红素两种，在大多数蓝细菌细胞中，以藻蓝素为主的与其他色素共同作用使细胞呈特殊的蓝色。

蓝细菌可自生固氮，也可共生固氮。丝状蓝细菌的丝状体细胞间或顶端常有异形胞或称异囊胞，它是蓝细菌进行固氮作用的场所。异形胞通过胞间联结与邻近的营养细胞进行物质交换，如光合作用产物从营养细胞移向异形胞，而固氮作用的产物，则从异形胞移向营养细胞。在异形胞中含少量藻胆素，并具光合系统Ⅰ，能通过不产氧的光合作用获得 ATP 和还原性物质，异形胞内的固氮酶系统则可在无氧条件下利用这些 ATP 和还原性物质还原分子态氮为氨。一些不形成异形胞的藻类如单细胞球藻（*Gloeocapsa*）和微鞘藻（*Microcoleus*）也能进行有氧固氮，说明其细胞中有一套有效的除氧系统以保证固氮酶的活性。

多数蓝细菌是专性光能生物，其中一些是专性光能自养型，也有一些是化能异养型的。光能自养型的蓝细菌，能像绿色植物一样进行产氧光合作用，同化 CO_2 成为有机物质，加之许多还具有固氮作用，因此，它们的营养要求都不高，只要有空气、阳光、水分和少量盐类，便能大量生长。

蓝细菌没有有性生殖，而是以细胞二分裂进行无性繁殖。蓝细菌中的少数种类能产生孢子，进而萌发成新个体。

我国已报道能固氮的蓝细菌有 30 多种，实际固氮类型可能会大大超过这个数。蓝细菌是很好的生物肥料，稻田接种自生固氮蓝细菌，施用的化肥可以减少 15%，而且蓝细菌死后菌体释放大量的氨态氮。可见，固氮蓝细菌对增加土壤肥力是有利的。因此，研究和应用蓝细菌对农业生产具有重大意义。蓝细菌营养价值很高，在古代就有人把蓝细菌作为食物，蓝细菌所含的氨基酸与蛋清、大豆、标准蛋白不相上下。极大螺旋藻、项圈藻含蛋白质 65%，还含有微量元素。螺旋藻含维生素 B_{12}、B_1 和 B_2。1g 蓝细菌含成人日需要维生素量的一半。某些蓝细菌也能产生致命的急性中毒毒素，所以在用于食品以前必须做细致深入的毒性试验。

蓝细菌在生物进化过程中有非常重要的意义。蓝细菌是原核生物，具有原核生物的基本特性。然而蓝细菌的光合作用色素系统及产氧光合作用，与其他光合细菌不同，而和真核生物相近，显示出它是比其他光合细菌高级的类型。从生物进化过程来看，是从厌氧向好氧方向进化，而蓝细菌正处于一个转折阶段。

蓝细菌种属很多，下面介绍几个代表属。

1. 微囊藻属（*Microcystis*） 它是在池塘、湖泊中常见的种类。细胞一般呈球形，很小，细胞内常有空胞。无定向分裂，许多细胞密集在一起，在一个共同的胶被中，形成球形、椭圆形或长形的菌胶团，浮游在水中，夏秋两季则大量繁殖，使水体变色（图 1-17）。

2. **鱼腥藻属（*Anabaena*）**　细胞呈球形，沿一个平面分裂，并排列成链状丝，在链状丝中有少数异形胞，链状丝外包以一层或薄或厚的胶鞘。许多链状丝包在一个共同的胶被内，形成一定形状的胶块，能在水中大量繁殖（图1-18）。

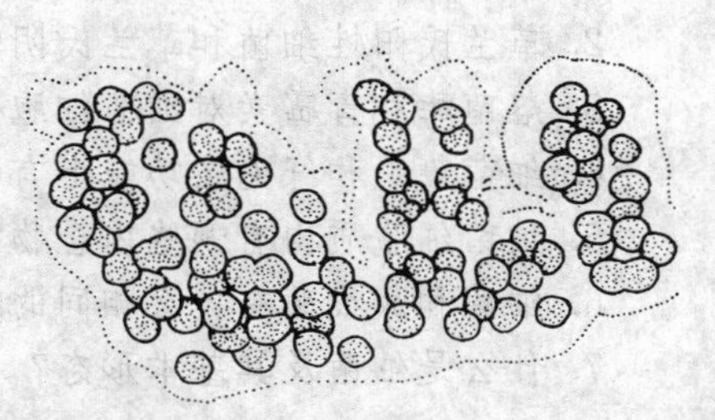

图 1-17　铜色微囊藻
（陈宗泽等，农业微生物学，1998）

3. **红萍鱼腥藻（*Anabaena azolla*）**生活在蕨类植物满江红（红萍）叶内，二者共生固氮。

4. **单歧藻属（*Tolypothrix*）**　细胞沿着一个平面分裂，排列成整齐而有平行隔膜的细胞丝。异形胞长在其上，个体为有假分枝的丝状体，其假分枝常为单歧的，在与异形胞相接处分裂（图 1-19）。

5. **颤藻属（*Oscillatoria*）**　生长于水中不断颤动而得名。细胞丝由饼状细胞重叠而成，不分枝，也无假分枝和异形胞（图 1-20）。

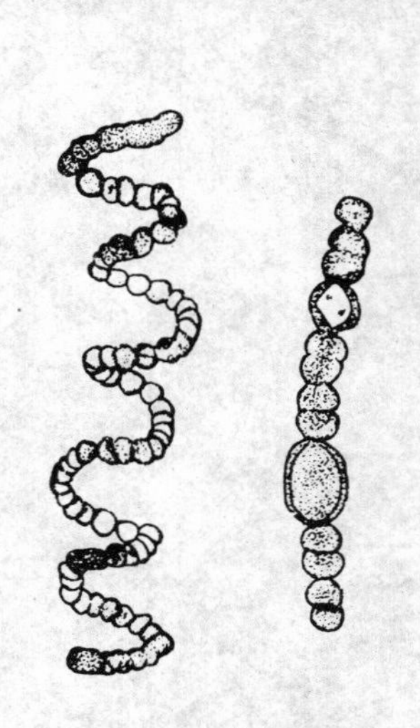

图 1-18　曲鱼腥藻

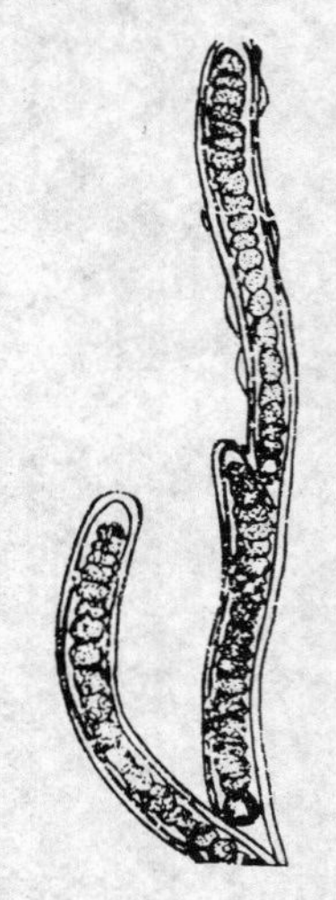

图 1-19　小单歧藻

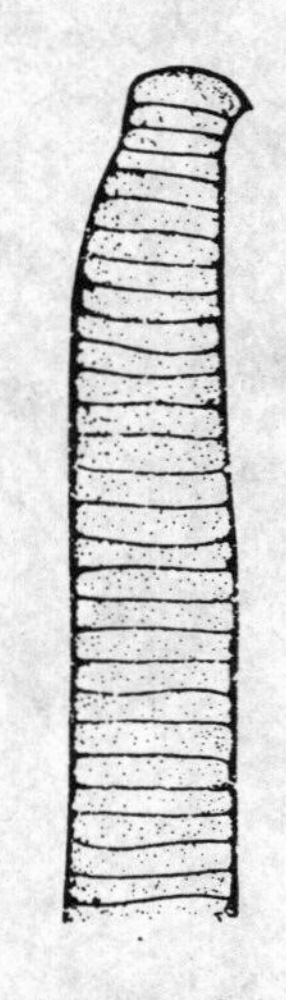

图 1-20　大颤藻

6. **念珠藻属（*Nostoc*）**　菌丝常不规则地弯曲于坚固的胶被中，形成胶块，细胞和鱼腥藻相似。不少种有固氮能力。我国常见的地木耳即为念珠藻的一种，雨后大量繁殖，可供食用。

复习思考题

1. 细菌细胞有哪些主要结构？它们的功能是什么？

2. 革兰氏阳性细菌和革兰氏阴性细菌的细胞壁在组成上有什么不同?
3. 溶菌酶和青霉素对细菌细胞壁的作用有什么不同?
4. 细菌鞭毛和纤毛在功能上有什么不同?
5. 细菌细胞质内有哪些内含物? 有什么生理功能?
6. 细菌和放线菌有什么相同的地方?
7. 什么是细菌及其基本形态?

第二章 真 菌

［本章提要］ 真菌、藻类和原生动物都属于真核微生物，其中，以真菌的数量最大，是微生物中的一个较大的类群，现已记载的真菌估计有12万种以上。根据形态大小，将真菌分为霉菌、酵母菌和蕈菌。霉菌可以形成疏松的、绒毛状的菌丝体，如毛霉、根霉、青霉、曲霉等。酵母菌是单细胞的真菌。蕈菌指大型真菌，主要是担子菌，由大量的菌丝紧密结合形成子实体，如蘑菇、木耳等。

真菌由于种类多，在农业生产、工业生产、医药制造、环境保护等领域都发挥着巨大的作用。如在食品工业上应用的毛霉、根霉、酵母菌、曲霉等，农业生产方面应用的赤霉、头孢霉、木霉等，医药行业应用的青霉、灵芝、虫草、牛肝菌等。有些是植物的重要病原菌，如为害植物的绵霉、镰刀菌、轮枝霉、丝核菌等。

凡是细胞核具有核膜、能进行有丝分裂、细胞质中存在线粒体或同时存在叶绿体等细胞器的微生物，都称为真核微生物。真核微生物包括真菌、藻类和原生动物。

真菌和藻类的主要区别在于真菌没有光合色素，不能进行光合作用。所有真菌都是有机营养型的，而藻类则是无机营养型的光合生物。真菌和原生动物的主要区别在于真菌的细胞有细胞壁，而原生动物的细胞则没有细胞壁。

第一节 真菌的一般性状

一、真菌的一般形态

（一）菌丝和菌丝体

构成真菌营养体的基本单位是菌丝。菌丝是由细胞壁包被的一种管状细丝，大都无色透明，平均宽度为3～10μm，比细菌和放线菌的宽度大几倍到几十倍。菌丝有分枝，分枝的菌丝相互交错而成的群体称为菌丝体。

真菌的菌丝分有隔菌丝和无隔菌丝两种类型（图2-1）。

1. 有隔菌丝 有横隔膜将菌丝分隔成许多个细胞，每个细胞含有1至多个细胞核。子囊菌和担子菌的菌丝属于这一类。

2. 无隔菌丝 无隔菌丝中没有横隔膜，整个菌丝就是一个单细胞，菌丝内有许多核，为多核菌丝。绝大多数的卵菌和接合菌的菌丝是无隔膜的。

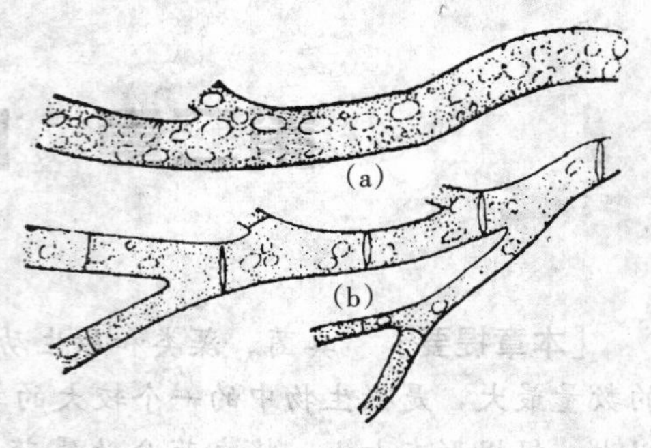

图2-1 真菌的菌丝体
(a) 无隔菌丝 (b) 有隔菌丝
（卢希平，园林植物病虫害防治，2004）

菌丝可以分化成一些特殊的形态，主要有假根、吸器、菌核、子实体等。假根是根霉属真菌的匍匐枝与基质接触处分化形成的根状菌丝，起固着和吸收营养的作用。吸器是某些寄生性真菌从菌丝上产生出来的旁枝，侵入寄主细胞内形成指状、球状或丛枝状结构，用以吸收寄主细胞中的养料。菌核是由大量菌丝集结成团的一种硬的休眠体，一般有暗色的外皮，在条件适宜时可以萌发生出菌丝、孢子梗等。子实体是由真菌菌丝缠结而成的具有一定形状的产孢结构，如伞菌的子实体呈伞状。

（二）酵母状细胞

有些真菌种类不形成菌丝，它们是圆形或卵圆形的单细胞真菌，例如酵母菌。酵母状细胞的无性繁殖靠裂殖或出“芽”增殖。有时，多次生“芽”不脱落，形成几个或几十个酵母状细胞连在一起的多细胞状态，称为假菌丝。

二、真菌的繁殖

真菌的繁殖可分为无性繁殖和有性繁殖。

（一）无性繁殖和无性孢子

无性繁殖是指不经过性细胞结合，由亲代直接产生子代的生殖方式（图2-2）。酵母菌以芽殖或裂殖的方式繁殖；霉菌以产生无性孢子的方式繁殖。

1. 分裂繁殖 某些酵母菌如裂殖酵母属能像细菌一样以二分裂的方式进行无性繁殖，进行裂殖的酵母菌种类很少。

2. 出芽繁殖 出芽繁殖是酵母菌常见的繁殖方式。成熟的酵母菌细胞先长出一个小芽，芽细胞长到一定程度后从母细胞上脱落下来即为新的个体，以

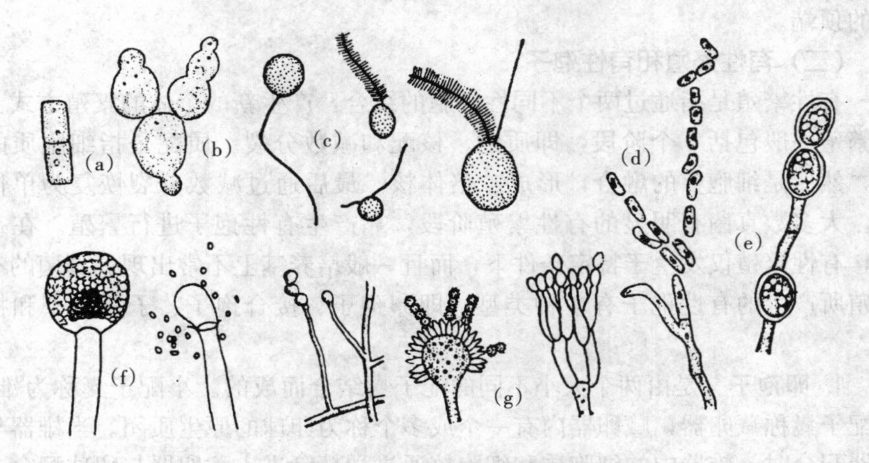

图 2-2　真菌的无性繁殖

(a) 酵母菌的裂殖　(b) 酵母菌的出芽繁殖　(c) 游动孢子　(d) 节孢子

(e) 厚垣孢子　(f) 孢囊孢子　(g) 分生孢子

(李阜棣，微生物学，2000)

后继续生长，再行出芽繁殖。

3. **无性孢子**　无性孢子是霉菌进行繁殖的主要方式，这些孢子有以下几种。

(1) 节孢子。由菌丝断裂而成，又称粉孢子。菌丝生长到一定阶段，菌丝上出现许多横隔，然后从横隔处断裂，产生许多短柱状、筒状或两端呈钝圆形的细胞，称为节孢子，如白地霉的节孢子。

(2) 厚垣孢子。又称厚壁孢子，它是霉菌度过不良环境的一种休眠孢子，由菌丝中间或顶端的个别细胞膨大，细胞质浓缩，细胞壁加厚而形成的休眠体。厚垣孢子是霉菌度过不良环境的一种休眠细胞，寿命较长。菌丝体死亡后，上面的厚垣孢子还活着，一旦环境条件适宜，就能萌发成菌丝体。

(3) 游动孢子。游动孢子产生在由菌丝膨大而成的游动孢子囊内，孢子通常为圆形、洋梨形或肾形，具 1～2 根鞭毛，能够游动。产生游动孢子的真菌多为鞭毛菌亚门的水生真菌。

(4) 孢囊孢子。根霉和毛霉的无性孢子生在孢子囊内，所以称孢囊孢子。这是一种内生孢子，孢子形成时，孢囊梗顶端膨大形成孢子囊。孢子囊逐渐长大，在囊中形成许多核，每一个核包以原生质并产生孢子壁，最终形成孢囊孢子。孢囊孢子无鞭毛，不能运动。

(5) 分生孢子。子囊菌和半知菌产生的分生孢子是霉菌中最常见的一类无性孢子，分生孢子着生于已分化的分生孢子梗或小梗上，也有些直接着生在菌丝的顶端。

（二）有性繁殖和有性孢子

有性繁殖是指通过两个不同性细胞的结合，产生新的个体的繁殖方式。有性繁殖一般包括 3 个阶段，即质配、核配和减数分裂。质配是指细胞质的融合，然后是细胞核的融合，形成二倍体核，最后通过减数分裂恢复为单倍体核。大多数真菌有明显的有性繁殖阶段，靠产生有性孢子进行繁殖。在霉菌中，有性繁殖仅发生于特定条件下，而且一般培养基上不常出现。真菌的有性繁殖所产生的有性孢子有 4 种类型，即卵孢子、接合孢子、子囊孢子和担孢子。

1. 卵孢子 是由两个大小不同的配子囊结合而成的。小配子囊称为雄器，大配子囊称藏卵器，藏卵器内有一个或多个称为卵球的原生质团。当雄器与藏卵器配合时，雄器中的细胞质和细胞核通过受精管进入藏卵器与卵球配合，此后卵球生出外壁，形成卵孢子（图 2-3）。卵孢子的数量多少取决于卵球的数量。

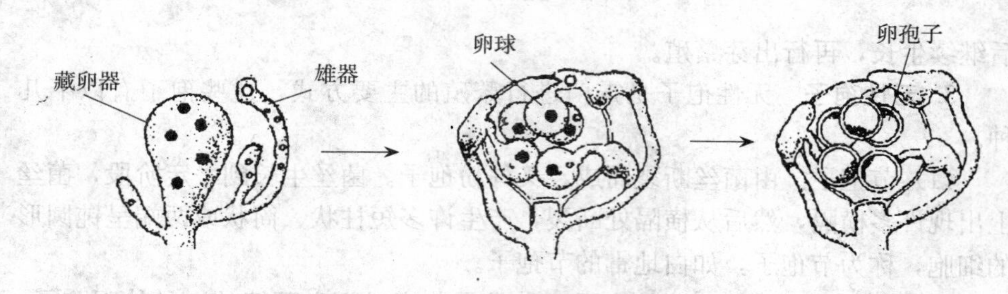

图 2-3 卵孢子形成过程

（张青、葛菁萍，微生物学，2004）

2. 接合孢子 是由菌丝生出的形态相同或略有不同的配子囊接合而成。两个相临近的菌丝相遇，各自向对方伸出极短的侧枝，称原配子囊。原配子囊接触后，顶端各自膨大并形成横隔，分隔形成两个配子囊细胞。然后相接触的两个配子囊之间的横隔消失，发生质配、核配，同时外部形成厚壁，即为接合孢子。在适宜的条件下，接合孢子可萌发成新的菌丝体，如匍枝根霉的接合孢子。

真菌接合孢子的形成有同宗配合和异宗配合两种方式（图 2-4）。同宗配合是由同一菌株的两根菌丝，甚至同一菌丝的分枝相互接触，形成接合孢子；异宗配合是由不同菌株的菌丝相互接触，形成接合孢子。

3. 子囊孢子 子囊孢子形成于子囊中，子囊是一种囊状的结构，圆球状、

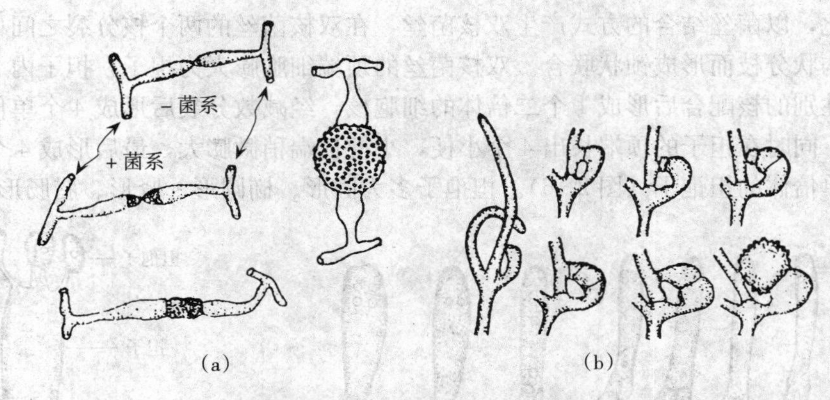

图 2-4 接合孢子形成过程

(a) 异宗配合 (b) 同宗配合

棒状或圆筒状，每个子囊产生 2～8 个子囊孢子。子囊孢子的形成过程较为复杂，首先是同一菌丝或相邻的两菌丝上的两个形状和大小不同的性细胞相互接触，经过受精作用后形成分枝的产囊丝。产囊丝分化形成子囊，子囊内完成核配和减数分裂，形成子囊孢子（图 2-5）。

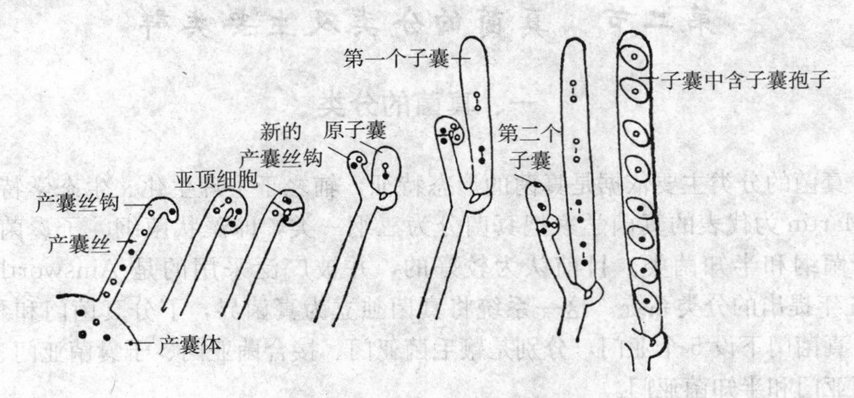

图 2-5 子囊与子囊孢子的形成过程

在子囊和子囊孢子发育过程中，产囊器基部的菌丝细胞发育成包被，包围子囊，于是形成了子囊果。子囊果有 3 种类型：第一种为完全封闭圆球形，称闭囊壳；第二种有开口，称为子囊壳；第三种呈盘状，称子囊盘。子囊孢子成熟后即被释放出来。子囊孢子的形状、大小、颜色、纹饰等差别很大，多用来作为子囊菌的分类依据。如白粉菌、脉孢菌、麦角菌均属子囊菌。

4. 担孢子 担孢子是担子菌产生的有性孢子，是担子菌独有的特征。它是一种外生孢子，因为它着生在担子上，故称担孢子。在担子菌中，两性器官多退化，以菌丝结合的方式产生双核菌丝，在双核菌丝的两个核分裂之间可以产生钩状分枝而形成锁状联合。双核菌丝的顶端细胞膨大为担子，担子内2个不同性别的核配合后形成1个二倍体的细胞核，经减数分裂后形成4个单倍体的核，同时在担子的顶端长出4个小梗，小梗顶端稍微膨大，最后形成4个外生的单倍体的担孢子（图2-6）。担孢子多为圆形、椭圆形、肾形、腊肠形等。

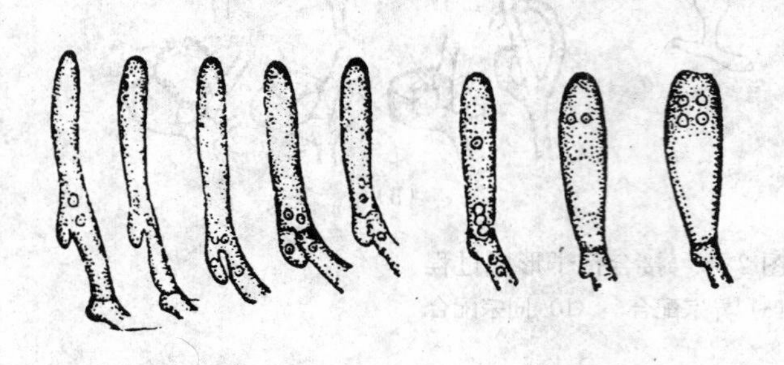

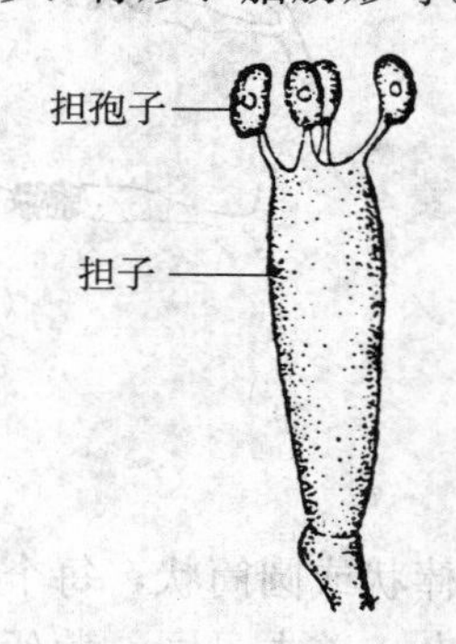

图2-6 担子与担孢子的形成过程
（杨新美，中国食用菌栽培学，1988）

第二节 真菌的分类及主要类群

一、真菌的分类

真菌的分类主要依据是真菌的形态特征，辅之于生理生化、生态学特征。以Martin为代表的真菌学家把真菌分为三纲一类，即藻状菌纲、子囊菌纲、担子菌纲和半知菌类。目前认为较好的，并被广泛采用的是Ainsworth于1966年提出的分类系统。这一系统将真菌独立为真菌界，下分真菌门和黏菌门。真菌门下设5个亚门，分别是鞭毛菌亚门、接合菌亚门、子囊菌亚门、担子菌亚门和半知菌亚门。

真菌门分亚门检索表

1. 有能动的细胞（游动孢子），有性阶段产生卵孢子 …………………… 鞭毛菌亚门（Mastigomycotina）

1′. 无能动的细胞 …………………… 2

2. 缺有性阶段 …………………… 半知菌亚门（Deuteromycotina）

2′. 具有性阶段 …………………… 3

3. 有性阶段产生接合孢子 …………………… 接合菌亚门（Zygomycotina）

3′. 不产生接合孢子 …………………… 4

4. 有性孢子为子囊孢子 ……………………………………… 子囊菌亚门（Ascomycotina）
4′. 有性孢子为担孢子 ……………………………………… 担子菌亚门（Basidiomycotina）

二、真菌的主要类群及其代表种类

（一）鞭毛菌亚门及其代表

大多水生，少数两栖和陆生。菌丝无隔膜，多核。营腐生或寄生，可引起植物病害。无性繁殖产生游动孢子，有性繁殖产生卵孢子。

绵霉属是在水塘和水稻田中经常出现的附着在各种动植物残体上的腐生性真菌。在旱地土壤中或高等植物根部也有一些种类出现。绵霉属中的稻腐绵霉和稻苗绵腐病绵霉是为害水稻的病菌。

绵霉的有性世代形成卵孢子。卵孢子经过一定休眠期后，萌发产生菌丝，在菌丝顶端形成孢子囊，囊中形成游动孢子。

（二）接合菌亚门及其代表

接合菌的菌丝无横隔、多核。无性繁殖产生不能游动的孢囊孢子，有性繁殖产生接合孢子。腐生于土壤、植物残体和动物粪便中。

1. **毛霉属**　在自然界分布很广泛，分布在土壤、堆肥中，也见于蔬菜、水果、谷物及其他食品上，导致腐烂。毛霉的菌丝发达，菌丝体呈棉絮状，一般呈污白色，菌丝无隔膜，具多数细胞核。无性繁殖产生孢子囊及孢囊孢子，有性繁殖产生接合孢子。

毛霉的用途很广，有分解蛋白质和淀粉的能力，我国多用来做豆腐乳、豆豉。一些菌种常见于酒曲中，能糖化淀粉。一些能转化甾族化合物和产生有机酸。常见的菌种有高大毛霉、鲁氏毛霉、总状毛霉等。

2. **根霉属**　俗称面包霉，经常出现在馒头、甘薯、面包等食物上，引起发霉变质。在自然界的分布很广泛，土壤、空气中都有许多根霉孢子。根霉是引起谷物、蔬菜霉腐的霉菌，发酵工业用作糖化菌（图 2-7）。

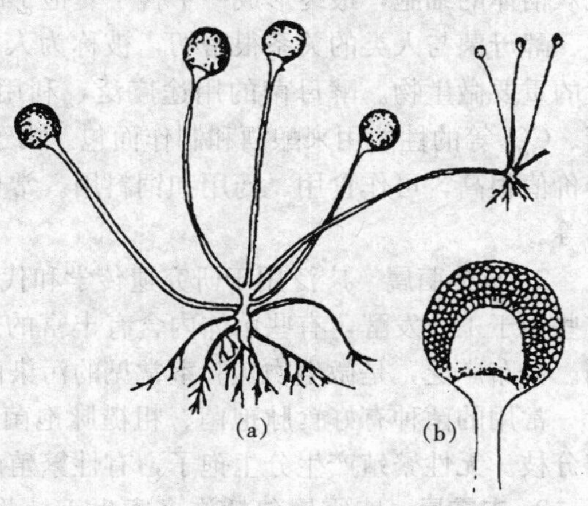

图 2-7　根　霉

(a) 孢囊梗、孢子囊、假根和匍匐枝　(b) 放大的孢子囊

（卢希平，园林植物病虫害防治，2004）

根霉分解淀粉的能力强，在代谢过程中能产生淀粉酶和糖化酶，是酿造业中著名的生产菌种，存在于酒药和酒曲中。它也能分解蛋白质供大豆加工用。常见的有匍枝根霉、米根霉。

根霉与毛霉属很类似，其主要区别在于根霉有假根和匍匐菌丝。孢子囊是根霉的无性繁殖体，内含无数孢囊孢子，有性繁殖形成接合孢子。

（三）子囊菌亚门及其代表

子囊菌种类繁多，形态差异很大，它们生长在朽木、土壤、粪便、腐败的果实和蔬菜、动植物残体等上面。一些能引起植物和人畜病害，也有一些寄生于昆虫体。有些菌种可用于生产有机酸、抗生素，或用于酿造业，还有少数种类是食用菌。

除酵母菌外，大多数种类具有发达的菌丝体，菌丝有横隔膜。无性繁殖主要是产生分生孢子。有性繁殖产生子囊孢子，子囊孢子形成于子囊中。

1. 酵母菌 酵母菌是一类单细胞的真核微生物，广泛分布于自然界，喜在糖分高、偏酸性的环境中生长，如果品、蔬菜、花蜜、植物叶表面，葡萄园等果园的土壤是筛取酵母菌的好地方。有的酵母菌可引起人和植物的病害。

与大多数子囊菌不同，个体一般以单细胞存在，呈卵圆形或圆柱形。多数酵母菌的菌落形态和细菌菌落相似，表面湿润、呈蜡质状，较光滑，有一定的透明度，容易挑起，菌落质地、颜色均一，多数呈乳白色，少数红色。

酵母菌的无性繁殖为芽殖和裂殖，以芽殖最为常见。有性繁殖产生子囊孢子。当酵母菌发育到一定阶段，两个性别不同的单倍体细胞接近，互相接合形成双倍体的细胞，最终形成一个含子囊孢子的子囊。

酵母菌与人类的关系很密切，被称为人类的“家养微生物”，也是发酵工业的重要微生物。酵母菌的用途广泛，利用酵母能分解碳水化合物，产生酒精、CO_2等的性能用来酿酒和制作面包。由于它的蛋白质和维生素含量高，营养价值很高，可作食用、药用和饲料用。常见的菌种有酿酒酵母、椭圆酿酒酵母等。

2. 脉孢菌属 广泛用于研究遗传学和代谢途径，有些种类造成食物腐败，有些用于工业发酵，有些菌体内含有丰富的蛋白质及维生素 B_{12}，可以作饲料用。分布广泛，是微生物实验室常见的污染菌。

常用的菌种有好食脉孢菌、粗糙脉孢菌等。脉孢菌的菌丝有横隔、多核，有分枝。无性繁殖产生分生孢子，有性繁殖产生子囊孢子。

3. 赤霉属 赤霉属包括许多寄生于植物的病菌，如水稻恶苗病菌、小麦赤霉病菌、玉米赤霉病菌等。赤霉菌的菌丝在植物体内蔓延，且在植物表面产生大量白色或粉红色的分生孢子。在固体培养基表面，赤霉菌形成白色、较紧密、绒毛状的菌落。

赤霉菌的无性繁殖产生分生孢子，大分生孢子镰刀形，中间有3～5个隔膜。小分生孢子卵圆形，中间没有隔膜或只有1个隔膜。所有的分生孢子都可以发芽形成新的菌丝体。

有性生殖产生子囊和子囊孢子。子囊长棒状，内含8个子囊孢子。子囊生于子囊壳内。子囊壳表面生，球状、光滑、蓝黑色。水稻恶苗病赤霉菌也就是赤霉素的产生菌，赤霉素是一种常用的植物生长刺激素。在杂交水稻制种中，赤霉素（又名“九二〇”）用来喷施抽穗迟的亲本，可以调节花期，便于授粉。

4. 虫草属 虫草属真菌寄生于昆虫，把虫体变成充满菌丝的僵虫，从僵虫前端生出有柄头状或棍棒状的子座。本属常见的是冬虫夏草，它寄生在鳞翅目蝙蝠蛾昆虫的幼虫体表，被害的昆虫冬天钻入土内，幼虫在土内僵死，至夏季从幼虫尸体头部长出一细长圆柱形的子座。子座单个，罕见2～3个，长4～11cm，直径3mm，向上渐细，头部不膨大或膨大成圆柱形，褐色，初期内部充实，后变中空。子囊壳椭圆形至卵形，生在子座近表面，基部稍陷于子座内。子囊产生在子囊壳内，细长。每个子囊内含有2个子囊孢子，子囊孢子透明，线状。夏季采集子实体和虫体，去泥晒干为药，故名为冬虫夏草。该菌分布在我国西部省区，冬虫夏草是一种有价值的中药，常用于治疗肺结核咳血、阳痿、遗精等症（图2-8）。

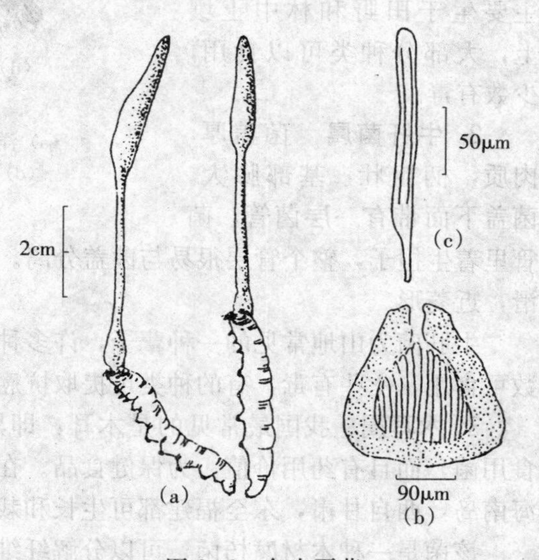

图2-8 冬虫夏草

（a）菌核及子座 （b）子囊壳（内含子囊）
（c）子囊（内含子囊孢子）
（刘波，中国药用真菌，1978）

（四）担子菌亚门及其代表

担子菌的特征是产生担孢子，为真菌中最高等的类群。分布很广，腐生或寄生，与人类的关系很密切。引起植物锈病、黑粉病的病原菌、食用和药用菌（如蘑菇、平菇、香菇、木耳、猴头、茯苓、灵芝、竹荪等）等都是担子菌（图2-9）。

担子菌的菌丝分枝有隔膜。大多数担子菌的无性过程不发达或不发生。担子菌的发育过程中可出现两种不同的菌丝——初生菌丝和次生菌丝。初生菌丝是由担孢子萌发发展而来，次生菌丝来源于初生菌丝，是经过性别不同的两初生菌丝的结合形成的双核菌丝。大多数担子菌的双核细胞菌丝形成紧密的子实体（担子果），也就是常见的蕈子。

1. **伞菌属** 又称蘑菇属。伞菌属的担子果为蕈子，菌盖肉质，菌盖腹面有辐射状的蕈褶，蕈褶内产生担子和担孢子，蕈柄肉质，易与菌盖分离开。本属种类主要生于田野和林中土壤上，大部分种类可以食用，少数有毒。

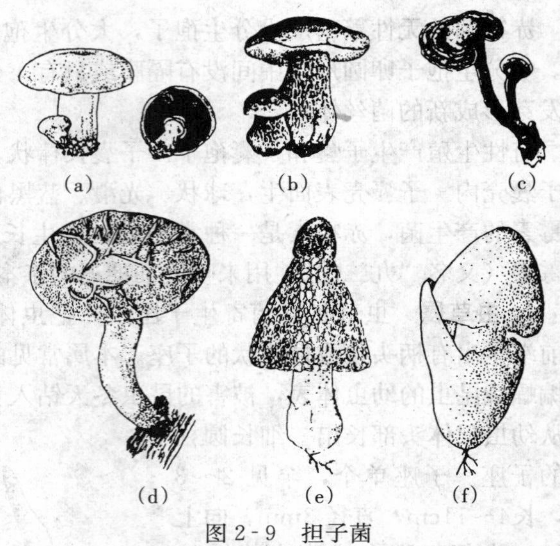

图 2-9 担子菌

(a) 洋蘑菇 (b) 牛肝菌 (c) 灵芝
(d) 香菇 (e) 竹荪 (f) 草菇
(李阜棣，微生物学，2000)

2. **牛肝菌属** 菌盖厚，肉质，柄粗壮，基部膨大。菌盖下面带有一层菌管，菌管里着生担子，整个管层很易与菌盖分离。菌管黄色至绿黄色，孢子黄色，光滑，近菱形。

牛肝菌为山地常见的一种蕈子，许多种类能与多种植物根系形成菌根。多数可食用，一些有毒，有的种类可提取抗癌药物。

3. **木耳属** 我国最常见的是木耳，即黑木耳。黑木耳是一种营养丰富的食用菌，而且有药用价值，为保健食品。在我国分布很广，北自黑龙江，南至海南岛，西自甘肃，东至福建都可生长和栽培。

该菌是一种木材腐朽菌，可以分解纤维素和木质素。腐生性很强，只能在死的木头上生长。栎树段木是栽培黑木耳的好材料。其次，棉籽壳、锯木屑、玉米蕊、甘蔗渣、豆秸秆粉加适量的麸皮、糖和石膏后也可用来袋料栽培。

4. **灵芝属** 为多年生高等真菌，担子果木质或木栓质，有柄或无柄。菌盖表面具有坚硬的皮壳，柄或菌盖从下到上均覆盖有一层坚硬的似漆一样有光泽的物质。该菌具有较强的分解纤维素、木质素的能力，常出现在各种阔叶树林、针阔叶混交林的腐木或木桩上。一些种类为重要的药材，如灵芝、紫芝等。

(五) 半知菌亚门

半知菌的大多数由于仅发现无性阶段，未发现有性阶段，所以在真菌学中称为半知菌。有些半知菌发现有性世代后，大多数属于子囊菌，也有一些属于担子菌。这类菌在自然界的分布很广泛，很多种为腐生菌，土壤中很多，对有机物质的分解起重要作用。有些种类的工业用途很广，也有不少是植物、动物和人的寄生菌。半知菌的营养体是有横隔及分枝的菌丝体，从菌丝体上产生分生孢子梗及分生孢子。

1. **曲霉属**　大多为腐生菌，广泛分布在谷物、土壤和有机体上，几乎在各种类型的有机基质上都能出现，常能引起食物霉坏变质。它们是发酵工业和食品工业的重要菌种，可用于酿酒、制酱、制酶制剂和有机酸等。有的种能产生毒素，如黄曲霉毒素，为致癌因子（图 2-10）。

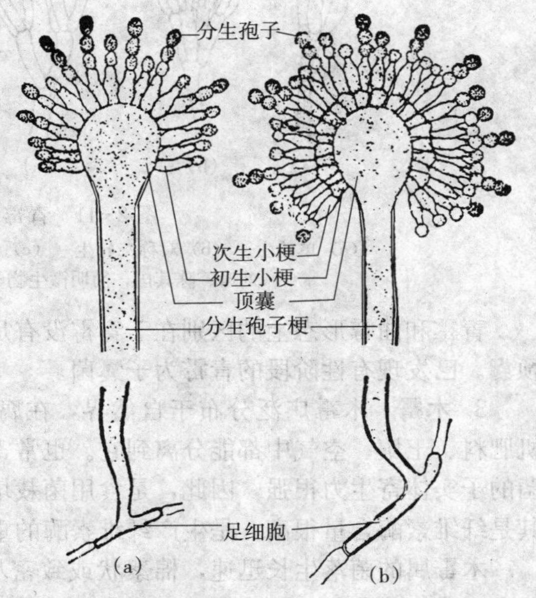

图 2-10　曲霉菌的分生孢子梗及分生孢子
(a) 分生孢子梗具单列小梗　(b) 分生孢子梗具双列小梗
（李阜棣，微生物学，2000）

常见的菌种有黄曲霉、米曲霉、黑曲霉等。曲霉的菌落呈绒状、毡状或絮状，有各种不同的颜色。菌丝有横隔，分生孢子梗顶端膨大成圆形，称为顶囊。在顶囊表面辐射状长满一层小梗，小梗顶端生成串的球形分生孢子。已知一些曲霉菌种的有性世代为子囊菌，但不容易产生。

2. **青霉属**　广泛分布在土壤、空气、水果和粮食上，在腐烂柑橘皮上很容易生长，呈青绿色，为常见的霉腐菌。在微生物实验室中也是常见的污染菌。在工业上有很高的经济价值，能产生青霉素、灰黄霉素等抗生素，也能产生有机酸和制造干酪。

常见的菌种有产黄青霉、点青霉等，它们都是产生青霉素的菌种。青霉的菌落有绒状、絮状、绳状、束状等不同形态。青霉的菌丝体产生长而直的分生孢子梗，上半部分产生扫帚状分枝，着生几轮小梗，小梗顶端着生成串的球状绿色分生孢子。根据青霉菌帚状体分枝方式的不同，分为 4 个类群：单轮生青霉（分生孢子梗上只生一轮分枝）、对称二轮青霉（分生孢子梗上生两轮分枝）、多轮青霉（分生孢子梗上生三轮以上分枝）、不对称青霉（分生孢子梗上不对称地产生分枝）（图 2-11）。

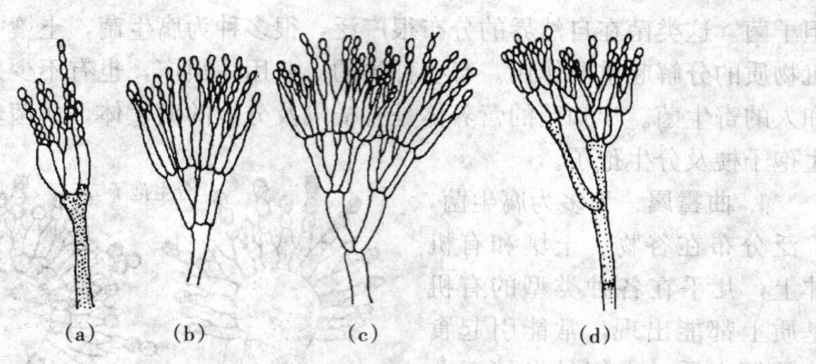

图 2-11 青霉菌

（a）单轮生 （b）对称二轮生 （c）多轮生 （d）不对称生

（刘璋、陈其国，简明微生物学教程，2004）

青霉和曲霉形态上的区别在于青霉没有足细胞，分生孢子梗顶端不膨大成顶囊。已发现有性阶段的青霉为子囊菌。

3. 木霉 木霉广泛分布于自然界，在腐烂的木料、种子、植物残体、有机肥料、土壤、空气中都能分离到它。也常寄生于某些真菌上，对多种大型真菌的子实体寄生力很强，因此，是食用菌栽培的劲敌。木霉含有多种酶系，尤其是纤维素酶含量很高，是生产纤维素酶的重要菌。

木霉属的菌落生长迅速，棉絮状或致密丛束状，表面呈不同程度的绿色。分生孢子梗从菌丝的短侧枝发生，其上对生或互生分枝，分枝上可继续分枝，形成二级、三级分枝，分枝角度锐角或近于直角。最后形成的分枝称为小梗，小梗先端着生不成串的分生孢子。分生孢子近球形、椭圆形、圆筒形。

4. 头孢霉属 头孢霉属广泛分布于自然界，如植物残体、种子、土壤等。分生孢子梗很短，从气生菌丝上生出，直立不分支，中央较粗向末端逐渐变细。分生孢子从小梗顶端生出，靠黏液把它们黏成假头状，遇水即散。

重要种类有产黄头孢霉、顶孢头孢霉等。产生头孢菌素 C，这是一类近年来研究比较多的抗菌素。有些种类寄生在动植物体内，如蚜生头孢霉，寄生于蚜虫上，对蚜虫的防治有一定的作用。

5. 镰孢属 镰孢属种类很多，在自然界中分布很广泛。在培养基上气生菌丝铺散成平坦的绒毛状，菌落为白色、红色、紫色、黄色、蓝色等各种颜色。此属真菌一般称为镰刀菌，寄生或腐生。

镰刀霉的分生孢子有两种类型，大型分生孢子镰刀形，多细胞的，无色；小型分生孢子卵圆形或椭圆形，是单细胞，无色。有些种类能形成菌核或厚垣孢子（图 2-12）。

6. **轮枝霉属**　分生孢子梗直立，分隔，分枝。一级分枝对生或间生；二级分枝轮生，呈双叉式或三叉式着生在一级分枝的顶端，继之以相同方式逐级分枝。末端分枝的顶部尖细，并由它形成分生孢子。分生孢子单生，易脱落，圆形、椭圆形或短梭形。它们是土壤中常见的真菌，有的是植物病原菌。

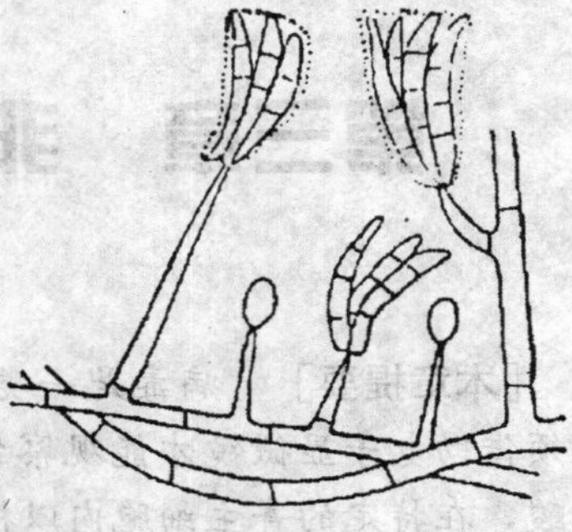

图 2-12　镰刀霉（示分生孢子梗及分生孢子）
（李清西、钱学聪，植物保护，2002）

7. **交链孢霉属**　交链孢霉的菌丝暗色至黑色，分生孢子梗和分生孢子也都具有类似颜色，常为暗橄榄色。分生孢子梗短，有隔膜，单生或丛生，大多数不分枝，顶端着生孢子。分生孢子纺锤形或倒棒状，多细胞，有横的和竖的隔膜，呈砖壁状。分生孢子常数个成链。这属菌是土壤、空气、工业材料上常见的腐生菌，它们也是某些栽培植物的寄生菌。

8. **丝核菌属**　丝核菌属靠菌丝体组合成不定形的坚实菌核以延续其世代，没有有性繁殖过程，也不形成无性孢子，而是菌核分散在菌丝体中。菌丝有横隔，呈直角分枝，分枝处有缢缩。初期无色，老菌丝呈浅色至黄褐色。

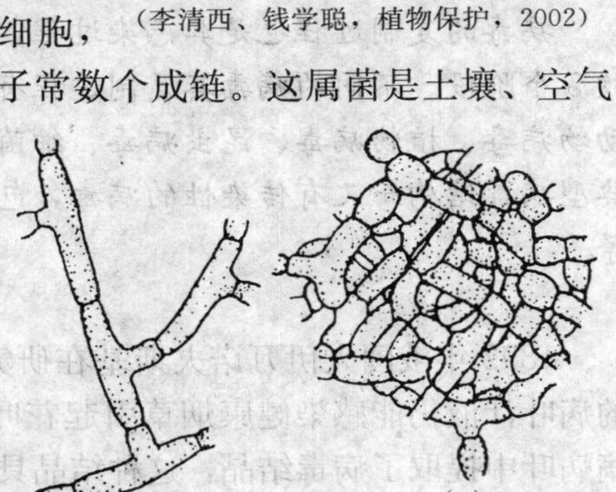

图 2-13　丝核菌
(a) 直角分枝的菌丝　(b) 菌丝组织
（李清西、钱学聪，植物保护，2002）

本属为一类重要的寄生性土壤习居菌，主要侵染根、茎，引起植物的立枯或猝倒病，有一些种类是形成菌根的真菌（图 2-13）。

复习思考题

1. 名词解释：菌丝体、出芽繁殖、厚垣孢子、担孢子、接合孢子。
2. 真核生物包括哪些类群，如何区分？
3. 真菌的有性繁殖产生哪些孢子？
4. 为什么说酵母菌属于子囊菌？
5. 区别青霉菌与曲霉菌。
6. 担子菌有哪些特征？
7. 半知菌有哪些特征？

第三章　非细胞生物——病毒

[本章提要]　病毒是一类简单的非细胞生物，它比最小的细菌还要小，必须借助电子显微镜才能观察到。它没有细胞结构，只含 DNA 或 RNA 一种核酸，在特定的寄主细胞内以核酸复制的方式增殖，没有核糖体，也不具有完整的酶系统和能量合成系统。病毒的基本形态为球状、杆状、蝌蚪状、线状等，一般由蛋白质包裹核酸构成，有的病毒在蛋白质外面还有一层包膜。

病毒的复制过程也是其感染过程，一般分为吸附、侵入、合成、装配与释放 5 个阶段。不同的病毒其复制过程有所不同。根据寄主对象将病毒分为脊椎动物病毒、植物病毒、昆虫病毒、细菌病毒和真菌病毒。亚病毒是一群不具有典型病毒结构而又有传染性的病毒，包括类病毒、卫星病毒、拟病毒、朊病毒等。

1892 年俄国人伊万诺夫斯基在研究烟草花叶病时发现，通过细菌过滤器的病叶汁液仍能感染健康烟草引起花叶病。1935 年美国人斯坦尼从烟草花叶病病叶中提取了病毒结晶，这种结晶具有致病能力。人们把这种通过细菌过滤器仍具有感染活性的感染因子叫做滤过性病毒，简称病毒。

第一节　病毒的一般性状

病毒是一类广泛寄生在人、动物、植物、微生物细胞中的非细胞生物，它比最小的细菌还要小，必须借助电子显微镜才能观察到。它具有以下基本特征：①没有细胞结构；②只含 DNA 或 RNA 一种核酸；③不能生长，也不能以分裂方式繁殖，只能在特定的寄主细胞内以核酸复制的方式增殖；④没有核糖体，也不具有完整的酶系统和能量合成系统。

一、病毒的形态结构

（一）病毒的形状和大小

病毒个体极其微小，只有借助电子显微镜才能观察到。病毒大小以 nm 为单位计量，不同种类的病毒大小悬殊，最大的如动物痘病毒，300～450nm×170～260nm，最小的如植物双粒病毒，直径 18～20nm。

病毒的基本形态为球状、杆状、蝌蚪状、线状等。人、动物和真菌的病毒大多呈球状，如腺病毒、蘑菇病毒；少数病毒为子弹状或砖状，如狂犬病毒、痘病毒。植物病毒和昆虫病毒则多数为线状和杆状，如烟草花叶病毒、家蚕核多角体病毒；少数为球状，如花椰菜花叶病毒。细菌病毒又称噬菌体，部分为蝌蚪状如 T-噬菌体，部分呈线状如 M_{13}，或球状如 MS_2。有的病毒呈多形性，如流行性感冒病毒新分离的毒株呈丝状，在细胞内稳定传代后转变为拟球形颗粒。常见病毒见图 3-1。

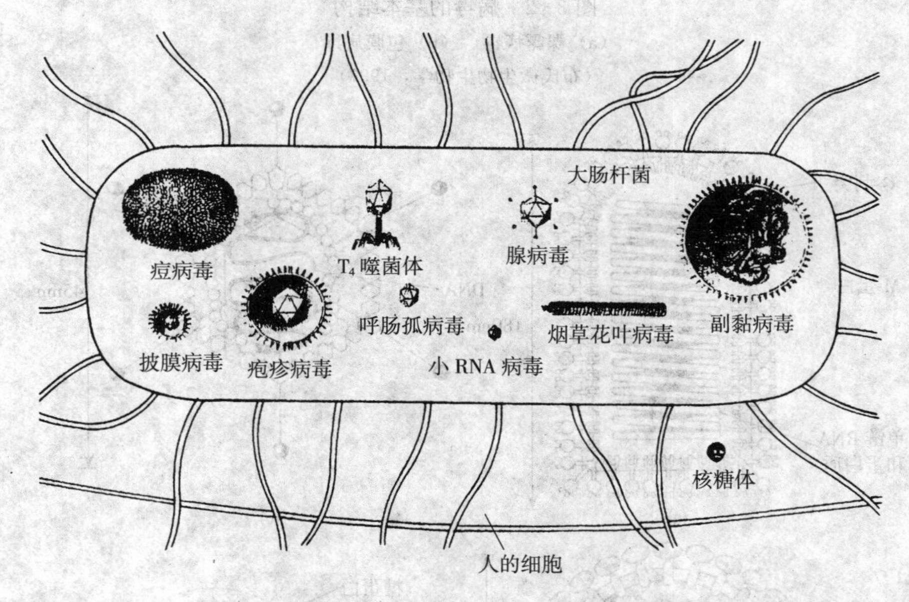

图 3-1　几种病毒的相对大小和形态

(J. G Black，Microbiology，1999)

(二) 病毒的结构

成熟的具有侵染力的病毒颗粒称为病毒粒子（virion），简称毒粒。病毒核酸位于毒粒的中心，构成核心，四周由蛋白质构成的壳体（capsid）或称衣壳所包围。壳体由称为壳粒的亚单位组成。病毒的壳体与核心共同构成的复合物称核衣壳（nucleocapsid）。有些病毒在核衣壳外还有一层由脂肪或蛋白质组成的外套称包膜，有的包膜上面还有刺突（图 3-2，图 3-3）。

由于壳粒在壳体上的不同排列，病毒粒子呈现3种不同对称形式的形态结构。

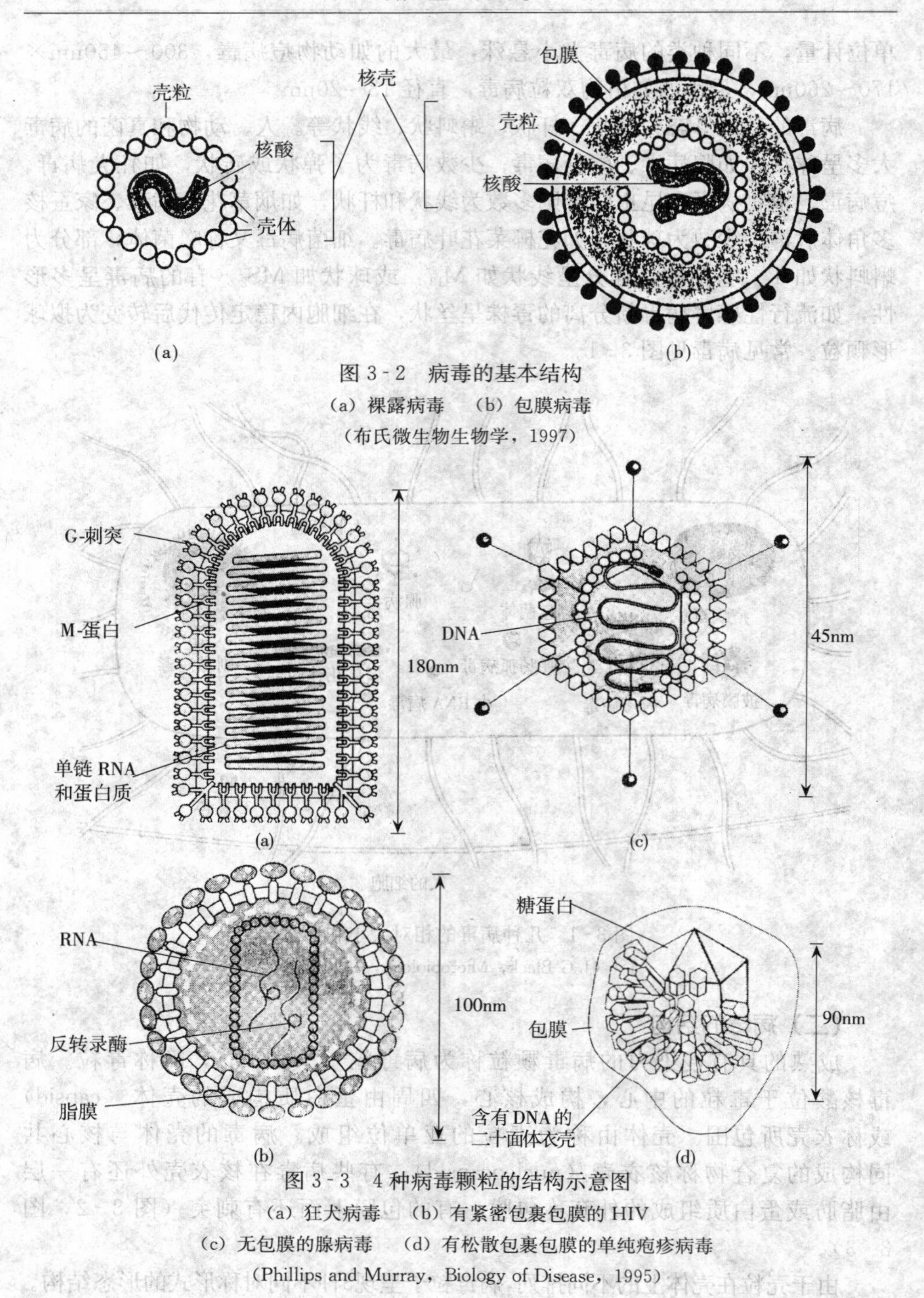

图 3-2 病毒的基本结构

（a）裸露病毒 （b）包膜病毒

（布氏微生物生物学，1997）

图 3-3 4 种病毒颗粒的结构示意图

（a）狂犬病毒 （b）有紧密包裹包膜的 HIV

（c）无包膜的腺病毒 （d）有松散包裹包膜的单纯疱疹病毒

（Phillips and Murray，Biology of Disease，1995）

（1）螺旋对称。壳体由壳粒一个接一个呈螺旋对称排列而成，核酸位于壳体的螺旋状结构中。具有螺旋对称结构的病毒多数是单链 RNA 病毒，其粒子形态为线状和杆状。

（2）二十面体对称。看起来像球形的病毒粒子实际上是个多面体，它们的核衣壳是由不同数量的壳粒按一定方式排列而成的立方对称体。壳体一般为二十面体，具有 20 个面（每个面是一个等边三角形）、30 条边和 12 个顶角。

（3）复合对称。这类病毒的壳体由两种结构组成，既有螺旋对称部分，又有立方体对称部分。如大肠杆菌 T_4 噬菌体，头部外壳呈二十面体，尾部为螺旋对称结构（图 3-4）。

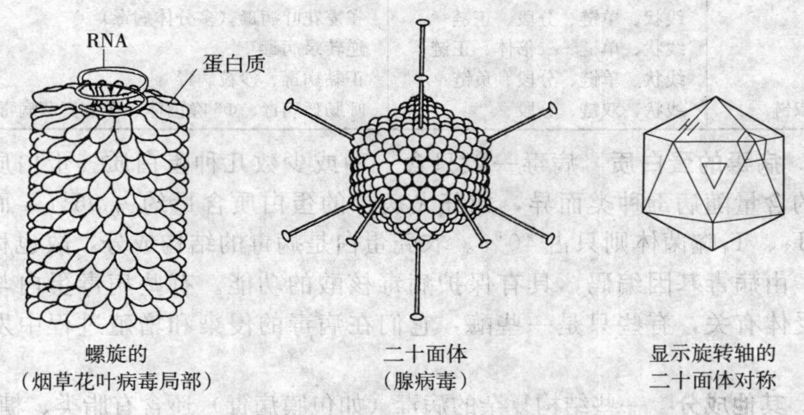

图 3-4 螺旋对称和二十面体对称的图示
（Harper D，Molecular Virology，1998）

（三）病毒的化学组成

病毒的基本化学成分是核酸和蛋白质，少数有包膜病毒含有脂类、糖类等其他成分。

1. 病毒的核酸 核酸是病毒遗传信息的载体，一种病毒只有一种核酸类型，DNA 或 RNA。病毒核酸类型很多，有单链 DNA、双链 DNA、单链 RNA 和双链 RNA 4 种类型。RNA 病毒多数是单链，极少数是双链；DNA 病毒多数是双链，少数是单链。除双链 RNA 外，其他各类核酸还有线状和环状之分。表 3-1 中列举了代表性病毒的核酸类型，病毒核酸有正链和负链的区别，碱基序列与 mRNA 一致的核酸单链为正链，碱基序列与 mRNA 互补的核酸单链为负链。大多数毒粒只含一个核酸分子，但少数病毒基因组由多个核酸分子组成。

表 3-1 病毒核酸类型的多样化

核酸类型	核酸结构	病毒举例
DNA		
单链	线状单链	细小病毒
	环状单链	ΦX174、M13、fd 噬菌体
双链	线状双链	疱疹病毒、腺病毒、λ 噬菌体
	有单链裂口的线状双链	T_5 噬菌体
	有交联末端的线状双链	痘病毒
	闭合环状双链	PM2 噬菌体、花椰菜花叶病毒、杆状病毒
	不完全环状双链	嗜肝 DNA 病毒
RNA		
线状单链	线状、单链、正链	披膜病毒、RNA 噬菌体、大多数植物病毒
	线状、单链、负链	弹状病毒、副黏病毒
	线状、单链、分段、正链	雀麦花叶病毒（多分体病毒）
	线状、单链、二倍体、正链	逆转录病毒
	线状、单链、分段、负链	正黏病毒、沙粒病毒
双链	线状、双链、分段	呼肠孤病毒、Φ6 噬菌体、多数真菌病毒

2. 病毒的蛋白质 病毒一般只含一种或少数几种蛋白质。蛋白质在病毒中的含量随病毒种类而异，如狂犬病毒的蛋白质含量约占 96%，而大肠杆菌 T_3、T_4 噬菌体则只占 40%。衣壳蛋白是病毒的结构成分，故也称结构蛋白，由病毒基因编码，具有保护病毒核酸的功能。有些病毒蛋白与吸附细胞受体有关，有些只是一些酶，它们在病毒的侵染和增殖过程中发挥作用。

3. 其他成分 一些结构复杂的病毒（如包膜病毒）还含有脂类、糖类等。脂类主要构成包膜的脂双层，糖类多以糖蛋白的形式存在于包膜表层。

二、病毒的增殖

病毒的增殖不同于其他生物的繁殖方式，是病毒基因组复制与表达的结果。病毒缺乏增殖所需的酶系，只能在其感染的活细胞内，以病毒自身遗传信息为模板，利用寄主细胞提供的各种与增殖有关的因子进行自我复制。

（一）病毒的复制过程

病毒的复制一般分为吸附、侵入、合成、装配与释放 5 个阶段，不同的病毒其复制过程有所不同，下面以噬菌体为例说明（图 3-5）。

1. 吸附 病毒通过其表面结构与寄主细胞的病毒受体特异性结合，导致病毒附着于细胞表面的过程。病毒吸附蛋白指能特异性识别寄主细胞上的病毒受体并与之结合的病毒表面结合蛋白，如流感病毒包膜表面的血凝素、T 偶数

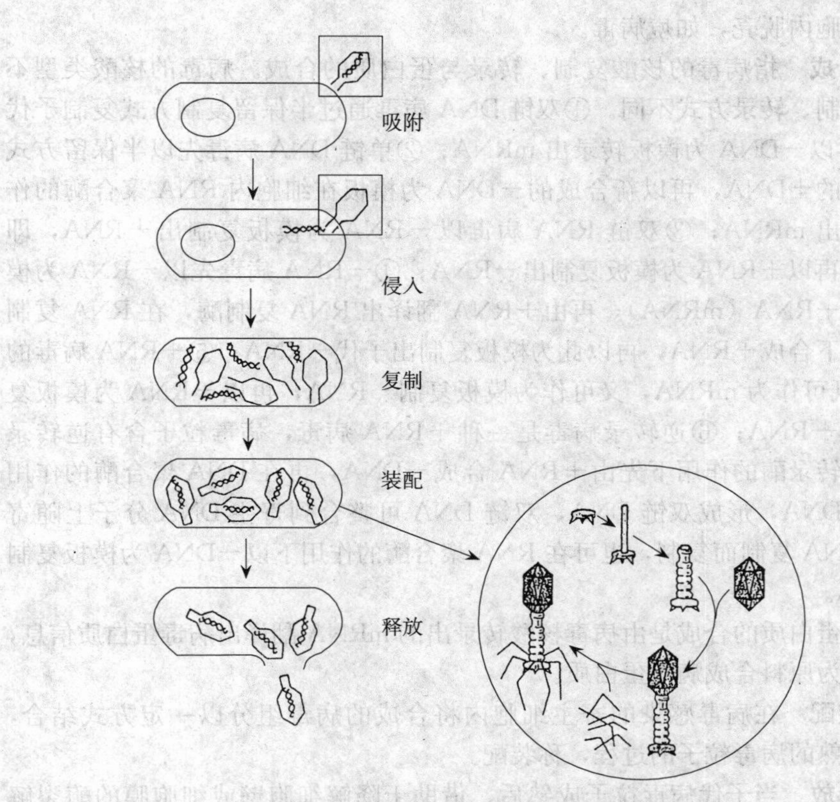

图 3-5　T偶数噬菌体的侵染复制过程
（李阜棣，微生物学，2000）

噬菌体的尾丝蛋白。病毒受体指能被病毒吸附蛋白特异性识别并与之结合，介导病毒侵入的寄主细胞表面成分。影响病毒吸附蛋白与细胞表面受体的因素如温度、pH、离子浓度、蛋白酶等均可影响病毒的吸附过程。

2. **侵入**　在病毒吸附后几乎立即发生，是依赖于能量的感染过程。不同的病毒侵入寄主细胞的方式不同。

动物病毒侵入的主要方式：①胞吞作用包括胞饮或吞噬，多数病毒按此方式侵入；②病毒包膜与寄主细胞质膜融合，将核衣壳释放到细胞质中；③完整病毒穿过细胞膜的移位方式。

植物病毒侵入的主要方式：①通过自然的或人为的机械微伤口侵入；②借助携带病毒昆虫的刺吸式口针穿刺植物细胞而侵入。

病毒侵入后，将病毒的包膜及衣壳脱去，使核酸释放出来的过程称脱壳。大多数病毒侵入时在寄主细胞表面完成脱壳，如T偶数噬菌体；有的病毒则在寄主细胞内脱壳，如痘病毒。

3. **合成** 指病毒的核酸复制、转录与蛋白质的合成。病毒的核酸类型不同，其复制、转录方式不同。①双链DNA病毒通过半保留复制方式复制子代DNA，再以－DNA为模板转录出mRNA；②单链DNA病毒先以半保留方式复制互补的±DNA，再以新合成的－DNA为模板在细胞内RNA聚合酶的作用下转录出mRNA；③双链RNA病毒以－RNA为模板复制出＋RNA，即mRNA，再以＋RNA为模板复制出－RNA；④－RNA病毒先以－RNA为模板转录出＋RNA（mRNA），再由＋RNA翻译出RNA复制酶，在RNA复制酶的作用下合成＋RNA，再以此为模板复制出子代－RNA；⑤＋RNA病毒的＋RNA既可作为mRNA，又可作为模板复制－RNA，再以－RNA为模板复制出子代＋RNA；⑥逆转录病毒是一种＋RNA病毒，病毒粒子含有逆转录酶，在逆转录酶的作用下先由＋RNA合成－DNA，再在DNA聚合酶的作用下合成＋DNA，形成双链DNA，双链DNA可整合到寄主DNA分子上随寄主细胞DNA复制而复制，也可在RNA聚合酶的作用下以－DNA为模板复制出＋RNA。

病毒蛋白质的合成是由病毒核酸转录出的mRNA翻译出病毒蛋白质信息，以氨基酸为原料合成病毒蛋白质。

4. **装配** 在病毒感染的寄主细胞内将合成的病毒组分以一定方式结合，组装为成熟的病毒粒子的过程，称装配。

5. **释放** 当子代病毒粒子成熟后，借助于降解细胞壁或细胞膜的酶裂解寄主细胞，释放出大量的病毒粒子。

（二）一步生长曲线

一步生长曲线是研究病毒生长规律的实验曲线，最初是为研究噬菌体复制而建立的实验，现已推广到动物病毒和植物病毒的研究中。以噬菌体为例，具体实验方法如下：先将处于对数生长期的敏感细菌悬浮液与适量噬菌体混合（通常混合比例为10：1），避免几个噬菌体侵染一个细胞。经数分钟吸附后加入一定量的该噬菌体抗血清，以中和尚未吸附的噬菌体。然后再用培养液进行高倍稀释，以免发生第二次吸附。培养后定时取样，与敏感细菌在平板上混合培养，统计噬菌斑数。以感染时间为横坐标，以噬菌斑数为纵坐标，绘制的病毒特征曲线即为一步生长曲线。实验证明，在吸附后的开始一段时间内，噬菌斑数不见增加，表明噬菌体尚未完成复制和组装，这一阶段称为潜伏期；紧接在潜伏期后的一段时间，平板中的噬菌斑数直线上升，说明噬菌体已从寄主细胞中裂解释放了，这一阶段称为裂解期；裂解期末，寄主细胞全部裂解释放出病毒粒子，噬菌斑数稳定地处于高位，这一时期称为平稳期（图3-6）。

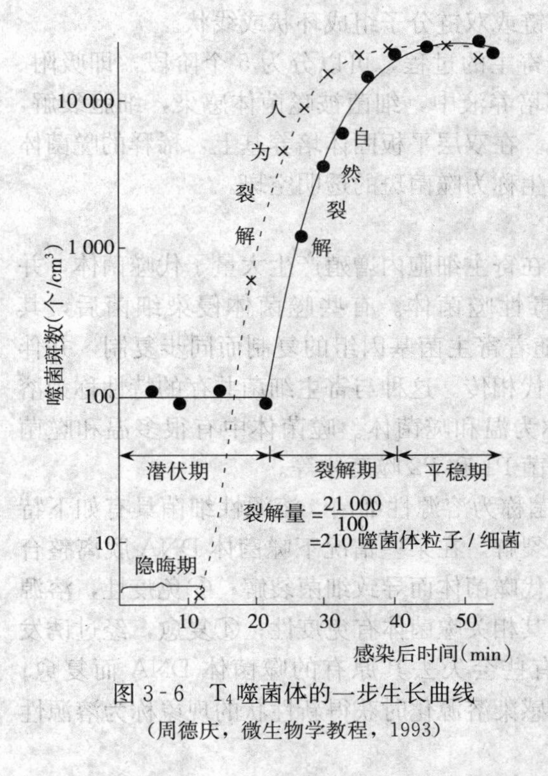

图 3-6 T_4噬菌体的一步生长曲线
（周德庆，微生物学教程，1993）

三、病毒的分类

早期的病毒分类以寄主为依据，将病毒分为脊椎动物病毒、昆虫病毒、植物病毒、细菌病毒等。目前国际上通用的病毒分类系统采用病毒各方面的性质，如形态、基因组、理化性质、生物学特性等来进行分类。病毒的分类系统采用目（order）、科（family）、属（genus）、种（species）为分类等级，在没有适当目的情况下，科为最高的分类等级。1995 年国际病毒分类委员会（ICTV）在第六次报告中报道了4 000余种病毒，划分为49 个科、164 个属。经过几次修改和补充，现在将已发现的病毒划分为 7 大类、62 个科，即 dsDNA 病毒、ssDNA 病毒、dsRNA 病毒、负意 ssRNA 病毒、正意 ssRNA 病毒、DNA 和 RNA 逆转录病毒、亚病毒因子 7 类。

第二节 病毒的主要类群及其代表

病毒根据寄主范围分为脊椎动物病毒、植物病毒、昆虫病毒、细菌病毒等。

一、细菌病毒——噬菌体

细菌病毒又称噬菌体，是侵染细菌的病毒，广泛分布于自然界。几十年来通过对噬菌体的研究获得了许多有关病毒的基础知识。

（一）噬菌体的一般性状

和其他病毒一样，噬菌体也是由核酸和蛋白质组成。病毒粒子有蝌蚪形、微球形和线状 3 种形态，核酸以单链或双链分子组成环状或线状。

噬菌体的增殖过程也是其侵染寄主的过程，可以分为 5 个阶段，即吸附、侵入、复制、装配、释放。在细菌培养液中，细菌被噬菌体感染，细胞裂解，浑浊的菌悬液变成透明的裂解溶液。在双层平板固体培养基上，稀释的噬菌体悬液在感染点上进行反复侵染，产生称为噬菌斑的透明空斑。

（二）温和噬菌体和溶源性

大部分噬菌体感染寄主细胞，在寄主细胞内增殖产生大量子代噬菌体，并引起菌体裂解，这类噬菌体称为毒性噬菌体。有些噬菌体侵染细菌后，其 DNA 整合到寄主菌的基因组上，随着寄主菌基因组的复制而同步复制，并伴随细胞分裂平均分配到子细胞，代代相传。这种与寄主细菌共存的特性称为溶源性，引起溶源性发生的噬菌体称为温和噬菌体。噬菌体中有很多温和噬菌体，如大肠杆菌 λ 噬菌体、大肠杆菌 P1 和 P2 噬菌体等。

携带有噬菌体 DNA 的寄主细菌称为溶源性细菌。溶源性细菌具有如下特性：①可遗传性，能代代相传；②裂解，在某些情况下噬菌体 DNA 脱离整合状态，在寄主菌内增殖产生大量子代噬菌体而导致细菌裂解；③免疫性，溶源性细菌对赋予其溶源性的噬菌体及其相关噬菌体有免疫性；④复愈，经过诱发裂解后存活下来的少数细菌中，有些会失去其原有的噬菌体 DNA 而复愈；⑤溶源性转变，细菌因温和噬菌体感染溶源化时获得新性状的现象称为溶源性转变。

二、昆虫病毒

昆虫病毒是比较常见的一类病毒，以感染鳞翅目昆虫的病毒最多，其次为双翅目、膜翅目和鞘翅目。一方面，家蚕和蜜蜂的病毒病早已引起人们的重视；另一方面，应用昆虫病毒防治害虫愈来愈广泛。目前美国至少有 5 种昆虫病毒投入工业生产，我国已经研制了 12 种病毒制剂，其中工艺比较成熟、应用最广的是棉铃虫核型多角体病毒。

大多数昆虫病毒能形成包涵体，病毒粒子封闭在包涵体中。包涵体是病毒感染细胞后在细胞质或细胞核内形成的，在光学显微镜下可见的具有一定形态的聚集体。根据包涵体的有无或在寄主细胞中的部位，把昆虫病毒分为核型多角体病毒（NPV）、质型多角体病毒（CPV）、颗粒体病毒（GV）、无包涵体病毒等。

包涵体在自然条件下比较稳定，在土壤中的包涵体病毒能保持活性多年，如粉纹夜蛾的核型多角体病毒在土壤中能保持活性 5 年，家蚕核型多角体病毒在干燥器中保藏37年仍不失活。但包涵体对高温、阳光和紫外线敏感，一般的消毒剂也能使包涵体病毒失活。

昆虫病毒主要是通过口器感染。昆虫吞食病毒进入肠道，包涵体被肠液溶解释放出病毒粒子，进一步感染破坏细胞，直至昆虫死亡。

有些动物病毒或植物病毒通过介体昆虫传播，但不感染昆虫，对昆虫无害。

三、脊椎动物病毒

在人类、哺乳动物、禽类、爬行类、两栖类、鱼类等各种脊椎动物中存在着大量寄生性病毒，已知与人类健康有关的病毒超过300种，与其他脊椎动物有关的病毒超过900种。人类传染病约70%～80%是由病毒引起的，常见的病毒病如流行性感冒、肝炎、疱疹、脊髓灰质炎、流行性乙型脑炎、狂犬病、艾滋病等。畜、禽等动物的病毒病也非常普遍，且危害严重，如猪瘟、牛瘟、口蹄疫、鸡瘟、鸡新城疫等。许多病毒病还是人畜共患病，应防止相互传染。

脊椎动物病毒的种类很多，根据其核酸类型分为dsDNA病毒、ssDNA病毒、dsRNA病毒和ssRNA病毒。核衣壳外有的有包膜、有的无包膜。它们的增殖过程与噬菌体相似，吸附之后，病毒粒子通过胞饮或包膜融入细胞膜等方式侵入寄主细胞，然后脱壳，进行核酸复制和蛋白合成，再进行装配，释放出成熟的子代病毒粒子。病毒感染寄主后常引起两种后果：一种是病毒粒子大量增殖，导致寄主细胞溶解和死亡；一种是形成肿瘤。

四、植物病毒

植物病毒大多数是单链的RNA病毒，和其他病毒一样是严格的活细胞寄生物，但寄主范围很广。一种病毒可以寄生在不同的科、属的栽培植物和野生植物上，如烟草花叶病毒能侵染十几个科、百余种草本和木本植物。植物感染病毒后表现出以下症状：①叶绿体受到破坏，引起花叶、黄化等变色症状；②细胞坏死形成枯斑、坏死等；③植株矮化、丛生、畸形等。同一种病毒侵染不同的寄主植物表现的症状不同。烟草花叶病毒感染普通烟草表现花叶症状，而在心叶烟上表现枯斑坏死症状。

有些病毒侵染植物除引起上述外部症状外，还在感染病毒的细胞内形成包涵体，在表现花叶症状的病毒病中较为普遍。包涵体有两种类型：一种是结晶型的，主要由病毒粒子聚集而成；一种是非结晶型的，由病毒粒子和寄主细胞成分聚集而成。

植物病毒的种类很多，引起的植物病毒病非常普遍，绝大多数种子植物都能发生病毒病，禾本科、葫芦科、豆科、十字花科和蔷薇科植物发病较为普遍。

植物病毒在自然条件下的传播主要是借助昆虫、螨类、线虫等介体，通过口针在病、健植株上刺吸汁液而传播。以刺吸式口器昆虫传毒最为普遍，尤以蚜虫、叶蝉、飞虱等同翅目昆虫传毒最常见。植物病毒还可通过病、健植株间机械接触造成的伤口传播，一般不能从植物的自然孔口侵入。此外，植物病毒还能通过嫁接传染，几乎所有全株性病毒病都能通过嫁接传染。

第三节 亚 病 毒

亚病毒包括类病毒、卫星病毒、拟病毒及朊病毒。

一、类 病 毒

1971 年美国学者 Diener 发现马铃薯纺锤形块茎病的病原是一种只有侵染性小分子 RNA 而没有蛋白质的感染因子，称其为类病毒（viroid）。类病毒是一个裸露的单链闭合环状 RNA 分子，它能感染寄主细胞并在细胞内进行自我复制，引起寄主植物发病。类病毒的分子质量小，仅为最小 RNA 病毒的十分之一，约 10^5u。迄今为止已知的类病毒都为侵染植物的病毒，马铃薯纺锤形块茎病类病毒（PSTV）是研究得比较清楚的一个类病毒，此外还有柑橘裂皮病类病毒（CEV）、鳄梨白斑类病毒（ASBV）等。类病毒对热和脂溶剂有抗性，可以通过汁液摩擦传播，有些还可通过种子或无性繁殖材料传播，但未发现虫媒传播。

二、卫星病毒

卫星病毒是一类基因组缺损、需要依赖辅助病毒才能完成复制和增殖的亚病毒因子。如大肠杆菌噬菌体 P4，需辅助病毒大肠杆菌噬菌体 P2 同时感染，且依赖 P2 合成的壳体蛋白质与 P4 DNA 组装成完整的 P4 病毒粒子，完成增殖过程。常见的卫星病毒还有丁型肝炎病毒、腺联病毒、卫星烟草花叶病毒等。

三、拟 病 毒

拟病毒是一类寄生于辅助病毒壳体内，虽然与辅助病毒基因组无同源性，但必须依赖辅助病毒才能复制的 RNA 分子片段。澳大利亚人 Randles 在研究绒毛烟斑驳病毒（VTMoV）时发现，VTMoV 的基因组除含有一种大分子线状 ssRNA 外还含有一种类似于类病毒的环状 ssRNA 分子。这两种 RNA 分别接种寄主时都不能感染和复制，只有把两者合在一起接种时才能感染和复制。Haseloff 等将这种包被于病毒壳体内的环状 RNA 分子称为拟病毒（virusoid）。现已发现除绒毛烟斑驳病毒（VTMoV）外，还有莨菪斑驳病毒（SNMV）、苜蓿暂时性条斑病毒（LTSV）和地下三叶草斑驳病毒（SCMoV），这 4 种拟病毒的 RNA 功能不完全相同，VTMoV、SNMV 中的拟病毒 RNA 是侵染必需的，而 LTSV 的拟病毒 RNA 的作用则类似于卫星 RNA。许多卫星 RNA 能影响其辅助病毒在寄主中感染寄生的症状，如烟草环斑病毒（TobRSV）的卫星 RNA 能减轻 TobRSV 在烟草上引起的环斑症状。最近有将卫星 RNA 的 cDNA 转入植物构建抗病毒植物的报道。

四、朊 病 毒

1982 年，美国动物病毒学家 Prusiner 在研究羊瘙痒病病原体时发现，经紫外线辐射、高温处理等能使病毒失活的方法处理后病原体仍有活性，而 SDS、尿素、苯酚等蛋白变性剂则能使之失活。因此认为，这种病原体是一种蛋白质侵染颗粒，即朊病毒。朊病毒（prion）是一类具有侵染性并能在寄主细胞内复制的小分子无免疫性疏水蛋白质。如人库鲁病、羊瘙痒病和牛海绵状脑病均是朊病毒引起的。

朊病毒在电镜下呈杆状颗粒，直径 25nm，长 100～200nm，不单独存在，呈丛状排列。朊病毒的致病机理和繁殖方式还不太清楚，有待进一步阐明。

复习思考题

1. 什么是病毒？病毒与其他生物的主要区别是什么？
2. 以噬菌体为例说明病毒的增殖过程。
3. 溶源性细菌有哪些特点？
4. 病毒的包涵体是什么？有何实际意义？
5. 植物病毒和动物病毒的侵入方式有何不同？
6. 常见的昆虫病毒有哪几种类型？如何利用昆虫病毒来防治害虫？
7. 以马铃薯纺锤形块茎病类病毒为例说明类病毒的特点。
8. 朊病毒的发现在生命科学中有何意义？

第四章　微生物的营养

［本章提要］　营养是微生物进行生命活动的物质基础，微生物所需的营养物质有碳源、氮源、无机盐、能源、生长因子和水。微生物对碳源的利用有自养与异养之分，对能源的利用有光能和化能之别。不同微生物以不同方式吸收不同的营养物质，主动运输是一种主要的物质运输方式。

配制培养基应根据配制原则、微生物的种类、培养目的等因素选用或设计适宜的培养基。微生物的培养基及其生长环境需要达到灭菌、消毒、防腐、除菌等状态，应合理选择对有害微生物有杀伤作用的各种理化因素。

微生物在生长过程中，需要不断从外界环境中吸收所需的营养物质，通过新陈代谢将其转化成自身新的细胞物质或代谢物，并从中获取生命活动所需的能量，同时将代谢活动产生的废物排出体外。微生物吸收和利用营养物质的过程称为营养或营养作用。营养是微生物维持和延续其生命形式的一种全面的生理过程。

熟悉微生物的营养知识，是研究和利用微生物的基础。掌握微生物的营养理论，便于合理地选用或设计符合微生物生理要求或有利于生产实践的培养基。

第一节　微生物的营养物质

凡能被微生物吸收利用，为其提供能量及建造新细胞成分的物质，称为营养物质。营养物质是微生物进行生命活动的物质基础。不同的生物有不同的营养特点，微生物除具有与高等动植物之间存在着“营养上的统一性”外，还具有营养物质的多样性及营养类型复杂性的特点。微生物吸收何种营养物质与其细胞的化学组成有密切关系。

一、微生物细胞的化学组成

分析微生物细胞的化学组成，是了解微生物需求营养物质的基础。微生物细胞的化学组成与其他生物细胞的组成成分大同小异，由大量水分及少量干物质组成（表4-1）。

表4-1 微生物细胞的主要成分

<table>
<tr><th colspan="3">细胞成分</th><th>含量（%）</th><th>主要元素</th></tr>
<tr><td colspan="3">水分</td><td>70～90</td><td>氢、氧</td></tr>
<tr><td rowspan="2">干物质</td><td>有机物质</td><td>蛋白质
核酸
碳水化合物
脂肪
维生素</td><td>占干物质90～97</td><td>碳、氮、氢、氧</td></tr>
<tr><td colspan="2">矿质元素</td><td>占干物质3～10</td><td>磷、硫、钙、镁、钾、钠、铁等</td></tr>
</table>

水是微生物及一切生物细胞中含量最多的成分。细胞湿重与干重之差为细胞含水量。常以百分率表示：（湿重－干重）/湿重×100%。微生物细胞的含水量随种类和生长期而异，通常情况下，微生物细胞含水量约70%～90%，由氢、氧元素构成。

采用高温（105℃）烘干、低温真空干燥或红外线快速烘干等方法将细胞除去水分，干燥至恒重即为干物质的质量，其含量约占细胞鲜重的10%～30%。

干物质主要由有机物和无机物组成。有机物主要包括蛋白质、核酸、碳水化合物、脂肪、维生素及其降解物和代谢物等物质。有机物约占细胞干重的90%～97%，主要由碳、氢、氧、氮等元素构成。

将微生物干细胞在高温炉（550℃）焚烧成灰，即可得到各种矿质元素的氧化物，或称灰分元素。灰分元素一般占细胞干重的3%～10%。以磷的含量最高，约占灰分总量的50%，其次为硫、钾、钙、镁、钠、铁等。此外，还有铜、锌、锰、硼、钴、钼、硅等含量很少的微量元素。

各化学元素在微生物细胞中的含量因其种类、培养条件和生长阶段不同而有明显差异。如细菌和酵母菌的含氮量比霉菌高，幼龄菌比老龄菌的含氮量高。在特殊生态环境中生活的某些微生物，常在细胞内富集某些特殊元素。如海洋微生物细胞中含有较高的钠，某些硫化细菌能在细胞内积累硫元素，硅藻在外壳中积累硅、钙等元素。

通过微生物细胞的化学分析可看出，组成微生物细胞的主要化学元素除碳、氮、氢、氧四大元素外，还有磷、硫、钙、镁、钾、钠、铁等矿质元素。各种化学元素都是由营养物质转变而来的。从化合物水平看，各种元素主要以水、有机物和无机物形式存在于微生物细胞中。

二、微生物的营养物质及其生理功能

微生物的营养物质按其在机体中的生理作用可分为碳源、氮源、无机盐、生长因子、水及能源 6 大类。

(一) 水分

虽然绝大多数微生物不能利用水作为营养物质，但由于水在微生物的生命活动包括营养过程中的重要性，它仍应属于营养要素之一。水在生物体内的含量很高，在低等生物尤其微生物体内含量更高，因此微生物适宜生长在潮湿环境或水中。微生物细胞中的水分由不易结冰、不易蒸发的结合水和呈游离状态的自由水组成，游离与结合水的比例大约为 4∶1。水分是细胞物质的组成部分，是细胞中各种生化反应的介质；水是基本溶剂，微生物对营养物质的吸收和代谢废物的排除均以水为媒介；水能维持蛋白质、核酸等大分子稳定的天然构象和酶的活性；充足的水分是细胞维持正常形态的重要因素；水的比热高，是热的良导体，能有效地吸收代谢过程中产生的热量并及时地将热迅速散发出体外，从而有效地控制细胞内温度的变化；水分还能提供氢、氧两种元素。若水分不足，将会影响整个机体的代谢。

微生物细胞的含水量因种类、生活条件和菌龄不同而有差异。如幼龄细胞含水量高于老龄细胞，细菌芽孢和真菌孢子的含水量低于营养体，仅占 40% 左右，这有利于菌体抗干燥、抗热等不良环境。

水分对微生物生命活动如此重要，培养微生物时应供给足够水分。一般用自来水、井水、河水等，若有特殊要求可用蒸馏水。若保藏某些食品和物品时，可用干燥法抑制微生物的生命活动。

(二) 碳源

凡能为微生物提供碳素营养的物质，称为碳源。碳素是构成细胞物质的主要元素，也是产生各种代谢产物和细胞储藏物质的重要原料，多数碳源还能为微生物提供能源。微生物吸收的碳素仅有 20% 用于合成细胞物质，其余均用于维持生命活动所需的能量而被氧化分解。因此，具有双功能作用的碳源对微生物的生长发育十分重要，是需求量最大的营养源。

自然界中的碳源种类很多，从 CO_2 到复杂的天然有机含碳化合物之间的各种碳源均可不同程度的为微生物所利用。迄今人类已发现的有机物已超过 700 万余种，自然界几乎所有有机物质都可被相应微生物利用，甚至是高度不活跃的碳氢化合物，如石蜡、氰等有毒物质。微生物对碳源的利用具有选择性，利用能力有差异。从总体来说，自然界中的碳源都可被微生物利用，这是由于微生物的种类多，所需要的碳素物质不同。就某一种微生物来说，所利用的碳源是有限的。因此，可根据微生物对碳源的利用情况作为分类的依据。

大多数微生物利用有机碳。主要碳源是葡萄糖、果糖、蔗糖、麦芽糖和淀粉，其中葡萄糖是最常用的，其次是有机酸、醇和脂类。在生产实践中，常用农副产品和工业废弃物为碳源，如玉米粉、米糠、麸皮、马铃薯、酱渣、酒糟以及作物秸秆、棉籽壳、木屑等。这些物质除提供碳源、能源外，还可供应其他营养成分。少数微生物只能以CO_2或无机碳酸盐为惟一碳源，它们从日光或无机物氧化中摄取能源。

（三）氮源

凡能为微生物提供氮素营养的物质，称为氮源。氮素化合物是构成蛋白质与核酸的重要成分，有些氮源还能在氧化过程中放出能量，为微生物提供能源。氮素在自然界以N_2、无机氮化物和有机氮化物3种形式存在。不同微生物利用不同形式的氮源，微生物对氮源的利用范围也大大超过动植物。

根据微生物对氮源利用的差异将其分为：①以空气中的分子态氮为惟一氮源的固氮微生物，当生活环境中有其他氮源存在时，就会利用这些氮源而丧失固氮能力。N_2在自然界储量极大，所有的高等动植物和绝大多数微生物都不能直接利用，只有少数固氮微生物能直接利用。②氨基酸自养型微生物，以无机氮（铵盐、硝酸盐等）和简单有机氮化物（如尿素）为氮源，自行合成所需要的氨基酸，进而转化为蛋白质及其他含氮有机物。这是数量最大、种类最多的一个类群。绿色植物和很多微生物均为氨基酸自养型生物。③氨基酸异养型微生物，不能合成某些必需的氨基酸，必须从有机氮化物中摄取这些氨基酸才能生长。动物和部分异养微生物为氨基酸异养型生物。

生产实践中，可利用氨基酸自养型微生物将廉价的尿素、铵盐、硝酸盐等无机氮转化为菌体蛋白或含氮的代谢产物，是解决人类食物蛋白质和动物饲料蛋白质不足的一个重要途径。

在实验室常以铵盐、硝酸盐、尿素、氨基酸、蛋白胨等简单氮化物为氮源，在发酵工业生产中，常以蚕蛹粉、豆饼粉、鱼粉、玉米粉、麸皮、米糠等复杂廉价的有机氮为氮源。

简单氮化物可被微生物快速吸收利用，复杂有机氮化物须经胞外酶将其分解成简单氮化物才能成为有效态氮源。

（四）无机盐

矿质元素的化合物为无机盐，是微生物生长的必要物质，主要为微生物提供碳、氮以外的各种重要元素。无机盐在机体中的主要生理功能是：有的参与细胞组成和能量转移（如 P、S）；有的是酶的组成部分或激活剂（如 Fe、Mg）；有的调节酸碱度、细胞透性、渗透压等（如 Na、Ca、K）；有的还可为化能自养微生物提供能源（如 S、Fe）。

微生物对无机盐的需求量很小，凡生长所需浓度在 10^{-3}～10^{-4} mol/L 范围内的元素为大量元素，凡生长所需浓度在 10^{-6}～10^{-8} mol/L 范围内的元素为微量元素。培养微生物时，一般使用含大量元素的硫酸盐、磷酸盐类和氯化物。有些微量元素一般不特殊添加，自来水和其他营养物质中以杂质形式存在的数量就能满足微生物生长的需要，过量加入会有抑制或毒害作用。

（五）能源

凡能提供最初能量来源的营养物质或辐射能称为能源。微生物的一切生命活动都离不开能源，微生物对能源的利用范围也较广，主要有化学能和日光能。化学能源分别来自有机物的分解和无机物的氧化。不同的微生物利用不同的能源，异养微生物利用的能源主要来自有机碳化物的分解；化能自养微生物利用的能源是还原态的无机物质（如 NH_4^+、NO_2^-、S、H_2S、Fe^{2+} 等）；光能微生物利用的能源主要是日光能。

日光能是单功能的，还原态无机物一般具有氮源和能源双功能作用，有机碳化物一般兼有碳源、氮源、能源三功能作用。

（六）生长因子

微生物生长必不可少而需求量极微的有机物质称为生长因子。广义的生长因子包括氨基酸、碱基和维生素 3 类物质，狭义的生长因子一般仅指维生素（主要是 B 族维生素）。生长因子不提供能量，也不参与细胞结构组成，一般是酶的组成部分或活性基团，还具有调节代谢和促进生长的作用。生长因子与碳源、氮源和能源物质不同，并非所有微生物都需从外界吸收，有些微生物可以自身合成。按微生物与生长因子间的关系可将微生物分为 3 种类型：一是生长因子自养型微生物，能自身合成各种生长因子，不需外界供给。多数真菌、放线菌和部分细菌属于这种类型。二是生长因子异养型微生物，它们自身缺乏合成一种或多种生长因子的能力，必须外源提供才能生长。三是生长因子过量合成微生物，它们在代谢活动中向细胞外分泌大量的维生素等生长因子，可用于维生素的生产。如阿舒假囊酵母的维生素 B_2 产量每升发酵液可达 2.5g。

在科研及生产中，常用牛肉膏、酵母膏、玉米浆、麦芽汁或其他动植物浸出液作为生长因子的来源。事实上，许多作为碳源和氮源的天然原料本身就含有丰富的生长因子，如麦芽汁、牛肉膏、麸皮、米糠、马铃薯汁等。一般在此类培养基中无需再添加生长因子。

第二节　微生物的营养类型和吸收方式

一、微生物的营养类型

由于微生物种类繁多，营养类型比高等生物复杂。按不同划分依据可将微生物分成不同类型，通常依据微生物所需的碳源及能源不同将其分为光能自养、化能自养、光能异养及化能异养4种类型（表4-2）。

表4-2　微生物的营养类型

营养类型	能　源	主要碳源	氢或电子供体	举　　例
光能自养型	日光	CO_2	水或还原态无机物	蓝细菌、藻类、着色细菌等
化能自养型	无机物	CO_2或CO_3^{2-}	还原态无机物	硝化细菌、硫化细菌、铁细菌等
光能异养	日光	CO_2或简单有机物	有机物	红螺菌科的细菌（紫色无硫细菌）
化能异养	有机物	有机物	有机物	绝大多数细菌、全部放线菌及真核微生物

（一）光能自养微生物

以日光为能源，以CO_2为碳源的微生物称为光能自养微生物。该类型的微生物体内有光合色素，能利用日光能进行光合作用，以水或其他无机物为供氢体，将CO_2合成细胞有机物质。光合色素是一切光能微生物特有的色素，主要有叶绿素（或菌绿素）、类胡萝卜素和藻胆素3大类，其中叶绿素或菌绿素为主要光合色素，类胡萝卜素和藻胆素是不能单独进行光合作用的辅助色素。光能自养型微生物的光合作用分为产氧光合作用和不产氧光合作用两种。

1. 产氧光合作用　单细胞藻类、蓝细菌细胞内含有叶绿素，具有与高等植物相同的光合作用。在还原CO_2时，以H_2O为供氢体，放出氧气，其光合作用在好气条件下进行。

$$CO_2 + H_2O \xrightarrow[\text{叶绿素}]{\text{光能}} [CH_2O] + O_2\uparrow$$

2. 不产氧光合作用　污泥中的绿硫细菌、紫硫细菌细胞内无叶绿素，含有与叶绿素结构相似的菌绿素，在厌气条件下进行光合作用，以H_2S、S等为供氢体，将CO_2还原为有机物，不放出氧气。它们主要生活在富含CO_2、H_2和硫化物的淤泥及次表层水域中。

$$CO_2 + H_2S \xrightarrow[\text{菌绿素}]{\text{光能}} [CH_2O] + H_2O + S$$

（二）化能自养微生物

以无机物氧化过程中放出的化学能为能源，以CO_2或碳酸盐为惟一或主要碳源的微生物，称为化能自养微生物。由于受无机物氧化产生能量不足的制约，这类微生物一般生长迟缓。NH_3、NO_2、H_2S、S、Fe^{2+}、H_2等都可被相应的硝化细菌、硫化细菌、铁细菌、氢细菌等微生物氧化，使之提供还原CO_2为细胞有机物质的能量。

化能自养微生物对无机物的氧化有很强专一性，一种化能自养微生物只能氧化一定无机物，如铁细菌只氧化亚铁盐，硫细菌只氧化硫化氢。此外，对无机物的氧化必须在有氧条件下进行。化能自养微生物多分布在土壤及水域环境中，在自然界物质转化过程中起重要作用。

光能自养微生物及化能自养微生物总称为自养型微生物，它们都以二氧化碳或无机碳酸盐为惟一或主要碳源，可生活在完全无机环境中，若生长环境有机物过多将对其有抑制作用。

（三）光能异养微生物

以简单有机物（有机酸、醇等）为供氢体，利用光能将CO_2还原为有机物质的微生物，称为光能异养微生物。例如红螺菌属中的一些细菌，能利用异丙醇作为供氢体，使CO_2还原成细胞物质，同时积累丙酮。光能异养微生物数量较少，生长时大多数需要外源的生长因子。

$$CO_2 + CH_3CHOHCH_3 \xrightarrow[\text{菌绿素}]{\text{光能}} [CH_2O] + CH_3COCH_3$$

（四）化能异养微生物

以有机物为碳源、能源和供氢体的微生物称为化能异养微生物。该类型包括的微生物种类最多。已知的绝大多数细菌、全部放线菌和真菌及原生动物均属于此类型。

根据化能异养微生物利用有机物的特性，又将其分为腐生型与寄生型两种类型。以无生命的有机物质为养料，靠分解生物残体而生活的微生物，称为腐生菌。大多数腐生菌是有益的，在自然界物质转化中起重要作用，但也易导致物品的腐败。生活于寄主体内或体表，从活寄主细胞中吸取营养而生活的微生物为寄生菌。寄生性微生物又可分为专性寄生和兼性寄生两种。专性寄生性微生物只能在活的寄主生物体内营寄生生活；兼性寄生性微生物既能营腐生生活，也能营寄生生活。例如一些肠道杆菌既能寄生在人和动物体内，也能腐生于土壤中。寄生型微生物多数是动物、植物的病原菌，有些能寄生某些病菌及害虫，在生产中常用于农、林病虫害的防治。

微生物四种营养类型的划分不是绝对的，各营养类型中有许多中间过渡类型。如红螺菌在有光和厌气条件下利用的是光能，在无光和好气条件下利用的是有机物氧化放出的化学能。不只在光能与化能间难界清，在自养与异养之间也很难划明。异养微生物也不是绝对不能利用二氧化碳，只是它们不能以二氧化碳作为惟一碳源或主要碳源。同样，自养微生物生长时也并非完全不能利用有机物。自养型与异养型的主要区别：自养微生物可利用二氧化碳或无机碳酸盐为惟一或主要碳源，所需能源来自日光或无机物的氧化，可在完全无机环境中生长；异养微生物以有机物为主要碳源，所需能源来自日光或有机物的分解，不能在完全无机环境中生长，至少需要提供一种有机物才能使其正常生长。微生物营养类型的可变性无疑有利于提高其对环境条件变化的适应能力。

四种营养类型表明了微生物营养生理的多样性和复杂性，其营养物质来源的广泛性和利用能量方式的多样性都比动植物复杂得多。

二、微生物对营养物质的吸收

微生物没有专门的取食器官，摄取营养物质是依靠整个细胞表面进行的。从外界吸收营养物质的方式随微生物类群和营养物质种类而异，一般有吞噬和渗透吸收两种类型。原生动物多以直接捕食的吞噬方式摄取营养。营养物质通过细胞质膜而进入细胞的渗透吸收，是绝大多数微生物吸收营养物质的方式。微生物个体微小，比表面积大，能高效率地进行细胞内外的物质交换，吸收营养物质的速度比高等动植物快得多。

营养物质进入微生物细胞是一个复杂的生理过程。细胞壁是环境中营养物质进入细胞的屏障之一，能阻挡高分子物质进入。所以复杂的高分子化合物如多糖、蛋白质、纤维素、果胶等在进入微生物细胞之前必须先经过胞外酶的初步分解后才能进入。微生物能够吸收哪些营养物质以及吸收速度，主要取决于细胞质膜结构的特性和细胞的代谢活动。细胞质膜为半透膜，由磷脂双分子层和嵌合蛋白分子组成，是控制营养物质进入和代谢产物排出细胞的主要屏障，具有选择性吸收功能，是细胞内外物质交换的主要界面。通常认为，营养物质通过质膜的方式有 4 种：单纯扩散、促进扩散、主动运输和基团移位（表 4-3）。

表 4-3 四种吸收方式的比较

项 目	单纯扩散	促进扩散	主动运输	基团移位
特异载体蛋白	无	有	有	有
运输速度	慢	快	快	快
溶质运送方向	由浓到稀	由浓到稀	由稀到浓	由稀到浓
平衡时内外浓度	内外相等	内外相等	内部浓度高得多	内部浓度高得多
运送分子	无特异性	特异性	特异性	特异性
能量消耗	不需要	不需要	需要	需要
运送前后溶质分子	不变	不变	不变	改变

（一）单纯扩散

单纯扩散也称被动运输。其扩散原动力来自于细胞内外溶液的浓度差，溶质分子由高浓度区域向低浓度区域扩散，扩散速率随胞内外该溶质浓度差的降低而减小，直至达到动态平衡为止。扩散速度取决于营养物的浓度差、分子大小、溶解性、极性、pH、离子强度、温度等因素。简单扩散不需膜上载体蛋白参与，也不消耗能量，因此它不能逆浓度梯度运输养料，运输速度、运输的养料种类也十分有限，也不能通过此方式来选择必需的营养物质，所以很难满足微生物生活的需要。能以单纯扩散方式进入细胞的物质主要有水、溶于水的气体和极性小的物质（如尿素、氨基酸、甘油、乙醇等）。

（二）促进扩散

养料通过与细胞质膜上的特异性载体蛋白（也称渗透酶）结合，从高浓度进入低浓度环境的传递过程称为促进扩散。促进扩散也是以胞内外溶液浓度差为动力，不消耗能量，不能进行逆浓度梯度运输，运输速率随胞内外该溶质浓度差的降低而减小，直至达到动态平衡为止。不同于单纯扩散的是需要载体蛋白的参与。载体蛋白是位于细胞膜上的特殊蛋白质，在细胞膜外侧能与一定溶质分子可逆性的结合，在细胞内侧可释放该溶质，自身在这个过程中不发生化学变化。

渗透酶属诱导酶，只有当环境中存在某种营养物质时才诱导合成相应的渗透酶；与营养物质的结合有专一性，一定的渗透酶只能与一定的养料离子或结构相近的分子结合，能提高养料的运输速度。通过促进扩散进入细胞的营养物质主要是氨基酸、单糖、维生素、无机盐等。促进扩散只对生长在高养料浓度下的微生物产生作用。

（三）主动运输

在代谢能的推动下，通过细胞质膜上的特殊载体蛋白，逆浓度梯度吸收营养物质的过程称为主动运输。主动运输是广泛存在于微生物中的一种主要物质运输方式，与促进扩散类似之处在于物质运输过程中同样需要载体蛋白。其主要特点：在运输过程需要消耗能量，并且可以逆浓度梯度运输，使细胞积累某些营养，能改变养料运输反应的平衡点。主动运输可使微生物在稀薄的营养环境中吸收营养。无机离子、有机离子、一些糖类（乳糖、蜜二糖、葡萄糖）等营养，可通过主动运输进入细胞。

（四）基团移位

营养物质在运输过程中，需要特异性载体蛋白参与和消耗能量，并使营养物质在运输前后发生化学结构变化的一种运输方式，称为基团移位。与主动运输的区别是在运输过程中改变了被运输基质的性质，某溶质进入细胞膜内会发生化学变化。因而可使该溶质分子在细胞内增加，养料可不受阻碍地向细胞源源不断地运送，实质上也是一种逆浓度梯度的运输过程。

基团移位运输的物质主要是糖及其衍生物、核苷酸、腺嘌呤等物质。以磷酸转移酶系统（PTS）运输葡萄糖为例，磷酸转移酶系统是多种糖的运输媒介，每输送一个葡萄糖分子，就消耗一个 ATP 的能量。糖分子进入细胞后以磷酸糖的形式存在于细胞内，磷酸糖是不能透过细胞膜的。这样，磷酸糖不断积累，糖不断进入，表现为糖的逆浓度梯度运输。

磷酸转移酶系统（PTS）是十分复杂的，包括酶 1、酶 2 和热稳定蛋白（HPr）。它们基本上由两个独立的反应组成：第一个反应由酶 1 催化，使磷酸烯醇式丙酮酸（PEP）上的磷酸基转移到 HPr 上。

1. **热稳定载体蛋白（HPr）的激活** 细胞内高能化合物磷酸烯醇式丙酮酸（PEP）的磷酸基团把 HPr 激活。

$$\text{PEP}+\text{HPr}\xrightleftharpoons{\text{酶 1}}\text{丙酮酸}+\text{P-HPr}$$

酶 1 是一种可溶性的细胞质蛋白，HPr 是一种结合在细胞膜上，具有高能磷酸载体作用的可溶性蛋白质。

2. **糖被磷酸化后运入膜内** 膜外环境中的糖先同外膜表面的酶 2 结合，被运送到内膜表面时，糖被 P-HPr 上的磷酸激活，通过酶 2 的作用把糖-磷酸释放到细胞内。

$$\text{P-HPr}+\text{糖（细胞外）}\xrightarrow{\text{酶 2}}\text{糖-P}+\text{HPr（细胞内）}$$

酶 2 是结合于细胞膜上的蛋白质，对底物有特异性选择作用，所以细胞膜上可诱导产生一系列与底物分子结合的酶 2。

第三节 培 养 基

培养基是人工配制的、适合微生物生长繁殖或产生代谢产物的营养基质。培养基必须具备菌种生长所需要的营养物质和环境条件，并经过彻底灭菌，保持无菌状态。设计和制作合适的培养基，是从事微生物研究和发酵生产所必需的重要基础工作。

一、培养基的配制原则

良好的培养基能充分发挥菌种的生物合成能力，以达到最佳生产效果。相反，若培养基成分、配比、pH 等因素不合适，就会严重影响菌种的生长繁殖及发酵效果。不同微生物对营养的要求虽具有一定共性，但也存在许多差别。只有根据微生物的营养理论知识，结合研究对象的特殊营养要求、代谢特点、培养基的配制原则、科学配制方法等，才能设计和配制出适宜的培养基。

（一）营养适宜

由于微生物营养类型复杂，不同微生物对营养物质的需求不尽相同，因此，首先要根据不同微生物的营养需求，配制针对性强的培养基。例如，自养型微生物能将简单无机物合成有机物，其培养基可完全由简单的无机物组成；异养型微生物因不能以 CO_2 作为惟一碳源，其培养基应至少含有一种有机物质。自生固氮微生物的培养基不需添加氮源，否则会丧失固氮能力。对于某些需要添加生长因子才能生长的微生物，还需要在培养基内添加它们所需要的生长因子。

（二）营养协调

培养基营养物质的浓度及营养物质间的浓度比例要适宜。营养物质浓度过低，不能满足微生物正常生长所需，浓度过高则有抑制或杀菌作用。此外，各种营养物质的比例是影响微生物生长繁殖、代谢产物的形成和积累的重要因素。在各营养成分比例中，最重要的是碳源及氮源的比例，即碳氮比（C/N，指碳元素与氮元素物质量的比值）。碳源不足，菌体易衰老和自溶；氮源不足，菌体会生长过慢。但 C/N 太小，微生物会因氮源过多易徒长，不利于代谢产物的积累。一般情况下，微生物每同化 1 份碳，约需 4 份碳作能源，故碳源需要量较大。不同微生物对碳氮比要求不同，营养物质的碳氮比在 20～25：1 时，有利于大多数微生物的生长。

培养基中含量最高的是水分，其次是碳源。碳源、氮源、无机盐、生长因子在培养基中的含量一般以十倍序列递减。

（三）酸碱度适当

酸碱度不仅影响微生物的生长，还会改变其代谢途径及影响代谢产物种类的形成。微生物生长繁殖或产生代谢产物的最适 pH 各不相同，一般来讲，细菌、放线菌需中性或微碱性条件，酵母菌、霉菌等真菌需微酸性条件。配制培养基时，常用氢氧化钠、熟石灰、盐酸、过磷酸钙等进行调节。培养基的 pH 常因灭菌及微生物的生长繁殖而变酸，灭菌前培养基的 pH 应略高于所需求的 pH。

此外，微生物在生长代谢过程中，由于营养物质的利用和代谢产物的形成往往会引致 pH 的改变，为了维持 pH 的相对恒定，通常在培养基中加入一些缓冲物质，如磷酸盐、碳酸盐、蛋白胨、氨基酸等，这些物质除提供营养作用外，还可使培养基具有一定缓冲性。磷酸二氢钾和磷酸氢二钾是常用的缓冲剂，但 K_2HPO_4/KH_2PO_4 缓冲系统只能在一定的 pH 范围（6.4～7.2）内起调节作用，当配制产酸能力强的微生物的培养基时，就难以起到缓冲作用，可加入 1%～5% 的碳酸钙，以不断中和微生物产生的酸。碳酸钙难溶于水，不会使培养基 pH 过度变化，当微生物不断产酸时，它易逐渐被溶解，起到中和酸的作用，将培养基 pH 控制在一定范围内。

（四）调节氧和二氧化碳浓度

氧是好氧微生物必需的，一般可在空气中得到满足，只有在大规模生产时需要采用专门的通气法。但氧对厌氧微生物是有害的，厌氧微生物只有在低氧化还原电位（+0.1V 以下）的培养基上生长。配制厌氧微生物培养基时，常加入一定量还原剂（如胱氨酸、抗坏血酸、硫化钠、羟基乙酸钠等）或其他除氧方法，以造成厌氧条件。

（五）用料经济

尤其在设计生产使用的培养基时，应遵循经济节约的原则。因培养基用量很大，在保证培养基成分能满足微生物营养要求的前提下，尽可能选用价格低廉、资源丰富、配制方便的材料，利用低成本的原料更能体现出经济价值。如麸皮、米糠、野草、作物秸秆等农产品下脚料及酿造业等工业的废弃物都可作为培养基的主要原料。

上述培养基的配制原则仅作为培养基设计时的参考。实际上，由于各种微生物的营养要求和生理特性千差万别，在实验室或生产中设计新培养基时，必须靠大量实践和反复试验比较，才能设计出最科学的培养基。

二、培养基的类型

微生物种类不同，所需培养基不同；同一菌种用于不同使用目的时，对培养基的要求也不一样，所以形成了不同类型的培养基。一般根据营养物质的来源、培养基的物理状态及使用目的等，将培养基分为下列几种类型。

（一）按培养基成分来源分类

1. 天然培养基　用各种动物、植物和微生物材料制作的成分含量不完全清楚的营养基质，称为天然培养基。该培养基有取材广泛、营养丰富、经济简便、微生物生长迅速、适合各种异养微生物生长等优点。缺点是其成分不完全清楚，也不稳定，用于精细实验时重复性差。适用于实验室的一般粗放性实验和工业大规模的微生物发酵生产。天然培养基的原料主要有牛肉膏、酵母膏、麦芽汁、蛋白胨、胡萝卜汁、马铃薯、玉米粉、麸皮、花生饼粉等（表 4-4）。

表 4-4　配制天然培养基常用的几种原料来源与主要成分

营养物质	来　源	主 要 成 分
牛肉膏	牛肉浸出汁浓缩而成的膏状物	富含水溶性糖类、有机含氮物、水溶性维生素和无机盐等
蛋白胨	将肉、酪素或明胶等蛋白质，经酸或酶水解、干燥而成的粉末状物质	富含有机氮、若干维生素和糖类
酵母膏	由酵母细胞水溶性提取物浓缩成的膏状物，也可制成粉末状商品	富含 B 族维生素，也含丰富的有机氮和糖类

2. **合成培养基**　由化学成分和含量完全清楚的物质配成的培养基，称为合成培养基。其优点是成分精确、固定、容易控制、重复性强。缺点是价格较贵、配制麻烦，使一般微生物生长缓慢或某些要求严格的异养型微生物不能生长。因此，一般用于进行营养、代谢、生理生化、遗传育种、菌种鉴定等要求较高的研究工作。

3. **半合成培养基**　用天然有机物和化学药品配成的培养基，称为半合成培养基。通常是以天然有机物提供碳源、氮源和生长因子，用化学药品补充无机盐类。该培养基能充分满足微生物的营养要求，适于多数微生物的培养。

（二）按培养基的物理状态分类

1. **液体培养基**　将各营养物质溶解于定量水中，配制成的营养液为液体培养基。微生物在液体培养基中可充分接触养料，有利于生长繁殖及代谢产物的积累，在微生物学实验和生产中应用极其广泛。

2. **固体培养基**　外观呈固体状态的培养基称为固体培养基。常用的是凝固培养基和天然固体培养基。

向液体培养基中加入适量凝固剂而制成的固体培养基为凝固培养基。琼脂是常用的凝固剂，加入 1.5%～2%就可使培养基凝固。琼脂又名洋菜，是从石花菜中提炼出来的，化学成分为多聚半乳糖硫酸酯。其融化点是 96℃，凝固点是 40℃。具有不易被微生物分解利用、透明度好、黏着力强、能反复凝固融化、不易被高温灭菌破坏、凝固点的温度对微生物生长无害、在微生物生长期间内保持固体状态、配制方便等优点。但培养基 pH 在 4.0 以下时，融化后不能凝固。常将凝固培养基装入试管或培养皿中，使其成为斜面培养基或平板培养基，用于菌种培养、分离、保藏、鉴定等工作。

由天然固体营养物质直接制成的培养基，称为天然固体培养基。例如用麸皮、米糠、木屑、玉米粒、麦粒、马铃薯片、胡萝卜条、木屑等原料制成的培养基均属天然固体培养基。该培养基也是生产上常用的。

3. **半固体培养基**　静止时呈固态，剧烈振荡后呈流体态的营养基质，称为半固体培养基。琼脂加入量在0.3%～0.6%。半固体培养基常用于细菌运动性观察、细菌对糖类的发酵能力测定、噬菌体效价测定、厌氧菌的培养等。

（三）按培养基的用途分类

1. **基础培养基** 含有一般微生物生长繁殖所需的基本营养物质的培养基，称为基础培养基。基础培养基可作为专用培养基的基础成分，因大多数微生物所需的基本营养物质是相同的，使用前只要加入某一具体微生物生长需要的少数特殊物质，即成为该种微生物的培养基。如培养细菌的牛肉膏蛋白胨培养基、培养放线菌的高氏Ⅰ号培养基、培养真菌的马铃薯葡萄糖培养基等，都是基础培养基。

2. **加富培养基** 在基础培养基中特别加强某种营养物质，只利于某种微生物快速生长的培养基，称为加富培养基（也称增殖培养基）。它是根据某一种类微生物的特殊营养要求而设计的，不利于其他微生物的生长繁殖，随培养时间的延长，使被分离微生物在数量上逐步占据优势，从而达到与杂菌分离的目的。所以，常用于菌种筛选前的增殖培养工作。加富培养基加入的特殊营养物主要是一些特殊的碳源和氮源。如氧化硫杆菌培养基中加入硫磺粉，只有氧化硫杆菌能利用；加入纤维素粉，是纤维素分解细菌的惟一碳源；加入石蜡油，有利于分离出以石蜡油为碳源的微生物；用较浓的糖液利于分离酵母菌等。

3. **选择培养基** 在基础培养基中加入某种抑制杂菌生长的抑制剂，以间接促进目标微生物生长的培养基，称为选择培养基。这是根据某一种类微生物对一些化学及物理因子的抗性而设计的。常用的抑菌剂多为染色剂、抗生素、脱氧胆酸钠等。如培养基中含有200～500mg/L结晶紫，能抑制大多数革兰氏阳性细菌生长；在培养基中加入一定量氯霉素，不影响酵母菌正常生长，但能抑制细菌，易于酵母菌的分离；分离放线菌时，常加入10%酚试剂，以抑制细菌与霉菌生长。

此外，不同微生物对环境条件的要求也不相同，如高温与低温、偏酸与偏碱、好气与厌气、耐高渗与不耐高渗等。在利用加富、选择培养基分离和培养某种微生物时，必须同时考虑培养基成分和培养环境两个因素，才能达到预期目的。

加富培养基与选择培养基都是促使目标微生物形成生长优势，达到从混杂菌群中分离出来的目的。两者主要区别：加富培养基是利用某种特殊营养来增加目标微生物的数量，选择培养基则是抑制不需要的微生物生长。

4. **鉴别培养基** 加入与某种微生物代谢产物产生明显特征性变化的物质，

从而能用肉眼快速鉴别微生物的培养基，称为鉴别培养基。该培养基主要用于分类鉴定以及分离筛选产生某种代谢产物的菌种（表4-5）。例如，在培养基中加入伊红和美蓝，可以鉴别饮用水和乳制品中是否存在大肠杆菌。如果有大肠杆菌，其代谢产物与伊红和美蓝结合，使菌落呈深紫色，并带有金属光泽。

表4-5 几种鉴别培养基

培养基名称	加入化学物质	微生物代谢产物	培养基特征性变化	主要用途
明胶培养基	明胶	胞外蛋白酶	明胶液化	鉴别产蛋白酶菌株
淀粉培养基	可溶性淀粉	胞外淀粉酶	淀粉水解圈	鉴别产淀粉酶菌株
糖发酵培养基	溴甲酚紫	乳酸、醋酸、丙酸等	由紫色变成黄色	鉴别肠道细菌
远藤氏培养基	碱性复红、亚硫酸钠	酸、乙醛	带金属光泽深红色菌落	鉴别水中大肠菌群
伊红美蓝培养基	伊红、美蓝	酸	带金属光泽深紫色菌落	鉴别水中大肠菌群

5. **种子和发酵培养基** 使微生物大量生长繁殖，产生足够菌体的培养基，称为种子培养基。这是根据生产目的而划分的。种子培养基是为了获得大量健壮菌体，有营养成分较丰富、氮源偏高、易被利用等特点。能使微生物积累大量代谢产物的培养基，称为发酵培养基。发酵培养基是为了使微生物最大限度的产生代谢产物，有营养成分总量较高、碳源比例较大等特点。

三、培养基的制备

尽管培养基名目繁多、种类各异，但在实际制备过程中，除少数几种特殊培养基外，其一般制备技术有大致相同的操作程序。

（一）制作程序

称取原料→溶解原料（天然原料应煮沸一定时间，用其滤液）→融化琼脂→调pH→分装灭菌→制斜面或平板→检验灭菌效果。

（二）注意事项

1. **建立配制记录** 制备培养基时，将培养基名称、配方、原料的来源、灭菌的压力和时间、最终pH、制备日期和制备者等进行详细记录，并复制一份。原记录保存备查，复制记录随制好的培养基一同存放，以防发生混乱。

2. **勿用铁锅或铜锅盛放培养基** 培养基中含铜量超过0.3mg/L或含铁量超过0.4mg/L时，就可能影响微生物的正常发育。最好使用不锈钢锅加热溶化。

3. **合理存放**　制作好的培养基应存放于冷暗处，最好放于普通冰箱内。放置时间不宜超过 1 周，倾注的平板培养基不宜超过 3d，以免降低其营养价值或发生化学变化。

第四节　消毒与灭菌

自然状态下的物品、土壤、空气和水都含有各种微生物。在微生物实验、科研及生产中不能有杂菌污染，需要对所用的物品、培养基、空气等进行严格处理，以消除有害微生物的干扰。消毒与灭菌是从事微生物工作的一项重要基本技术。

一、基本概念

（一）灭菌

杀死物体表面及内部一切微生物的方法称为灭菌。使一定范围内的微生物永远丧失生长繁殖能力，使之达到无菌程度，是灭菌的目的。经过灭菌的物品称“无菌物品”。如培养基、手术器械、注射用具等都要求绝对无菌。灭菌可分为杀菌和溶菌。杀菌是指菌体失活，但菌形尚存。溶菌是指菌体死亡后发生溶解、消失的现象。

（二）消毒

杀死物体表面或内部的部分微生物，而对被消毒物品基本无害的方法称为消毒。如用巴氏方法处理牛奶、果汁、啤酒、酱油等都属于消毒措施。

（三）防腐

使微生物暂时处于不生长、不繁殖、但又未死亡的状态，称为防腐。属于一种抑菌作用，是防止食品腐败和其他物质霉腐的有效措施。如低温、干燥、盐渍、蜜饯、加入防腐剂等都是常用的防腐措施。

（四）除菌

用冲洗、过滤、离心、静电吸附等机械手段，除去微生物的方法为除菌。

（五）化疗

利用对病原菌具有高度毒力，而对机体本身无毒害作用的化学物质，杀死或抑制病原微生物的方法称为化学治疗，简称化疗。各种抗生素、磺胺类药物等是常用的化学治疗剂。

消毒灭菌主要利用物理或化学因素。各种理化因子究竟能起到灭菌、消毒、防腐中的哪种效果，主要取决于本身的强度或浓度、作用时间、微生物对理化因子的敏感性及菌龄等综合因素的影响。任何消毒灭菌法的使用，必须达到既杀灭物品中的微生物，又不破坏其固有性质的目的。

二、物理因素

物理因素可分为弱杀伤类（冰冻、干燥、可见光等）、强杀伤类（高温、紫外线、电离辐射、超声波等）和机械除菌类（冲洗、通风过滤、滤器除菌等）。弱杀伤类物理因素一般实用价值不大；强杀伤类中的热力及紫外线因素应用最普遍；机械除菌虽不能直接杀灭微生物，如使用得当，也可达到满意效果。

（一）高温

高温是一种利用热能进行消毒或灭菌的方法。高温使菌体蛋白质、核酸、酶等重要细胞物质发生凝固或变性失活，从而导致微生物死亡。灭菌的彻底与否，一般以杀死细菌的芽孢为标准。

高温消毒与灭菌根据加热方式的不同，可分为干热和湿热两种。在实践中，可根据灭菌物品的性质和具体条件选用。

1. 干热灭菌 干热灭菌是一种利用火焰或热空气杀死微生物的方法。一般微生物的营养体，在干燥状态 80～100℃条件下，约 1h 就可被杀死；而芽孢则需 160℃、约 2h 才可能被杀灭。干热灭菌包括焚烧或烧灼、烘烤，一般适用于不怕烧或烘烤的玻璃、金属器皿。具有简便易行的优点，但使用范围有限。

2. 湿热杀菌 用煮沸或饱和热蒸汽杀死微生物的方法为湿热灭菌。与干热灭菌相比，具有灭菌温度较低和灭菌时间较短的优点。因为热蒸汽的穿透力比热空气强，可使被灭菌物品的内部温度迅速上升；湿热中菌体蛋白质含水量增加，使蛋白质凝固所需的温度降低（表 4-6）；热蒸汽冷凝时能放出大量潜热，可逐渐提高灭菌物体的温度。此外，湿热灭菌的应用范围也比干热灭菌广泛（表 4-7）。

表 4-6 菌体蛋白质的凝固温度与其含水量的关系

蛋白质含水量（%）	凝固温度（℃）
50	56
25	74～80
18	80～90
6	145
0	160～170

表 4-7　干热灭菌与湿热灭菌穿透力的比较

加热方式	热传导介质	温度（℃）	加热时间（h）	透过布层的温度（℃）			结　果
				20	40	100	
干　热	空气	13～140	4	86	72	70 以下	灭菌不完全
湿　热	水和蒸汽	105.3	3	101	101	101	灭菌完全

（1）高压蒸汽灭菌。在高压锅内，利用高于100℃的水蒸气温度杀灭微生物的方法，称为高压蒸汽灭菌法。利用水的沸点随热蒸汽压力的增加而升高的原理。加大压力是为了提高水的沸点，单纯的压力是不能灭菌的。该灭菌法具有杀菌谱广、杀菌作用强、效果可靠、作用快速、无任何残毒、应用范围广的优点，适用于各种不怕热的物品的灭菌。到目前为止，尚无任何一种灭菌方法能完全替代高压蒸汽灭菌法。

（2）间歇灭菌。是一种在常压下反复几次蒸煮而达到灭菌目的的方法（也称分段灭菌法）。将被灭菌物品在 100℃下蒸煮 30min，以杀死微生物的营养体，再将灭菌物品置于室温或 37℃培养箱中培养 24h，促使芽孢萌发，次日再在 100℃下蒸煮 30min，如此重复 3 次，便可达到灭菌效果。该法较麻烦，一般只适用于糖类培养基、血清培养基、含硫培养基等不耐热物品的灭菌。

（3）煮沸消毒。将物品放在水中煮沸（在 100℃下维持 15～30min），可杀死微生物的营养体或绝大多数病原微生物。而芽孢则需煮沸数小时，如破伤风杆菌芽孢需煮沸 60min、肉毒杆菌芽孢则需煮沸 3h 才可将其杀灭。若在水中加入 2%～5%石炭酸或 1%～2%碳酸钠，可提高杀菌作用。本法常用于饮水、食品、玻璃制品、外科器械等小型物品的消毒。

（4）巴氏消毒。既杀死食品中的病原微生物，又不破坏其营养和风味的方法为巴氏消毒。该方法可分为低温维持法（62℃维持 30min）、高温瞬时法（70℃维持 15s）和超高温瞬时法（132℃维持 1～2min）。无论哪种方法，都应将消毒后的食品迅速冷却至约 10℃，以减少高温对食品营养成分的损坏。该方法是法国微生物学家巴斯德发明的，常用于食品加工业的酒类、牛奶、果汁、酱油、醋等食品的消毒。

3. 影响高温灭菌的主要因素

（1）微生物。不同种类的微生物对热的敏感程度不同，如对热最敏感的梅毒螺旋体，在 43℃10min 就可杀死。同种微生物在不同生长阶段，对热的抵抗力也有很大差异。一般来说，老龄菌比幼龄菌的抗热性强，孢子比营养细胞抗高温，抗热性最强的是细菌的芽孢。此外，灭菌物品的含菌量越高，在同一温度下灭菌所需的时间就越长。如用麸皮、玉米粒等天然原料配制的培养基，因其含菌量比化学药品高，灭菌时应适当加大压力或延长灭菌时间。

（2）温度与作用时间。灭菌时间随灭菌温度的升高而缩短，两者呈反比关系。测定高温灭菌的效果常以致死温度和致死时间为标准。致死温度是指在一定时间内，杀死一定数量的某种微生物所需的最低温度。在一定温度下，杀死一定数量的某种微生物所需的最短时间为致死时间。

（3）介质的性质。介质的性质对高温灭菌也有显著影响。在一定范围内，培养基的水分越多，灭菌所需的温度就越低；培养基中的糖类、蛋白质、脂肪等介质对微生物有保护作用，对其灭菌时必须提高温度或延长灭菌时间才可获得可靠的灭菌效果。此外，培养基的 pH 对微生物的抗热性也有较大影响。一般在 pH7.0 时，微生物的抗热性最强，尤其在酸性条件下，会明显减弱其抗热性。

（二）辐射灭菌

能量以电磁波传递的物理现象称为辐射。以电磁辐射产生的电磁波杀死微生物的方法为辐射杀菌。用于灭菌的辐射主要有非电离辐射（紫外线、日光）和电离辐射（α 射线、β 射线、γ 射线等）。

1. 非电离辐射

（1）紫外线。紫外线是一种低能量的短光波，其杀菌效果与波长有关，波长以 265～268nm 的紫外线杀菌力最强，这与微生物 DNA 的吸收光谱范围一致。其杀菌机理主要是诱导菌体的 DNA 形成胸腺嘧啶双聚体，从而干扰了 DNA 复制，轻则导致变异，重则使其死亡。

紫外线的发生原理是在石英灯管内注入汞蒸气，通过在汞蒸气中放电即可产生紫外线，透过石英玻璃辐射到空间。目前用于消毒的紫外线杀菌灯分为普通型紫外线灯和低臭氧紫外线灯。普通型紫外线灯除辐射大量 253.7nm 紫外线之外，还可辐射出 184.9nm 波长的紫外线，184.9nm 波长的紫外线能激发空气中的氧形成臭氧，所以又称为高臭氧紫外线灯。低臭氧紫外线灯含有能阻挡 184.9nm 波长紫外线向外辐射的物质，因而臭氧产生很少，这两种紫外线灯杀菌能力无本质区别。目前医院、食品加工等场所多选用低臭氧紫外线灯。

紫外线穿透力很弱，虽能穿透石英，但普通玻璃、尘埃、水蒸气、纸张等均能阻挡紫外线。故只能用于手术室、传染病房、无菌制剂室、微生物接种室、菌种培养室等环境的空气消毒，亦可用于不耐热物品的表面消毒。

紫外线对人体皮肤、眼睛及视神经有损伤作用，应避免直视灯管和在紫外线照射下工作。紫外灯的杀菌效果随照射时间的延长而降低，应适时更换。各种规格的紫外线灯，皆规定了有效使用时间，一般为3 000h。每次使用应登记开启时间，并定期进行杀菌效果的检测。高臭氧紫外灯照射不久就会产生臭氧，可根据臭氧产生的速度及强弱，粗略判断灯管的质量。紫外线对真菌的作用效果较差，与化学消毒灭菌法配合使用效果最好。但要避免光复活现象。

（2）日光。直射日光是天然杀菌因素。日光曝晒是常用的最简便经济的消毒方法。将被褥、衣服等物品置于烈日下曝晒3～6h，并时常翻动，可因干燥及日光中紫外线的作用，而达到消毒灭菌效果。

2. 电离辐射 电离辐射是一种光波短、穿透力强、对微生物有很强致死作用的高能电磁波。它通过直接或间接的电离作用，使微生物体内的大分子发生电离或者激发，也可使体内的水分子电离产生多种自由基，从而导致菌体损伤甚至死亡。此法适用于生物制品、中药材、塑料制品等不耐热物品的消毒灭菌，也称冷灭菌。也常用于农业方面的诱变育种、果蔬保鲜、粮食储藏，医疗的X射线透视、对肿瘤的照射治疗等。

电离辐射灭菌设备费用高，需要专门技术人员操作管理。商业上用于大量物品灭菌使用的放射性源是钴-60和铯-137，它们放射出γ射线，相对而言比较廉价。

（三）过滤除菌

通过滤菌器滤除空气或不耐热液体中微生物的方法为过滤除菌。滤菌器有微孔，大于孔径的物体不能通过，可阻留细菌及其大于细菌的其他微生物，一般不能除去病毒、支原体、L型细菌等。过滤除菌常被微生物实验室、食品生产、手术室、制药及制表工业等采用。

过滤器有多种类型，常用的有滤膜滤器、蔡氏滤器、玻璃滤器等。常用的过滤介质有棉花、活性炭、超细纤维过滤纸、硝酸纤维素制成的较坚韧的滤膜等。滤菌器的滤孔太小，为加速过滤速度，还需抽气机的配合。滤菌器在使用前需经高压蒸汽灭菌（103kPa、30min），以无菌操作法将其安装后，在无菌环境中进行过滤。

此外，常用的超净工作台和空气自净器也均属于空气过滤除菌设备，超净工作台主要是使操作台面达到局部无菌，空气自净器可使接种室等房间的空气达到整个空间无菌的状态。

三、化学因素

化学消毒灭菌法利用的是对微生物有杀灭或抑制作用的化学药剂。抑制或杀灭微生物的化学药物很多，其杀菌作用的强弱随其本身的毒性、浓度、进入细胞的渗透性及微生物的种类不同而有差异。一般来说，在极低浓度时，会对微生物有刺激生长的作用，随着浓度逐渐增高，就会相继出现抑菌、消毒、灭菌的一个连续作用谱。

对微生物有杀灭或抑制作用的化学药品可分为消毒剂和治疗剂。消毒剂因对人体组织细胞有损害作用，只能外用。常规浓度下的化学治疗剂对人体组织细胞的损害较小，既可外用也可内用。化学消毒剂常以液态或气态的形式使用。液态消毒剂一般是通过喷雾、浸泡、洗刷、涂抹等方法使用；气态消毒剂通常是以加热、氧化、焚烧等方法进行。

(一) 化学消毒剂

1. **氧化剂** 氧化剂放出的游离氧可氧化菌体蛋白质的活性基因，使其变性失活。

(1) 高锰酸钾。高锰酸钾是一种强氧化剂，杀菌作用比过氧化氢强。0.1%高锰酸钾常用于水果、蔬菜、器具的消毒；0.01%～0.02%用于食物或药物中毒时洗胃。高锰酸钾遇有机物易被还原成无杀菌作用的褐色二氧化锰，故只能外用，并随配随用。

(2) 过氧化氢（双氧水）。是一种无毒消毒剂，有消毒、除臭、清洁、漂白等作用，在食品工业及医疗领域广泛使用。3%过氧化氢溶液常用于皮肤、伤口的消毒；器皿用 6%溶液浸泡 30min，即可达到消毒目的。

(3) 过氧乙酸。过氧乙酸具有强氧化作用，可迅速杀灭各种微生物，包括病毒、细菌、真菌及芽孢，是一种高效、广谱、速效杀菌剂。其分解产物是醋酸、过氧化氢、水和氧，因此使用后不会留下任何有害物质。可广泛用于各种器具、空气及环境消毒。但原液为强氧化剂，具有较强的腐蚀性，不可直接用手接触。

若采用浸泡消毒法，可将餐具等玻璃器皿洗净后用 0.5%的溶液浸泡 30～60min；蔬菜、水果洗净后用 0.2%的溶液浸泡 10min。若采用喷雾及熏蒸法，常用 0.5%溶液喷雾或加热熏蒸，密闭 20～30min，再通风 30min，以使空气中的过氧乙酸全部分解消散。

(4) 84 消毒液（商品名）。是由次氯酸钠表面活性剂和增效、稳定助溶剂等配成的消毒剂。有效氯大于 5.0%，具有快速、高效、广谱、无毒、原液不伤皮肤的优点，可杀灭大多数细菌和部分病毒。常用于公共场所、医院及食品加工业，也是家庭必备的一种消毒剂。常用 1%～2%溶液浸泡蔬菜、瓜果、餐具 10～15min；用 10%溶液浸泡病毒性感染病人的污染物 90～120min。

(5) 次氯酸钙（漂白粉）。次氯酸钙是一种早期广泛使用的廉价消毒剂，其有效氯含量和消毒活性比 84 消毒液高 5～6 倍，高效漂白粉的有效氯含量为 40%～80%。漂白粉有氯气臭味，其性质不稳定，易受水、光、热等作用而分解。对细菌、芽孢、病毒、霉菌、酵母菌等均有杀灭作用。漂白粉的使用量通常按 1g/m^{3}高效漂白粉计量。常将 5%～10%漂白粉用于墙壁、地面、厕所、用具及发生疫病场所的喷洒消毒，游泳池、浴池用水的消毒按 $10g/m^3$ 加入，潮湿地面可按 $20\sim40g/m^2$ 用量干撒。

2. 有机化合物

(1) 酚类。酚类有使蛋白质变性沉淀、损伤细胞膜及抑制酶活性的作用。常用的酚是苯酚（也叫石炭酸）和来苏儿（甲酚与肥皂制成的乳状液）。常用3%～5%苯酚溶液对房间空气喷雾或对器皿浸泡消毒。若加入0.9%食盐可提高其杀菌力。石炭酸无腐蚀金属作用，但5%以上能刺激皮肤，使手指发麻。来苏儿的刺激性小，效力比苯酚强4倍。1%～2%来苏儿常用于手的消毒，3%用于浸泡器皿或空气喷雾。

(2) 醇类。常用的是乙醇，是脱水剂、蛋白质变性剂，也是脂溶剂。因能使蛋白质变性或脱水沉淀、损害细胞膜而显示杀菌作用，还因其较强的脂溶性而有除菌作用。乙醇不能有效杀灭芽孢、病毒等微生物，仅是常用的消毒防腐剂。主要用于皮肤、器械消毒。以70%～75%的乙醇杀菌效果最好，高浓度的乙醇会使菌体表面蛋白质快速脱水凝固，形成一层干燥膜，阻止了乙醇的继续渗入，因而杀菌效果差。无水乙醇几乎没有杀菌作用。

向乙醇中加入碘可增强杀菌效能，所以，用作皮肤消毒的碘酒，其杀菌作用比乙醇强。酒精的挥发性和可燃性很强，不能以喷雾法使用。

(3) 醛类。常用的是37%～40%的甲醛溶液，称为福尔马林。是一种有强烈刺激性臭味的无色液体，久置易发生浑浊或沉淀。它能与菌体蛋白质及酶的氨基结合，使其变性。甲醛对细菌、芽孢、病毒和真菌有很强杀灭作用，常以喷雾或熏蒸法消毒空气或浸泡物品。浸泡物品常用5%～10%，保持30min；熏蒸时，一般按每立方米10mL甲醛对5g高锰酸钾的用量，使两者混合后自动氧化蒸发，密闭熏蒸12～24h。甲醛对人体皮肤、黏膜有刺激性，不要直接触及。食品生产场所勿使用。

(4) 表面活性剂。具有降低表面张力的物质称为表面活性剂。能改变细胞的透性及稳定性，使细胞内的物质逸出，因而具有抑菌或杀菌作用。刺激性小、渗透力较强的新洁尔灭、洗必泰、消毒净等是常用的表面活性剂，其使用浓度一般在0.05%～0.1%。

3. 重金属盐　重金属离子易与蛋白质结合，使其变性或抑制酶的活性。所有重金属盐对微生物都有毒性，尤以含汞、铜、银的重金属盐杀菌力最强。如二氯化汞（升汞）是极强的杀菌剂，其0.1%溶液可用于非金属物品的消毒或苹果树腐烂病的防治。红汞、硝酸银及用硫酸铜制成的波尔多液，是医疗和农业生产上常用的消毒剂。重金属盐虽然杀菌效果好，但对人有毒害作用，严禁用于食品加工业。

不同的消毒剂适用范围和使用浓度有较大差异，即使是同一种消毒剂用于不同场合时的浓度也各不相同。应根据所杀灭微生物的特点、消毒目的、被消毒物品的性质、环境影响等因素，灵活选用适宜的消毒剂。各消毒剂应注意交叉使用。理想消毒剂的标准：杀菌力强，抗菌谱广，使用浓度低，作用快；性质稳定，易溶于水；安全可靠，没有毒腐性或很小；使用方便，价格低廉等。

（二）治疗剂

具有选择性杀死、抑制或干扰病原微生物生长繁殖，用于治疗感染性疾病的药物一般称为化学治疗剂。使用的化学治疗剂必须具备选择性强、不能伤及病原微生物的寄主、易溶于水、能渗透到受感染部位等条件。常用的治疗剂可分为抗代谢物和抗生素两大类。

抗代谢物一般是人工合成的，主要是磺胺类药物。磺胺类药物是众多抗代谢物中发现较早的一种，迄今仍在广泛应用，目前已有上千种衍生物。它能与微生物的酶结合，干扰代谢的正常进行。该药物抗菌谱较广，对大多数 G^+ 细菌和某些 G^- 细菌引起的传染性疾病有显著治疗效果。抗生素是微生物产生的一种次级代谢物或其人工衍生物。极低浓度就可抑制或影响其他生物的生命活动，是优良的化学治疗剂。抗生素的作用范围很广，除一般微生物外，还包括病毒、癌细胞、寄生虫、红蜘蛛、螨类等多种生物，被广泛用于人及动植物病害的防治。

复习思考题

1. 什么是营养及营养物质？
2. 微生物的营养物质各有哪些生理功能？
3. 自养型与异养型微生物的根本区别是什么？
4. 微生物吸收营养物质的 4 种方式有哪些区别？
5. 湿热灭菌为什么比干热灭菌所需的温度低、时间短？
6. 高压蒸汽灭菌为何在升压前要排尽冷空气？应怎样排气？
7. 怎样进行紫外线灭菌？应注意哪些问题？
8. 甲醛、高锰酸钾、酒精、来苏儿、漂白粉的杀菌机制、使用范围及使用方法如何？
9. 为什么高浓度的酒精杀菌效果差？
10. 配制培养基应注意哪些问题？

第五章　微生物的代谢及发酵

[本章提要]　微生物的代谢主要有分解代谢和合成代谢，其代谢过程必须在酶的催化下才能进行。分解代谢是一种物质被逐步分解并释放能量的生物氧化过程；合成代谢是一种吸收能量将小分子物质合成大分子物质的过程。有机物的生物氧化是多数微生物获取能量的主要方式，主要有发酵作用和呼吸作用两种类型。生物氧化释放的能量只有通过氧化磷酸化或光合磷酸化作用，才能转换成生物体可利用的能量——ATP。

微生物种类多、代谢强、代谢类型多样化，可通过发酵生产使其将廉价原料转化成菌体、酶、代谢产物等各种发酵产品。

代谢是活细胞内发生的各种化学反应的总称。微生物将吸收的营养物质经过一系列生化反应，转变成能量和构成细胞的物质，并排出不需要的产物，这一系列的生化过程称为新陈代谢。代谢是生命活动的最基本特征，与微生物生命活动的存在及发酵产物的形成密切相关。

代谢分为物质代谢和能量代谢。物质代谢包括分解代谢与合成代谢。能量代谢包括产能代谢及耗能代谢。合成代谢是一种吸收能量将小分子物质合成大分子物质的过程，也叫同化作用。分解代谢是将复杂物质分解成简单物质，并释放能量的过程，也叫异化作用。异化作用为同化作用提供了原料及能量，同化作用为异化作用提供了物质基础。两种作用在体内既对立又统一的偶联进行，才保证了生命的存在与发展。

第一节　微生物的酶

体内的一切化学反应都是在酶的催化下进行的，酶在代谢过程中起着至关重要的作用。微生物能够利用哪些营养物质、产生哪些代谢产物都取决于体内所具有的酶系统。酶在细胞内的含量很少，但作用甚大，若缺少某种酶或其活性受到抑制，生物体就会发生相应病害或死亡。

一、酶与一般催化剂的比较

酶是活细胞产生的具有蛋白质性质的有机催化剂。酶属于生物催化剂，除具有一般催化剂的催化性质外，还具有一般催化剂所没有的催化特点。

（一）催化共性

酶具有催化剂的共性。用量少而催化效率高；仅能改变化学反应的速度，并不能改变化学反应的平衡点；可降低反应的活化能；反应前后不发生变化等。只要有少量酶存在即可大大加快反应的速度。

（二）酶的特性

1. **高效性** 酶催化反应速度极快，比一般无机催化剂高千万倍，甚至是亿万倍。如1g淀粉酶在65℃条件下，15min可将2t淀粉水解为糊精。1g胃蛋白酶在2h内能分解50kg煮熟的鸡蛋。蔗糖酶可使比本身重20万倍的蔗糖分解。一分子过氧化氢酶，1min能催化分解500万个过氧化氢分子，比铁催化过氧化氢的效率高100亿倍。

2. **专一性** 一种酶只能作用于某一类或某一种特定的物质使其发生反应，并生成一定的产物。如淀粉酶只水解淀粉，蛋白酶只能催化蛋白质的分解。正是由于酶反应的专一性，则需要许多酶分别在各自代谢途径的特定位置上发挥作用，以保证细胞内成千上万种化学反应有条不紊的同时进行。

3. **反应条件温和** 酶在常温常压下、pH5.0～8.0的温和条件下就能顺利催化各种反应。如广泛分布在土壤中的固氮微生物可在常温、常压条件下，通过固氮酶的作用，将大气中的分子态氮固定成氨，不断使土壤增加氮素含量。而在工业上用化学法合成氨时，无机催化剂需要在2 000～3 000kPa及500℃条件下才能进行。在自然界，如果没有雷电这种强有力的放电作用，空气中氮素的固定是根本不可能的。

4. **不稳定性** 酶是蛋白质，对一些理化因素的反应比无机催化剂敏感得多。强酸、强碱、有机溶剂、重金属盐、高温、紫外线、剧烈振荡等任何使蛋白质变性的理化因素，都可能使酶变性而失去其催化活性。适宜温度和酸碱度是酶保持最高活性的重要因素，超过适宜范围会降低酶的催化速度。酶的适宜温度及pH因其种类而异（表5-1）。

表5-1 几种酶的最适温度和最适pH

名　　称	最适温度（℃）	最适pH
液化淀粉酶	85～94	6.0～6.5

（续）

名　称	最适温度（℃）	最适 pH
糖化淀粉酶	54～56	4.8～5.0
蛋白酶	50～55	7.0～8.0
碱性蛋白酶	50	10.0～11.0
脂肪酶	40	7.5
纤维素酶	45	4.5
果胶酶	50	3.0～3.5
核糖核酸酶	37	6.2
葡萄糖氧化酶	30～38	5.6

酶是活细胞产生的，但当细胞死亡或将其从细胞中提取出来时，在适宜条件下仍有催化活性。不少酶已被提纯为结晶，少数酶已用人工方法合成。

二、酶的分类

微生物体内的酶类与高等生物基本相似，但有些特殊的酶类存在于某些微生物中，如纤维素酶、固氮酶等。不同的分类依据将众多的微生物酶分为以下几种。

（一）根据酶在细胞中的活动部位分类

分为胞外酶与胞内酶。胞外酶多是在细胞膜上合成后分泌到细胞外进行活动的酶。主要是水解酶类，如纤维素酶、淀粉酶、蛋白酶等。胞外酶能将外界复杂营养物质分解为可溶性的简单成分，便于微生物吸收利用，在微生物的营养中起重要作用。在细胞内部起作用的酶称为胞内酶。大多数酶是胞内酶，它们在细胞内有严格的活动区域，如渗透酶的活动场所是在细胞膜上，蛋白质合成酶类主要在核糖体上，从而能保证微生物的生理活动在时间和空间上都有次序地、高度协调地进行。

（二）根据酶的生成方式分类

分为诱导酶与固有酶。诱导酶和固有酶的生成都取决于微生物的遗传性，主要受 DNA 基因的控制，只有在 DNA 分子中有某种酶的基因，才有可能生成该种酶。诱导酶是适应环境中的诱导剂而生成的酶，只有环境中存在某种营养物质（诱导剂）时，才能生成分解该种营养物质的酶，如某些曲酶只有生长在含蔗糖的培养基中才产生蔗糖酶。因此，诱导酶的合成取决于内因和外因两个方面。一般在微生物需要时合成，不需要时则停止合成。只受细胞遗传物质的控制，不受环境中诱导剂影响而生成的酶为固有酶。固有酶是微生物细胞中经常存在的酶类。例如：大肠杆菌分解葡萄糖的酶就是固有酶，无论培养基内有无葡萄糖,大肠杆菌细胞中都有这种酶。固有酶和诱导酶是一个相对的概念,即同一种酶在这种微生物内是固有酶,而在另外一种微生物内却是诱导酶。

(三) 根据酶催化反应的类型分类

分为水解酶类、氧化还原酶类、转移酶类、裂解酶类、异构酶类、合成酶类等。不同的反应由不同的酶催化。

三、酶在生产中的应用

微生物是提取酶的主要来源。以前主要是从动物内脏（胃、肠、胰、心脏等）或植物果实中提取酶类，因而酶的来源易受季节、地区、数量等条件的限制，远远不能满足生产需求。后来发现几乎所有的酶类都可在微生物细胞中找到，而且微生物种类多，至少能产生2 500种酶，生长繁殖快，能缩短生产周期，易于大规模培养和便于人工控制。

酶在生产上能降低成本和劳动强度，提高产品的产量和品质，减少污染，酶及其反应物无毒，特别适用于食品加工等。因此酶的用途很广，潜力很大。早在 19 世纪末就有酶制剂的商品生产。目前已有 200 多种商品酶制剂应用于食品、纺织、饲料、医药、造纸、皮革、化工等方面。

生产量较大且应用效果较好的微生物酶制剂，主要是淀粉酶、蛋白酶、脂肪酶、果胶酶等（表 5－2）。例如淀粉酶用于纺织品的退浆，可节约大量碱并提高棉布质量。蛋白酶用于皮革的脱毛和软化，既节省时间，又改善了劳动卫生条件。此外，蛋白酶还可用于蚕丝脱胶、肉类嫩化、酒类澄清，加入洗涤剂中可去除血渍和蛋白质类的污物。脂肪酶可使干酪、巧克力糖、奶糖等食品增香，使皮革软化、绢纺原料脱脂等。果胶酶能使低浓度糖形成果冻，并可代替碱用于橘子脱囊衣，免除碱法的破坏作用，保持橘子的天然风味。还可使麻类植物脱胶，便于纤维的剥离。纤维素酶可使大量农副产品转化为优质饲料、工业发酵原料和人类的食品。

表 5－2　微生物酶的主要应用

名　称	来　源	应　用
淀粉酶	枯草杆菌、黑曲霉等	纤维退浆、酒精发酵、制醋、制酱、饲料加工
蛋白酶	枯草杆菌、黑曲霉等	蚕丝脱胶、羊皮软化及脱毛、纤维退浆、酱油制造、肉类加工、饲料加工
脂肪酶	假丝酵母、青霉等	羊皮软化、羊毛脱脂、乳品加工
纤维素酶	木霉、根霉、黑曲毒、青霉	蔬菜及果品加工、酒类发酵、糖化饲料
果胶酶	枯草杆菌、黑曲霉、黄曲霉	棉麻植物纤维脱胶、纸浆发酵、蔬菜加工、果汁澄清

酶在医药、医疗方面的贡献巨大。如，注射蛋白酶可改进体液循环，达到消炎目的。外敷蛋白酶有助于消除坏死组织，促进伤口愈合。现在，菠萝蛋白酶、纤维素酶、淀粉酶、胃蛋白酶等十几种可以进行食物转化的酶都已进入食品和药物中，以解除许多有胃分泌功能障碍患者的痛苦。

第二节　微生物的产能代谢

物质代谢过程中所伴随产生的能量释放、转换和利用等过程，称为能量代谢。微生物利用的最初能源是有机物、还原态无机物和日光，这些光能及化学能不是生命活动所能利用的，必须转换成生物体内的化学能，其主要形式是高能磷酸化合物——ATP（酰苷三磷酸），当 ATP 水解时释放出的能量才是生物体所通用的能源。

自然界中的微生物大多数是化能异养型的，他们的能源物质是有机化合物，所需的能量来自有机物的氧化，所以有机物的生物氧化是多数微生物获取能量的主要方式。物质在细胞内经过一系列连续的氧化还原反应，逐步分解并释放能量的过程，称为生物氧化。体内发生的许多重要反应都是氧化还原反应，反应的结果是一种物质被氧化，另一种物质被还原，同时伴有能量放出。生物氧化是一种以脱氢为基础的氧化还原反应。一种物质失去电子的同时伴随着脱氢，被氧化，为供氢体；另一种物质在得到电子的同时伴随着加氢，被还原，为受氢体，在氢的转移中有能量的放出。产生的自由能一部分被转化成生物体可利用的能量——ATP，大部分则以热的形式放出。

微生物氧化何种基质，氧化反应中的电子传递体是哪些，以什么物质作为最终电子受体，形成哪些氧化产物等，主要取决于体内的酶系组成，也与机体所处的环境条件有关。

一、微生物细胞中能量的释放——生物氧化

根据氧化还原过程中最终受氢体的不同，可将化能异养微生物的生物氧化分为发酵作用和呼吸作用，而呼吸作用又分为有氧呼吸和无氧呼吸两种方式。

（一）发酵作用

在无氧条件下，微生物以有机物分解不彻底的中间产物为受氢体，同时产生各种代谢产物并释放少量能量的生物氧化过程，称为发酵（也称为分子内厌氧呼吸）。这与微生物工业上把利用好氧或厌氧微生物进行生产的过程统称为“发酵”的概念是不同的。发酵作用是厌氧微生物在生长过程中获取能量的主

要方式。

该氧化还原反应发生在一个有机物分子的内部，电子供体和电子受体都是有机物分子。因有机物分子未被彻底氧化，所以生成分子质量较小的还原性中间产物及产生很低的能量，大部分能量仍储存在有机物中。发酵作用不能使基质彻底氧化成 CO_2 和 H_2O，而是积累中间产物。酒精发酵和乳酸发酵就是这类作用的典型代表。可发酵的底物有糖类、有机酸、氨基酸等，其中葡萄糖是最直接、最重要的发酵底物。例如乳酸细菌利用葡萄糖进行的同型乳酸发酵。

$$\left.\begin{array}{l} C_6H_{12}O_6 \rightarrow 2CH_3COCOOH + 4H^+ \\ 4H^+ + 2CH_3COCOOH \rightarrow 2CH_3CHOHCOOH \end{array}\right\} +94\ (kJ)$$

葡萄糖脱下的氢由自身形成的丙酮酸接受，使丙酮酸还原为乳酸，释放94kJ 自由能，经过磷酸化作用，只生成 2 分子 ATP。酸牛奶、泡菜及青贮饲料就是根据这个原理制作的。在发酵工业上，常利用微生物的这种作用进行各种代谢物的生产，如酒精、乳酸、丙酮、沼气等。

（二）呼吸作用

呼吸作用是生物界非常普通的现象，是一切生物细胞的共同特征，也是一种最重要的生物氧化方式。底物在脱氢酶作用下脱下的氢和电子，经过呼吸链的传递，最终与外源的分子氧或无机氧化物结合，并释放能量的过程，称为呼吸作用。呼吸作用与发酵作用的根本区别在于：电子载体不是将电子直接传递给底物降解的中间产物，而是交给电子传递系统，逐步释放出能量后再交给最终电子受体。根据最终受氢体的不同可分为有氧呼吸和无氧呼吸。

1. 有氧呼吸 微生物在有氧条件下氧化底物时，以分子氧为最终受氢体的生物氧化过程，称为有氧呼吸。这是绝大多数微生物所进行的一种氧化作用。进行该作用的微生物有细胞色素系统组成的呼吸链，将基质氧化脱下的氢或电子经过完整呼吸链传递，最终与被激活为活化态的氧（O^-）结合生成水。通过这种作用，基质一般会被彻底氧化，释放出大量能量，生成较多的 ATP。如 1 分子葡萄糖被彻底氧化成 CO_2 和 H_2O，可释放出2 875.8kJ 的自由能，经过磷酸化作用，生成 38 分子 ATP，约为发酵作用的 19 倍。

$$\left.\begin{array}{l} C_6H_{12}O_6 + 6H_2O \rightarrow 6CO_2 + 24H^+ \\ 24H^+ + 6O_2 \rightarrow 12H_2O \end{array}\right\} +2\,870\ (kJ)$$

但也有少数微生物在有氧条件下，对有机物的氧化不彻底。例如醋酸杆菌进行有氧呼吸时，并非使乙醇彻底氧化为最终产物，而是氧化为醋酸。工业生产上可利用这种不完全氧化，以乙醇或酒糟为原料进行食用醋的生产。

2. 无氧呼吸 微生物在无氧条件下氧化底物时，最终以外源无机氧化物（NO_3^-、NO_2^-、SO_4^{2-}、$S_2O_3^{2-}$ 等）为受氢体的生物氧化过程，称为无氧呼吸

（也称为分子外厌氧呼吸）。进行无氧呼吸的微生物体内有特殊酶系统，可将无机氧化物中的氧活化，使之成为活化态氧。底物经脱氢酶脱氢，经过部分呼吸链传递，最终与活化态氧结合生成水，并释放能量。与有氧呼吸相同的是，底物也可被彻底氧化，脱下的氢和电子也经过呼吸链的传递，并伴有磷酸化作用，产生较多能量。但因部分能量随电子传递转移给最终电子受体，所以生成的能量不如有氧呼吸多。

进行无氧呼吸的微生物多是兼性厌氧微生物。如反硝化细菌在无氧条件下对葡萄糖等有机物进行无氧呼吸，容易造成反硝化作用，而专性厌氧微生物是无法进行该作用的。反硝化细菌也有完整的酶系统，在有氧条件下进行好氧呼吸，只是在无氧条件下才能诱导出反硝化作用所需要的硝酸还原酶，在硝酸还原酶参与下，将 NO_3^- 作为最终受氢体，使其接受氢后被还原为 N_2。

$$\left.\begin{array}{l} C_6H_{12}O_6+6H_2O \rightarrow 6CO_2+24H^+ \\ 24H^+ +4NO_3 \rightarrow 12H_2O+2N_2 \end{array}\right\} +1\,757\ (kJ)$$

微生物进行无氧呼吸会造成有效态养料的流失。如施入稻田中的氮肥会因硝酸盐还原而损失一半左右。也会使硫酸盐还原为硫化氢，浓度高时易产生烂秧现象。但对整个自然界物质循环来说，微生物的无氧呼吸也是不可缺少的一个重要环节。

有时在无氧条件下，某些微生物在没有氧、氮或硫作为最终电子受体时，可以磷酸盐代替，其结果生成一种易燃气体——磷化氢。在夜晚，气体燃烧会发出绿幽幽的光。

二、能量的转换——磷酸化作用

将生物氧化过程中释放出的自由能转移，使 ADP（酰苷二磷酸）形成 ATP 的过程称为磷酸化作用。ATP 主要是 ADP 磷酸化形成的。生物氧化中释放出的能量，只有通过磷酸化作用生成 ATP，才能成为生物体可利用的能量。ATP 的生成需要能量，按所需能源不同，可分为氧化磷酸化作用和光合磷酸化作用。

（一）氧化磷酸化

利用生物氧化放出的能量进行磷酸化生成 ATP 的过程，称为氧化磷酸化作用。由于生物氧化的方式不同，相伴发生的磷酸化的方式也不一样，可分为底物水平磷酸化及电子传递磷酸化。

1. 底物水平磷酸化　底物在氧化过程中产生的含高能磷酸键的化合物，通过相应酶的作用将其所携带的能量转移给 ADP，生成 ATP。其特点是不需要分子氧参加，也与呼吸链的电子传递无关。底物水平磷酸化是以发酵作用进行生物氧化获取能量的惟一方式。有氧呼吸作用与无氧呼吸作用进行生物氧化时，虽也有底物水平的磷酸化，但不是主要方式。

2. **电子传递磷酸化** 底物氧化脱下的氢或电子，经过电子传递链（按一定顺序排列成链的一系列中间电子传递体）传递给最终受氢体时，逐步释放出的能量使 ADP 磷酸化成为 ATP 的过程，称为电子传递磷酸化或氧化磷酸化。由于生物氧化与磷酸化这两个过程是紧密偶联在一起的，即氧化释放的能量用于 ATP 合成，所以称为氧化磷酸化。氧化是磷酸化的基础，而磷酸化是氧化的结果。该作用是体内生成 ATP 的主要方式。

（二）光合磷酸化

以光合色素为媒介，将光能转变为化学能的过程称为光合磷酸化。光能是不能被生物直接利用的一种辐射能，只有通过光合色素吸收并转变为化学能——ATP 后，才能为生命活动所利用。光合磷酸化是光能微生物产生 ATP 的主要方式。

光合色素在光能转换过程中起重要作用。光合色素由主要色素和辅助色素构成，主要色素是叶绿素或细菌叶绿素，辅助色素是类胡萝卜素和藻胆素。光合色素存在于一定的细胞器或细胞结构中，主要色素在它存在的部位里构成光反应中心，并能吸收光和捕捉光能，使自己处于激发态而逐出电子。辅助色素在细胞内只能捕捉光能并将捕捉到的光能传递给主要色素。

根据电子传递方式的不同，光合磷酸化作用主要有环式光合磷酸化和非环式光合磷酸化两种。

1. **环式光合磷酸化** 在厌氧性光合细菌中，吸收光量子而被激活的叶绿素释放出高能电子而处于氧化态，电子经过中间电子的传递释放能量，生成 ATP，最后又返回到叶绿素分子中去，使叶绿素分子再恢复到原来的状态，电子的传递是一个闭合的回路，如此循环的方式称为环式光合磷酸化。该作用在厌氧条件下进行，产物只有 ATP，也不产生分子氧。

原核微生物中的光合细菌不能利用 H_2O 作为还原 CO_2 的供氢体，只能利用还原态的 H_2S、H_2 或有机物为供氢体，所以光合作用中不产生 O_2，进行非放氧性的光合作用。这类微生物因细胞内菌绿素和类胡萝卜素的含量及比例不同，而使菌体呈现红、绿、紫等颜色，是一些广泛分布于缺氧的深层淡水或海水中的水生菌，主要有紫色硫细菌、绿色硫细菌、紫色非硫细菌、绿色非硫细菌等。

2. **非环式光合磷酸化** 这是蓝细菌、藻类及各种绿色植物共有的利用光能产生 ATP 的磷酸化方式。该作用在有氧条件下进行，还原 CO_2 的电子来自

H_2O的光解，电子传递途径是非循环式的，进行放氧性的光合作用。其过程与植物的光合作用相同。

三、不同呼吸类型的微生物

（一）好氧性微生物

生活中需要氧，以有氧呼吸进行生物氧化的微生物，为好氧性微生物，也称好气性微生物。这类微生物在自然界的分布最广、种类与数量最多，大多数细菌、所有的放线菌和霉菌都属此类型。如农业上常用的白僵菌、苏云金杆菌、食用菌、赤霉菌等都是好氧性微生物，培养时应供给充足的氧气。

（二）厌氧性微生物

生活中不需要氧，只能以发酵作用进行生物氧化的微生物，为厌氧性微生物，也称厌气性微生物。它们是严格的厌氧菌。这类微生物体内缺乏分解过氧化氢的接触酶，在有氧条件下，体内形成的过氧化氢会有毒害作用。如产甲烷细菌、乳酸细菌、丁酸梭菌等都是该类型的，培养时应隔绝氧气。

（三）兼厌氧性微生物

在有氧条件下进行有氧呼吸，在无氧条件下进行发酵作用或无氧呼吸的微生物，为兼厌氧性微生物。这类微生物在有氧或无氧条件下都能生活，以不同的氧化方式获得能量。所以兼厌氧性微生物有两种类型。

一种类型是在有氧条件下进行有氧呼吸，在无氧条件下进行发酵作用。如酵母菌在有氧条件下，通过有氧呼吸将葡萄糖彻底氧化成终产物，用释放出的大量能量进行快速生长繁殖，而在无氧条件下则进行发酵作用，使氧化不彻底的基质还原成酒精。在生产上可根据生产目的来决定是否给这样的微生物提供氧气条件。例如，若以生产酒精为目的，应在培养前期提供充足的氧气，使酵母菌大量生长繁殖后再提供无氧条件。

另一种类型是在有氧条件下进行有氧呼吸，在无氧条件下进行无氧呼吸。如反硝化细菌在有氧时进行有氧呼吸，在无氧条件下以无机物NO_3^-中的氧为受氢体，使硝酸盐还原成氮气。当土壤板结或长期积水时，都易使反硝化细菌进行厌氧呼吸。

第三节 微生物的代谢产物

微生物吸收的营养物质经过分解代谢与合成代谢，有的被同化成菌体组成部分或以储藏物方式存积在细胞中，有的被转化利用后被排出体外，这都是微生物的代谢产物。由于微生物营养类型及代谢类型的多样化，因而就会产生十分丰富的代谢产物，有许多代谢产物在农业、食品工业、医药等行业中显示了很高的应用价值。

微生物的代谢有初级代谢和次级代谢，两种代谢类型既有区别，又有密切的联系。次级代谢以初级代谢为基础，因为初级代谢可为次级代谢提供前体物质和所需要的能量，而次级代谢则是初级代谢在特定条件下的继续和发展，以避免初级代谢过程中某种（或某些）中间体或产物过量积累对机体产生的毒害作用。

一、初级代谢产物

微生物从外界吸收各种营养物质，通过分解代谢与合成代谢产生生命活动所需要的物质及能量的过程，称为初级代谢。初级代谢是普遍存在于一切生物体中的正常代谢类型，初级代谢产物都是微生物营养生长所必需的物质，主要是糖、氨基酸、脂肪酸、维生素、核苷酸以及多糖、蛋白质、脂类、核酸等化合物。如食品酿造业中的酒类、食醋、味精、酸奶、酸菜的生产，都是对微生物初级代谢物的利用。

二、次级代谢产物

微生物生长到一定时期，以初级代谢产物为前提物质，而合成对微生物生命活动无明确功能物质的过程，称为次级代谢。这一过程的产物即是次级代谢产物。次级代谢是存在于某些生物体中的特殊代谢类型，往往是正常代谢不畅通时出现的支路代谢。次级代谢物大多是一类分子结构比较复杂、含有苯环的化合物，虽不是微生物生活所必要的物质，但却有重要的生物效应，对其他生物有显著的杀伤、抑制或促进生长的作用。

（一）抗生素

由微生物产生的在低浓度下具有选择性抑制或杀死其他微生物作用的化学物质，称为抗生素。微生物产生抗生素有专一性，即一定种类的微生物只能产生一定种类的抗生素。20 世纪 40 年代，第一个临床应用的抗生素是青霉素，由于它的高度疗效而受到重视，推动了抗生素研究和生产的发展。目前发现的抗生素近3 000种，多为放线菌所产生，有些抗生素已能人工合成。大多数抗生素因对宿主的副作用大而不能使用，目前使用的抗生素仅有 60 余种，如医用的青霉素、头孢菌素、硫酸庆大霉素、红霉素、利福平、灰黄霉素等，农用的阿维菌素、井冈霉素、庆丰霉素、灭瘟素等。但用量过多也有一定副作用。

由于不同种类抗生素的化学成分不一，对微生物的作用机理就有所不同，主要是通过抑制菌体蛋白质、核酸、细胞壁的合成、破坏细胞质膜等方式，以达到抑制或杀死病原菌的目的。抗生素可使95%以上由细菌感染而引起的疾病得到控制，因此在防治人类、动物疾病与植物的病虫害上起着重要作用，现已成为治疗传染性疾病的主要药物。但在临床使用上还存在着微生物对抗生素的耐药性及有些用药者对抗生素产生过敏反应等问题。

（二）激素

微生物产生的一类具有高度生理活性的物质，称为激素，也叫生长刺激素。极少量的激素存在就有显著的生物效应。激素有调控新陈代谢、促进细胞增殖分化、控制机体生长发育和生殖机能、增强机体对环境的适应性等作用。如农业生产上使用的赤霉素、生长素、细胞分裂素、乙烯等都是微生物产生的天然植物生长刺激素。赤霉素是引起稻秧疯长的赤霉菌（也叫水稻恶苗病菌）产生的，是农业上广泛应用的高效能的植物生长刺激素，具有促进植物细胞分裂和细胞伸长的作用，在农作物、水果、蔬菜及牧草上已广泛应用。可使叶菜类（如芹菜、白菜、菠菜等）作物提高产量及提前收获；能打破马铃薯的休眠期，进行两季栽培；使葡萄变为无核，利于制备葡萄干；还可明显促进晚稻在寒露来临之前抽穗。此外，在许多霉菌、放线菌和细菌的培养液中也能积累吲哚乙酸、萘乙酸等生长素类物质。

近年来，人们已成功地应用遗传工程原理，通过微生物生产人类激素，如通过大肠杆菌生产胰岛素，为激素在医药和工农业生产及科学研究中的应用开辟了广阔的前景。

（三）毒素

微生物产生的对人和动植物细胞有毒杀作用的化合物，称为毒素。能产生毒素的微生物很多，某些细菌、放线菌和真菌都可产生相应的毒素。如白喉棒状杆菌产生的白喉毒素、破伤风梭菌产生的破伤风毒素、肉毒梭菌产生的肉毒毒素、苏云金杆菌产生的伴胞晶体杀虫毒素、真菌中产生的黄曲霉毒素及蘑菇毒素等。被分泌于细胞外的为外毒素，保留在细胞内的是内毒素，外毒素的毒性都很强。肉毒梭菌的外毒素是已知毒素中最强的一种细菌毒素，约比氰化钾的毒力强1万倍，人服0.1μg即可致命，1mg纯肉毒素约能杀死2亿只小鼠。

根据微生物毒素的化学成分可分为蛋白质类毒素、多肽类毒素、糖蛋白类毒素和生物碱类毒素。可分别引致人体的过敏反应，神经系统、呼吸系统、胃肠道和肝脏的病变，甚至有致畸致癌等作用，对人类健康及饲养业的危害性很大。如在受潮玉米、花生等粮食或食品上生长的黄曲霉属，约有30%以上的黄曲霉菌株能产生黄曲霉毒素。黄曲霉毒素是目前发现的最强的致癌性真菌毒素，目前已分离出B_1、B_2、G_1、G_2等十几种毒素，其中毒性最强的是B_1，毒性约比砒霜强68倍，属剧毒物质。黄曲霉毒素很耐热，加热到268～269℃时才开始分解破坏，故一般烹调加工温度难以去毒。最好的防治方法是预防粮食等食物的霉变，消除毒素的主要方法是加碱破坏毒素。

（四）色素

许多微生物在生长过程中能产生各种色素，或储存于细胞内或排泌于细胞外。色素可分为水溶性及脂溶性色素。水溶性色素常分泌到细胞外，如绿脓杆菌产生的绿脓菌素可使培养基呈现绿色；脂溶性色素不溶于水，仅保持在菌落内使之呈色而培养基颜色不变，如灵杆菌的红色素、金黄色葡萄球菌的黄色素等。不同微生物产生不同的色素，所以色素是进行微生物分类鉴定的重要依据之一。

有的微生物可产生食用色素，如红曲霉是目前世界上惟一用之生产食用色素的微生物，在生长代谢过程中产生的红曲色素是常用于肉类制品、酒、豆腐乳和一些饮料的着色。具有耐光耐热性强、对pH变化稳定、不受金属离子的影响、对蛋白质的着色力强、对人体健康安全无害等优点。

第四节　微生物的发酵生产

在人工控制条件下，使微生物将一些廉价原料转化为各种定向代谢产物的生产工艺过程，称为发酵。这是广义的发酵概念，与生理上发酵作用的含义是不同的。微生物种类繁多，能在不同条件下对不同物质进行不同的发酵，所以有多种发酵类型和发酵产品。

一、微生物的发酵类型及发酵产品

（一）发酵类型

1. 好氧发酵与厌氧发酵　按微生物的呼吸类型，将发酵分为好氧发酵与厌氧发酵。小量的发酵常用棉塞堵封容器口，实验室中的摇瓶培养法就是将装有液体培养基的三角瓶置于摇床上不断振荡，目的是让空气中的氧不断地溶解到液体培养基中。在工业大型好氧发酵生产中，常采用装有喷雾装置、搅拌装置和无菌空气供应系统的大型发酵罐，以保证好氧微生物进行有氧呼吸，使菌体正常生长发育并积累其代谢产物。厌氧发酵常在密封、深层静止或无空气供应系统的厌氧发酵罐中进行，以满足厌氧微生物的要求。

2. **固体发酵与液体发酵**　按发酵培养基的物理状态，可将发酵分为固体发酵和液体发酵。生产中常用麸皮、米糠、豆渣等农副产品下脚料为主要原料配制成固体状态的培养基，灭菌后接入菌种进行培养、发酵。我国农村的堆肥、青贮饲料发酵、食用菌、酱油、醋、酒曲、豆酱等常用此法生产。固体发酵工艺历史悠久，在现代发酵工业中应用较少。

液体发酵所用的培养基是液态的，如酒精、丙酮、丁醇、乳酸、啤酒等都是采用此项工艺进行发酵。液体发酵又分为深层发酵和浅层发酵。发酵工业使用的大型发酵罐属于深层发酵，浅层发酵适用于缺乏通气设备及生长繁殖较快的微生物。液体发酵速度快，发酵完全，发酵周期短，原料利用率高，而且适于大规模机械化生产。

3. **分批发酵与连续发酵**　按发酵有无间歇分为连续发酵与分批发酵。分批发酵是向发酵罐中一次性投入培养料，发酵完毕后一次性地放出发酵料，放料后再重复投料、灭菌、接种、发酵等过程。在这一过程中，菌种的生长可分为调整期、对数期、稳定期和衰亡期4个时期。

连续发酵法是发酵过程中一边补入新鲜料液，一边以相近的流速放料，维持发酵液原来的体积的发酵方法。其优点是简化了菌种的扩大培养及发酵罐的多次灭菌、清洗、出料等工序，缩短了发酵周期，设备利用率高，产品质量稳定，便于自动控制等。缺点是菌种容易退化及污染杂菌，培养基的利用率一般低于分批发酵。这项技术已用于食用酵母、饲料酵母、乙醇、乳酸、丙酮、丁醇等大规模的发酵生产。

（二）主要发酵产品

微生物众多的发酵产品按年代可分为以酒、醋、酱等为代表的传统产品，以抗生素、氨基酸、有机酸为代表的近代产品，以胰岛素、干扰素、乙肝疫苗等基因工程产品为代表的现代产品（表5-3）。按产品的主要类别可分为菌体、代谢物和酶。

通过发酵生产获得大量微生物菌体，制备成活菌或干菌制品进行应用。如人类理想的高蛋白质食品螺旋藻、食用菌、酵母菌，农用的根瘤菌肥、苏云金杆菌杀虫剂，医用的菌苗、疫苗等都是以菌体为发酵产品。许多发酵工业以微生物的代谢产物为发酵产品，如抗生素、食用菌多糖、维生素、氨基酸、酒类、调味品等。属于酶产品的有各种酶制剂，由工业生产的酶制剂50余种，主要应用领域为：食品约占45%，洗涤剂约占34%，纺织、皮革、造纸等约占15%，医药约占6%。丰富的微生物发酵产品被广泛应用于各行各业中。

表 5-3 各行业的几种微生物工业发酵产品

发酵工业名称	产 品 举 例
食品微生物	面包、乳酪、味精、肌苷酸、赖氨酸、甜味素、维生素、食用菌
酿造微生物	酒、食用醋、酱油、柠檬酸
药用微生物	青霉素、链霉素、维生素 E、精氨酸、基因工程菌产的活性肽
医用微生物	菌苗、疫苗、诊断试剂、葡聚糖、甾体激素
环保微生物	有益菌剂、分解酚菌剂、石油净化剂
能源微生物	乙醇、沼气、氢气、微生物电池
农业微生物	赤霉素、井冈霉素、Bt 杀虫剂、菌肥
饲料微生物	单细胞蛋白、土霉素、蛋氨酸
兽医药微生物	土霉素、菌苗、疫苗、诊断试剂
冶金微生物	富集铜菌剂、富集铀菌剂
化工微生物	丙酮、丁醇、醋酸、丙烯酰胺
轻工微生物	甘油、乳酸、酶制剂
军用微生物	菌苗、疫苗、细菌武器检测和预防产品

二、微生物发酵的一般工艺

（一）斜面菌种培养

斜面菌种培养是一种将保藏菌种移植到新斜面培养基上，使其活化的过程。因保藏的菌种处于休眠状态，生理活性很低，不能直接用于生产。斜面菌种培养的目的是为生产提供活性强、纯度高的优质菌种。要获得优质高产的发酵产品，菌种是关键。该菌种也叫一级种。

（二）菌种扩大培养

菌种扩大培养是将活化菌种扩大到三角瓶、克氏瓶或种子罐中，创造一切适宜于生长的条件，促其大量生长繁殖的过程。该菌种也叫二级种。目的是在短时间内得到大量菌体，为生产提供一定量的菌种。根据发酵生产规模，有时菌种需要经过数步逐渐扩大，故有一级种、二级种、三级种等不同阶段。在微生物工业生产上，菌种扩大都是在种子罐内进行的。

（三）发酵

将菌种移植到发酵罐等大型容器中，促其产生各种发酵产品的过程。创造促使菌体大量生长繁殖与积累代谢产物的各种条件，获得高产优质的产品，是发酵过程的主要目的。该环节是总发酵过程的核心。在发酵过程要不断进行检测，随时取样检测菌数、产物浓度等，以了解发酵进程，及时调节各种发酵条件，以保证菌体生长和代谢途径朝着有利于人类的方向进行。

(四) 产品处理

发酵结束后，应根据不同产品进行不同的处理，将其制为成品。若产品是食用菌可直接采摘。若以活菌体为产品（如菌农药、菌肥料等），采用固体发酵的应及时晾干，液体发酵的可用离心或压滤法使菌体与培养液分开，再拌入吸附剂制成菌粉。若产品是酶或代谢物，应根据其性质采用不同提取法（蒸馏、沉淀等）将其提取。处理后的各发酵产品还必须进行质量检查，符合要求时才能成为成品。

整个生产工艺过程可概括为：原始菌种→斜面菌种培养→种子扩大培养（液体或固体）→发酵（液体或固体）→产品处理→质量检验→成品。

三、发酵工艺条件的控制

在发酵中，发酵条件适合与否是发酵成败的重要影响因素。因发酵条件既能影响微生物的生长，又能影响代谢物的生成。如在酵母菌的乙醇发酵中，若条件不同或改变培养基的组成，都可以使发酵过程变得无效或者使乙醇发酵转向甘油发酵，得不到所需要的乙醇产品。

(一) 调控培养基的组成和各成分的比例

培养基的成分是微生物生长和形成发酵产物的物质基础。培养基的组成、各成分的比例应根据发酵的目的进行选调。如种子培养基是为了繁殖菌种，氮源要充足。发酵培养基既要有适量速效碳源或氮源，以促进菌体生长，又要有充足的迟效碳源或氮源，以利于发酵产物的形成。从而也可避免速效碳源或氮源在体内产生分解代谢产物的阻遏。

在配制发酵培养基时，还应控制影响细胞膜透性的物质的浓度，以利于代谢物的分泌，例如生长因子浓度的高低对谷氨酸发酵过程影响较大，当其浓度高时，会导致细胞膜透性降低，使谷氨酸在细胞内积累产生抑制作用，不利于谷氨酸的合成。

(二) 控制发酵条件

各类微生物对发酵条件的要求不同，同一微生物在不同生长阶段的要求也不一样，而且发酵过程中，由于营养物的消耗和代谢物的积累都会使各种条件发生变化，应经常检查，随时调整，掌握生产时机。

1. **温度**　随着温度的升高，菌体生长和代谢加快，发酵反应的速率加快。当超过最适温度范围后，随着温度的升高，酶很快失活，菌体衰老，产量降低。温度也影响微生物合成的途径。例如，金色链霉菌在30℃以下时合成金霉素的能力较强，但当温度超过35℃时，则只合成四环素而不合成金霉素。

要保证正常的发酵过程，就需维持最适温度，但菌体生长和代谢物形成所需的最适温度不一定相同。如灰色链霉菌的最适生长温度是37℃，但产生抗生素的最适温度是28℃。应通过实验来确定不同菌种各发酵阶段的最适温度，采取分段控制。

2. pH　pH影响微生物对营养物质的吸收及代谢产物的分泌，还影响培养基中营养物质的分解等。不同菌种的生长阶段和产物合成阶段的最适pH往往不同，不同pH也可能使同一菌种积累不同的代谢产物。如黑曲霉在pH2.0～3.0的环境中发酵蔗糖，产物以柠檬酸为主，只产极少量的草酸；当pH接近中性时，则大量产生草酸，而柠檬酸产量很低。又如酵母菌在最适pH时，进行乙醇发酵，不产生甘油和醋酸；如果环境pH大于8.0，发酵产物除乙醇外，还有甘油和醋酸。因此，应根据不同目的，分别加以控制。

此外，在发酵过程中，随着菌体对营养物质的利用和代谢产物的积累，发酵液的pH必然会发生变化。在工业生产上，常采用在发酵液中添加维持pH的缓冲物质，或通过补加氨水、尿素、碳酸铵或碳酸钙来调控pH。目前，国内已研制出检测发酵过程的pH电极，用于连续测定和记录pH变化，并由pH控制器调节酸、碱的加入量。

3. **溶解氧**　氧的供应对好氧发酵是一个至关重要的因素。1mol的葡萄糖彻底氧化分解，约需6mol的氧，当糖用于合成代谢产物时，1mol葡萄糖约需1.9mol的氧。因此，好氧发酵对氧的需求量是很大的。但在发酵过程中菌种只能利用发酵液中的溶解氧，然而氧很难溶于水。因此，必须向发酵液中连续补充大量的氧，并要不断地进行搅拌，以提高氧在发酵液中的溶解度。

4. **泡沫**　在发酵过程中通气搅拌、微生物的代谢过程及培养基中某些成分的分解等，都有可能产生泡沫。发酵过程中产生一定数量的泡沫是正常现象，但过多的持久性泡沫对发酵是不利的。因为泡沫会占据发酵罐的容积，影响通气和搅拌的正常进行，甚至导致代谢异常，因而必须消除泡沫。安装消泡沫挡板、通过强烈的机械振荡、促使泡沫破裂或使用消沫剂是常用的消除泡沫的措施。

此外，发酵生产中要经常检查菌体生长情况和杂菌感染情况。并通过测定培养基的残糖量了解发酵程度，当残糖量降至0.5%时，表明发酵是彻底的，可以及时结束发酵。

复习思考题

1. 什么是新陈代谢？分解代谢和合成代谢有何差别与联系？

2. 什么是生物氧化？什么是磷酸化？

3. 化能异养微生物的生物氧化主要有哪几种？

4. 发酵、有氧呼吸和无氧呼吸的异同点有哪些？

5. 什么叫次级代谢？次级代谢与初级代谢之间有何联系？

6. 为什么说微生物是生产酶制剂的重要来源？

7. 斜面菌种培养、种子扩大培养和发酵三阶段的目的是什么？

第六章　微生物的生长与环境条件

［本章提要］　微生物的生长包括个体生长和群体生长两个层面。个体生长是指单个菌体质量的增加、体积的增大；群体生长主要表现为菌体数量的增加。检测评价微生物生长的方法通常有血球计数板法、涂片计数法、比浊法、活菌计数法、称重法、含氮量测定法。微生物的生长受温度、湿度、pH、空气、射线等环境因素的影响。掌握微生物的生长规律和环境条件对微生物的影响，对于我们利用微生物有重要的指导意义。

微生物的纯培养是在实验条件下从一个单细胞或一种细胞群繁殖得到的后代。一般通过划线分离法、涂布平板法、稀释法、单细胞分离法、选择培养分离法等方法得到纯培养。

微生物在适宜的环境条件下不断吸收营养物质，并按一定的方式进行新陈代谢，当同化作用大于异化作用时，细胞质的量会不断增加，表现为生长。微生物的生长表现在个体生长和群体生长两个水平上，微生物的纯培养和生长的测定是掌握微生物生长规律的基础和手段。

第一节　微生物的生长

一、微生物的个体生长

（一）细菌细胞生长

细菌细胞的生长是指新生的细胞长大以及最后分裂为两个子细胞的过程，又被称作二分裂。在细菌细胞周期中主要的细胞学变化是细胞的表面生长、横隔的形成、DNA 的复制分离并进入子细胞和细胞分裂。

（二）真菌细胞生长

丝状真菌的营养菌丝的生长主要以极性的顶端生长方式进行。酵母菌细胞的生长表现为细胞体积的连续增加并在一定的间隔时间发生核和细胞的分裂，这样一个完整的生长过程就是酵母菌的生长周期。酵母菌的细胞可分为 4 个时期：G_1期、S期、G_2期和M期，S期是DNA合成期，M期是有丝分裂期，G_1期和G_2期分别是指S期和M期之间的间隙期。

二、微生物的群体生长

微生物细胞个体的增长是有限的，当细胞内的原生质和各种结构协调地增长到一定程度时，细胞开始分裂，形成两个基本相同的细胞。如果是单细胞微生物，会导致个体数目的增加，这就是单细胞微生物的繁殖。单细胞微生物群体通过分裂使群体数目或质量增加的过程称为群体生长。丝状微生物一般通过产生有性或无性孢子的方式进行繁殖，无性或有性孢子萌发并通过菌丝断裂而使群体数目和质量的增加称为丝状微生物的群体生长。

（一）微生物生长的测定

在生产和科研中，我们在对微生物在不同条件下的生长情况进行评价或解释时，通常用直接或间接的方法测定微生物群体的增加量，测定群体的原生质量，或测定细胞中某些生理活性的变化等，以掌握微生物的生长情况。

1. 单细胞微生物数量的测定

（1）总细胞计数法。

①血球计数板法：将一定容积的适当稀释的细胞悬液放在血球计数板与盖玻片之间的计数室内，在显微镜下计数。根据计数器刻度内的细胞数，计算出单位体积内的细胞总数（详细内容见实训六）。

②涂片计数法：将已知体积（如0.01mL）的待测样品均匀地涂布于玻片上，一般涂成$1cm^2$，固定染色后，在显微镜下选择若干个视野计算细胞的数量，再用镜台测微尺测得视野直径并计算出视野面积，从而推算出$1cm^2$总面积中所含细胞数目。其计算公式如下：

原菌液浓度(个/mL)＝视野中的平均菌数×$1cm^2$/视野面积×100×稀释倍数

血球计数板法和涂片计数法是较常用的方法，缺点是：死活细胞不分；小的细胞很难观察，因而遗漏；精确性较差；不适于低浓度的样品，就多数细菌来说，浓度必须在10^6个/mL以上。

③比浊法：细胞悬液中细胞浓度在一定范围内与光吸收值成正比，与透光度成反比，用分光光度计测定菌悬液的光密度或透光度可以反映细胞的浓度。

比浊法可用于溶液的总细胞计数，具有简便、快速、不干扰不破坏样品的优点，被广泛地用于生长速率的快速测定。但要注意样品的颜色不宜太深，不要混杂其他物质，另外，菌悬液的浓度在10^7个/mL以上时数据才较可信。

（2）活菌计数法。由于每个活菌在适宜的培养基中具有生长繁殖的能力，并且一个活菌在平板上形成一个菌落，因此，菌落数就是待测样品所含的活菌数。

活菌计数法能够检测出样品中的活菌数，灵敏度也高，被广泛地应用于医药卫生检定等方面。该法也存在手续繁琐、需要时间较长、影响因素多等缺点，但通过多年的实践，已经在培养基、培养条件、稀释方法、计算方法、结果分析等方面制定了严格的标准，以消除该法的误差。

2. 测定细胞物质量

（1）称重法。将微生物培养液离心，收集沉淀，然后称量便得到湿重。将单位体积培养液离心得到的细胞沉淀物，以清水洗净，置于100～105℃烘箱干燥过夜，去除水分，然后称量，这样得到菌体的干重。

称重法较为直接可靠，主要用于调查。但只适用于菌体浓度较高的样品，而且要求样品中不含非菌体的干物质。

（2）含氮量测定法。一般微生物细胞蛋白质的含量比较稳定，氮是蛋白质的重要组成元素，故一般微生物的含氮量比较稳定。用凯氏定氮法测定其总氮量，再乘以系数6.25即为粗蛋白的含量。此法只适合高浓度样品，定氮之前要注意洗涤除去带入的含氮物质。

（3）其他生理指标测定法。通过测定积累的代谢产物或代谢消耗的物质表示微生物的生长量，如测定碳、磷、RNA、ATP、DAP（二氨基庚二酸）等。此法在发酵控制和科研中常用。

（二）单细胞微生物的群体生长规律

单细胞微生物主要包括细菌和酵母菌，其生长规律基本相似，下面以细菌为例进行说明。

1. 细菌的群体生长特征 细菌的群体生长一般是以细菌数量的增加来表示的，因而其生长速率就是指单位时间内细胞数目或细胞生物量的增加。细菌以裂殖的方式繁殖，一个细菌细胞分裂成两个细胞的间隔被称为世代，一个世代所需的时间就是代时，有时也被称为倍增时间。不同细菌的代时是不同的，每经历一个代时，细菌细胞的数目就增加一倍，呈指数增加，因而称为指数生长。

2. 细菌生长曲线 将少量细菌纯培养接种到恒定容积的新鲜液体培养基中，在适宜的条件下培养，定时取样测定细菌含量，以培养时间为横坐标，以菌数的对数为纵坐标作图，可得到图6-1的曲线，即细菌的生长曲线，该曲线由迟缓期、对数期、稳定期、衰亡期4个时期组成。

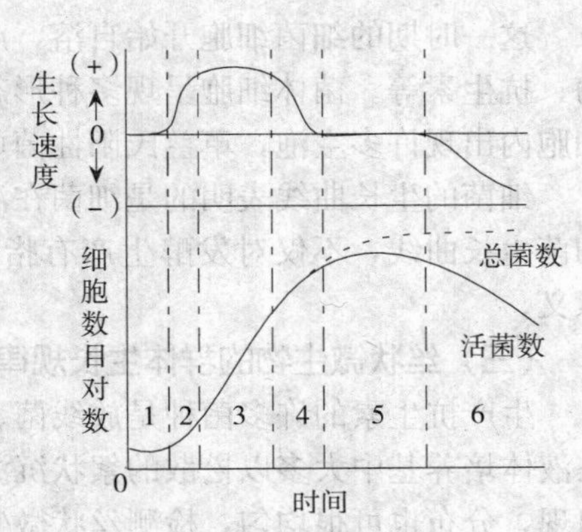

图 6-1 细菌生长曲线
1～2. 迟缓期 3～4. 对数期
5. 稳定期 6. 衰亡期
(武汉大学、复旦大学，微生物学，1989)

(1) 迟缓期。细菌接种于培养基后，一般并不立即繁殖，生长速度近于零，菌数保持不变，甚至稍有减少，这段时间称为迟缓期。这个时期细菌细胞的主要特征是分裂迟缓、代谢活跃。

出现迟缓期的原因一般认为是为了调整代谢，当细菌接种到新的环境中后，需要调整新合成必需数量的酶、辅酶以及某些中间代谢产物，以供繁殖所需。在发酵工业上，通常采取增加接种量、在种子培养基中加入发酵培养基的某些成分、用最适龄的健壮菌种接种等措施，以缩短迟缓期，缩短发酵周期。

(2) 对数期。在这个时期，细菌以恒定的速度增长，在生长曲线图上接近一条斜的直线。这个时期的细胞代谢旺盛，生长迅速，个体形态、化学组成、生理特性等均较典型。对数期的细胞是发酵生产的良好种子，研究细菌的性状最好选用此时期的细胞，病原菌在此时期的致病力最强，有些抗菌药物在这一时期作用于细菌的效果较好。

(3) 稳定期。又称平衡期，在这个时期，新增的细胞数与死亡的细胞数相等，总菌数达到最大值，活菌数保持稳定，生长曲线上升逐渐缓慢，随之平缓。接着，死亡细胞数大大超过新增殖细胞数，活细胞曲线出现下降趋势。

细菌不能维持指数增长的原因是由于在对数期消耗了大量的营养物质而不能满足生长需要，有害代谢产物不断产生并积累达到了抑制生长的水平，以及pH、氧化还原电位、温度等的改变限制了菌体细胞继续以高速度增长。

稳定期的细胞从代谢活跃转为代谢活力钝化，主要生命大分子如RNA、蛋白质的合成缓慢，细胞的形态开始发生改变。稳定期的细胞内开始积累储藏物，如肝糖、异染颗粒、脂肪粒，大多数芽孢细菌也在此时期形成芽孢。稳定期还是发酵过程积累代谢产物的重要阶段，某些放线菌抗生素的大量形成也在此时期。

稳定期的长短与菌种和外界环境条件有关，生产上常常通过补料、调节pH、调整温度等措施，延长稳定期，以积累更多的代谢产物。

(4) 衰亡期。稳定期后继续培养，细菌的死亡率逐渐增加，当细菌的死亡数远远超过新生细胞数，群体中的活菌数急剧下降，这个阶段叫做衰亡期。这个时期直接镜检的总菌数仍然保持高水平，但活菌数减少很快。

这一时期的细菌细胞开始自溶，产生或释放出一些产物，如氨基酸、转化酶、抗生素等。菌体细胞呈现多种形态，有时产生畸形，细胞大小悬殊，有的细胞内出现许多空泡，革兰氏阳性菌可能出现阴性反应。

细菌的生长曲线表明的是细菌在液体纯培养条件下的群体生长规律，掌握细菌生长曲线，不仅对发酵生产有指导作用，对细菌检查和控制也有重要的意义。

（三）丝状微生物的群体生长规律

生产抗生素的许多菌种是放线菌、霉菌，这些微生物是丝状微生物，它们在液体培养基中大多以松散的絮状沉淀到堆积密集的菌丝球的形式在发酵液中出现，分布也可很均匀，检测丝状微生物的生长通常是以测定微生物细胞的物质量的变化来表示。

丝状微生物的群体生长规律与细菌的生长曲线不同，没有明显的对数生长期，特别在工业发酵过程中一般经过3个阶段：生长停滞期，即孢子萌发或菌丝长出芽体；迅速生长期，菌丝长出分枝，形成菌丝体，菌丝质量迅速增加；衰亡期，菌丝体质量下降，出现空泡及自溶现象。

（四）微生物生长规律在工业生产中的应用

1. 缩短迟缓期 微生物经接种后就进入迟缓期。酵母菌和细菌繁殖较快，一般只需几小时。霉菌繁殖较慢，需要十几小时。放线菌的迟缓期更长些。迟缓期的长短影响着发酵周期的长短，为提高设备利用率及降低生产成本，应尽可能缩短迟缓期。因此，通常采取加大接种量，或在种子培养基中加入某些发酵培养基的成分，使微生物细胞更快适应新环境等措施。

2. 把握对数期 在需要获得菌体的发酵生产中，在对数生长期菌体随营养浓度增加而生长速率上升。因此，需连续流加或补加发酵原料，从而可获得大量的菌体。

3. 延长稳定期 对于需获取初级代谢产物，如氨基酸、核苷酸、乙醇等的发酵，这些产物的形成常常与微生物细胞的形成过程同步，在稳定期末期为最佳收获期。因此必须流加碳源和氮源，并及时移走积累起来的代谢产物，从而提高产量。

对于需获得次级代谢产物，如抗生素、维生素、色素、生长激素等的发酵，这些产物的形成与微生物细胞的生长过程不同步，它们形成产物的高峰往往在稳定期的后期或在衰亡期，收获时间宜适当延迟。

4. 监控衰亡期 微生物在衰亡期细胞活力明显下降，产生代谢产物的能力降低，同时逐渐积累的代谢毒物可能会影响代谢产物。因此必须掌握时间，在适当的时候结束发酵。

第二节　微生物生长的环境条件

微生物是单细胞或结构简单的多细胞生物，它的生长极易受到所处环境因素的影响。环境条件的改变，在一定的限度内，可引起微生物形态、生理、遗传等特征的改变，当环境条件的变化超过一定的极限，则导致微生物的死亡。了解环境条件与微生物之间的相互关系，不仅有助于我们认识微生物在自然界的分布与作用，也能指导我们采用多种方法控制微生物的活动。

一、温　　度

温度是影响微生物生长的最重要的因素之一。在一定范围内温度升高时，细胞中的生物化学反应速度和生长速度加快，当温度上升到一定程度，细胞内的重要大分子如蛋白质、核酸发生不可逆的破坏，细胞功能急剧下降以至死亡。

温度太低，细菌的原生质膜处于凝固状态，不能进行营养物质的运输，还影响质子浓度梯度的形成。另外，核糖体等复合体在低温下也呈松散状态而失活。当在0℃以下时，菌体内的水冻结，生化反应无法进行而停止生长，冰晶还可造成细胞的物理损伤而使细胞死亡。所以，低温对微生物有抑制或杀死作用。

微生物生长的温度范围较广，已知的微生物在－12～100℃均可生长。但就一种微生物来说，只能在一定的温度范围内生长。各种微生物都有其最低生长温度、最适生长温度、最高生长温度和致死温度。最低生长温度是微生物能进行生长繁殖的最低温度界限；最适生长温度是使微生物群体生长繁殖最快的温度；最高生长温度是指微生物生长繁殖的最高温度界限；致死温度是10min内杀死微生物的最低温度。各种微生物的群体细胞生长温度范围见表6-1。

表6-1　各种微生物的生长温度范围

微　生　物	生长温度范围（℃）		
	最　低	最　适	最　高
根癌土壤杆菌	0	25～28	37
胡萝卜软腐欧文氏菌	4	25～30	39
金黄色葡萄球菌	15	37	40
淋病奈氏球菌	5	37	55

（续）

微 生 物	生长温度范围（℃）		
	最 低	最 适	最 高
玫瑰色醋杆菌	10	30～35	41
破伤风杆菌	14	37～38	50
大肠杆菌	4	30～37	43
结核分支杆菌	30	37	40
嗜热糖化芽孢杆菌	52	65	75
嗜热链霉菌	20	40～45	53
黑曲霉	7	25～30	42
扩展青霉	0	30～39	47
酵母菌	0.5	25～27	30

不同的微生物生长的温度范围是不一样的，与它们的原生质的状态和化学组成有关系，也可随环境条件而改变，如在有机物存在的条件下，致死温度升高。最适生长温度不一定是代谢活动最好的温度，在发酵生产中为提高生产效率，还要研究不同微生物在生长或积累代谢产物阶段时的最适温度，进行变温培养。研究发现产黄青霉（产青霉素菌种）的最适生长温度是30℃，最适发酵温度是25℃，积累代谢产物的最适温度是20℃。于是，在青霉素发酵生产时，进行变温培养，接种后在30℃下培养5h，将温度降至25℃培养35h，在下降至20℃培养85h，最后又增温到25℃培养40h后放罐，这样比在25℃下恒温培养提高产量14%以上。

根据生长温度范围，可将微生物分为低温微生物、中温微生物和高温微生物3类（表6-2）。

表6-2 微生物的生长温度类型

微生物类型		生长温度（℃）			分布的主要处所
		最低	最适	最高	
低温型	专性嗜冷	−12	5～15	15～20	两极地区
	兼性嗜冷	−5～0	10～20	25～30	海水及冷藏食品
中温型	室 温	10～20	20～35	40～45	腐生菌
	体 温		35～40		寄生菌
高温型	嗜 热	45	55～65	80	堆肥、温泉、土壤表层等
	超 嗜 热	65	80～90	100以上	热泉、火山喷气口

低温型微生物分专性嗜冷和兼性嗜冷两种，专性嗜冷微生物分布在两极地区，而兼性嗜冷微生物分布较广，兼性嗜冷微生物的生长是冷藏食品变质腐败

的主要原因。当食物被坚实地冻结时，这类微生物的生长才停止。

大多数微生物是中温型微生物，又分室温型和体温型微生物，土壤微生物、植物病原微生物大多是室温型，体温型微生物中有许多是人及温血动物的病原菌。

高温型微生物主要分布在温泉、堆肥、发酵饲料等腐烂的有机质中，也会给罐头工业和发酵工业带来麻烦。微生物的耐热性在实践中也有很重要的应用。嗜热微生物在发酵时有很多优点：高温发酵周期短，效率高；有利于非气体物质在发酵液中的扩散和溶解，防止杂菌污染发生；高温还可降低冷却发酵产生热量所需的成本。嗜热微生物产生的酶制剂，其酶反应温度和耐热性都比中温型微生物产生的酶制剂高，例如，由水生栖热菌产生的 *Taq*DNA 聚合酶，在使 DNA 解链的 92℃高温时不变性失活，因而被广泛地应用于扩增特异性 DNA 序列的 PCR（聚合酶链反应）方法中。

二、酸碱度

我们通常用 pH 表示环境中的酸碱度，它对微生物的主要影响：影响菌体细胞膜电荷的变化和营养物质的可给性，从而影响微生物对营养物质的吸收；影响代谢过程中酶的活性；改变环境中有害物质的毒性；使菌体表面蛋白变性或水解等。

大多数自然环境 pH 为 5.0～9.0，适合多数微生物的生长。但每种微生物都有自己的最适生长 pH，在培养微生物时我们要注意调整培养基的 pH。大多数细菌、藻类和原生动物的最适 pH 为 6.5～7.5；放线菌的最适 pH 一般在 7.5～8.0；酵母菌和霉菌则适于 pH 5.0～6.0 的酸性环境，但生存范围在 pH 1.5～10.0。有些细菌可在强酸或强碱环境中生活，如氧化硫杆菌能在 pH 1.0～2.0 的环境中生活，有些硝化细菌能在 pH 11.0 的环境下活动。

微生物在代谢过程中产酸或产氨，会引起生长环境的 pH 变化。乳酸杆菌产生乳酸，使生长基质 pH 下降；尿素细菌产氨，使生长基质 pH 上升。我们在配制培养基时经常加入缓冲物，以维持培养基的 pH 稳定。

三、氧

氧是影响氧化还原电位的最重要因素，而氧化还原电位影响微生物细胞内许多酶类的活性，也影响细胞的呼吸作用。微生物对氧的需要和耐受能力差别很大，分好氧微生物、厌氧微生物和兼厌氧微生物（表 6-3）。

好氧微生物的生长必需氧，在快速分裂时需要的氧更多，微好氧微生物在少量氧存在的条件下生长最好。厌氧微生物分耐氧微生物和严格厌氧微生物，耐氧微生物尽管在生长时不需要氧，但可耐受氧，并在有氧条件下仍能生长，严格厌氧微生物只能在氧气几乎没有的条件下生长。兼厌氧微生物在有氧的条件下进行有氧呼吸，在氧缺乏时进行发酵或无氧呼吸产能，但在有氧条件下比在无氧条件下的生长更旺盛。

表 6-3 微生物与氧的关系

类 型	最适生长的 O_2 体积分数
好氧微生物	等于或大于 20%
微好氧微生物	2%～10%
耐氧型微生物	2%以下
兼性厌氧微生物	有氧或无氧
严格厌氧微生物	不需要氧、有氧时死亡

四、水

水是生命的介质，没有水就没有生命。培养微生物时，不仅要求培养基有足够的水分，还应提供足够的空气湿度。在酿造业中，曲房要求接近饱和空气湿度，以促进霉菌旺盛生长。在食用菌出菇管理中，需经常向空气和地面喷水，使湿度保持在 80%～90%，这是食用菌高产优质的重要因素。

干燥会导致细胞失水而造成代谢停止以至死亡。革兰氏阴性菌对干燥特别敏感，几个小时就会死去；结核分枝杆菌特别能耐干燥，在干燥、100℃的环境中能生存 20min 以上；休眠芽孢和孢子的抗干燥能力都非常强，这一特性用于菌种保藏。在生产和科研中，常用真空干燥法保存菌种、疫苗等。

渗透压是影响水的可利用性的重要因素。适宜微生物生长的渗透压范围较广，一般微生物适合于在渗透压为 300～600kPa 的基质中生长，在等渗溶液中生长最好。在高渗溶液中，细胞会脱水，造成生理干燥，原生质收缩引起质壁分离，细胞不能生长甚至死亡，因此食品加工中常用高浓度的盐或糖保存食物，但少数能在高渗环境中生长的嗜盐细菌和糖蜜酵母菌可使盐渍食品或蜜饯食品腐败。突然改变渗透压会使微生物失去活性，逐渐改变渗透压，微生物可以适应这种改变。

五、光与射线

光与射线都是电磁辐射，光量子波长不同所含的能量也不同，波长越长，能量越小，反之则高。红外线的波长在800～1 000nm，可被光合细菌作为能源；可见光的波长为400～760nm，大部分微生物在生长时不需要可见光，但一些食用菌在形成子实体时需要散射光的刺激。可见光还是蓝细菌和藻进行光合作用的主要能源，含有波长范围400～700nm的强可见光也具有一定的杀菌作用；紫外线由100～400nm波长范围的光组成，在200～400nm范围的紫外线具有很强的杀菌作用，是常用的消毒灭菌方法。波长更短的X射线、γ射线、β射线、α射线、宇宙射线往往引起H_2O与其他物质的电离，可作为一种灭菌措施。

第三节　微生物的分离和纯培养

自然环境中的微生物通常是混杂在一起生长，如果要研究利用某一微生物，必须把它从混杂的微生物类群中分离出来。微生物学中将在实验条件下从一个单细胞或一种细胞群繁殖得到的后代称为纯培养，纯培养的分离是研究利用微生物的基础工作。一般通过划线分离法、涂布平板法、稀释法、单细胞分离法、选择培养分离等方法得到只含一种微生物的纯培养。

一、微生物的分离方法

（一）划线分离法

用接种环沾少量待分离的材料，在无菌平板上进行平行划线、扇形划线或连续划线，划线时随接种环的移动，环上的菌体逐渐减少，到划线后期微生物能一一分散，在适宜条件下培养可获得单菌落，再将符合条件的单菌落转移到斜面培养。单个菌落可能由一个细胞繁殖形成，这样便获得纯培养。

（二）稀释倒平板法

估计材料中含菌数目，用无菌水把材料做一系列的稀释（1∶10、1∶100、1∶1 000、1∶10 000……），分别取少量菌液与50℃左右的琼脂培养基混匀，倒入无菌平皿中，待培养基凝固后培养。过一段时间后，在培养基表面或培养基中即可出现单菌落。挑取该单菌落，或重复以上操作数次，便可得到纯培养，但稀释法只能分离出自然群体中占优势的种类。

（三）涂布平板法

为避免材料中的热敏感菌被烫死，还可用涂布平板法。稀释方法同稀释倒平板法，不同之处是先将培养基倒入平皿，制成平板，再将少许某一稀释度的样品悬液加在平板表面，用无菌玻璃涂棒涂布均匀，培养后挑取单菌落

（图6-2）。

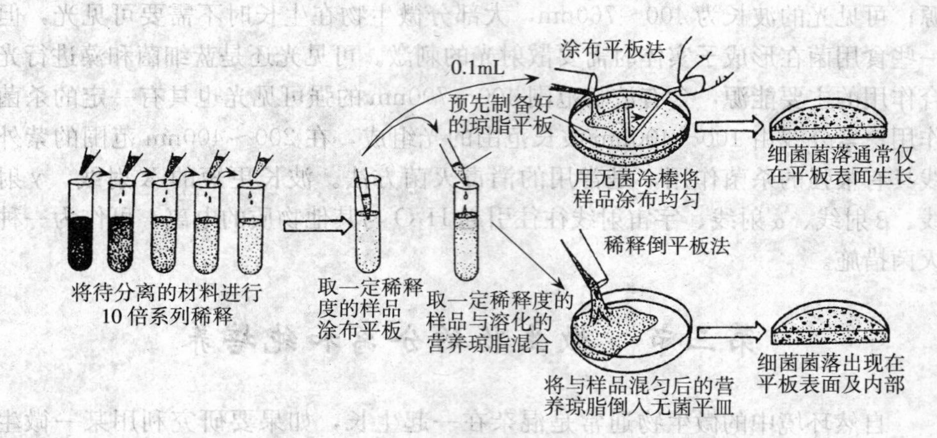

图 6-2　稀释后用平板分离细菌单菌落

（沈萍，微生物学，2000）

（四）单细胞挑取法

用显微分离法从混杂群体中直接分离单个细胞或单个个体进行培养以获得纯培养的方法，称为单细胞挑取法。这种方法能分离出在自然群落中不占优势的菌株。用单细胞挑取法时，细胞个体越小，分离难度越大，分离较小的微生物时需用显微操作仪。显微操作仪一般是通过机械、空气或油压传动装置减少手的动作幅度，在显微镜下用毛细管或显微针、环等挑取单个微生物细胞或孢子，再将其接种培养，即得到纯培养。

（五）选择培养分离法

根据不同微生物在营养、生理、生长条件等方面的不同特点，采用选择培养进行微生物纯培养分离的技术称为选择分离培养。这种方法在从自然界中分离、寻找有用的微生物时是非常有用的，特别是在该微生物存在的数量与其他微生物相比非常少，用一般的平板稀释分离方法几乎是不可能分离得到的时候。分离培养可以利用选择培养基进行直接分离，也可以制定特定的环境，使仅适应于该条件的微生物旺盛生长，从而使所需的微生物富集，再通过稀释倒平板法或划线分离法分离得到纯培养物。

二、微生物的培养

（一）好氧培养与厌氧培养

不同微生物生长对氧需求有所不同。有些微生物在有氧条件下生长，而有的微生物则在无氧的环境中才能存活，还有一些微生物在有氧或无氧的条件下都能生长。好氧培养与厌氧培养就是根据微生物对氧的需求不同，分别采用供给氧或隔绝氧的培养方法。

（二）分批培养与连续培养

1. 分批培养　将菌体接入一定量的培养基中进行培养，最后一次性收获菌体或其代谢产物的培养方法。分批培养过程中，微生物所处的基质环境在不断变化，菌体数目和各种代谢产物不断增加，营养物质不断减少。当微生物生长及基质变化达到一定程度时，菌体生长停止。

分批培养法对技术及设备要求简单，容易掌握。传统的发酵工业一般采用此法。

2. 连续培养　是在一个恒定容积的流动系统中培养微生物，一方面以一定的速度不断流入新的培养基，另一方面以相同的速度流出培养物（菌体和培养物），以使培养系统中的细胞数量和营养状态保持恒定，从而使菌体保持恒速生长。连续培养主要有恒化连续培养和恒浊连续培养两种类型，其区别主要是控制培养基流入到培养容器中的方式不同。不断调节流速而使细菌培养液浊度保持恒定的连续培养方法叫恒浊连续培养。控制恒定的流速，使由于细菌生长而耗去的营养物及时得到补充，培养室中营养物浓度基本恒定，从而保持细菌的恒定生长速度，这种方法叫做恒化连续培养。连续培养的装置如图6-3。

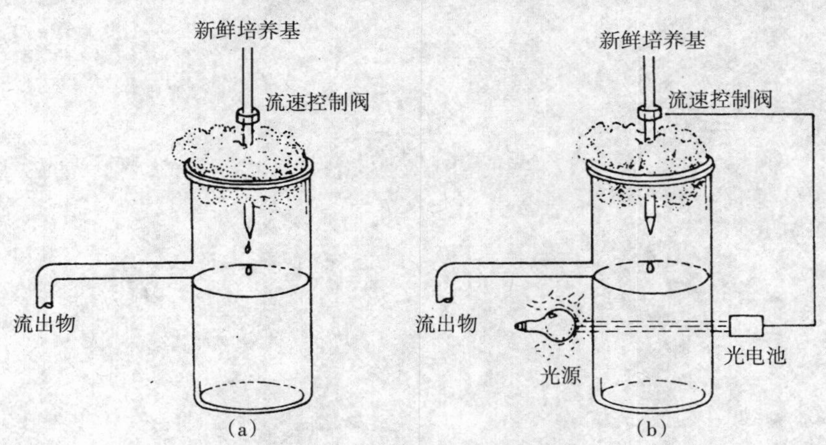

图6-3　连续培养装置图

（a）恒化连续培养　（b）恒浊连续培养

（黄秀梨，微生物学，1998）

恒浊连续培养，可以不断提供具有一定生理状态的细菌细胞，可以得到以最高生长速率进行生长的培养物。在发酵工业中，为了获得大量菌体以及与菌体相平行的代谢产物时，使用此法有较好的经济效益。恒化连续培养多用于微生物的研究工作。

复习思考题

1. 解释名词：纯培养、生长曲线、连续培养、最适生长温度、最适 pH。
2. 如何获得微生物纯培养？
3. 测定微生物总菌数有哪些常用方法？各有何特点？
4. 如何测定牛奶中的含菌总数？
5. 细菌生长曲线各个时期的特点是什么？
6. 细菌生长曲线在生产实践中有何指导意义？
7. 微生物连续培养有哪些方式？有何异同点？
8. 温度对微生物的生长有哪些影响？

第七章 微生物的遗传变异和菌种保藏

［**本章提要**］ 微生物遗传的物质基础是核酸，DNA或RNA。DNA以染色体形式存在于细胞中，二级结构为双螺旋结构，以半保留方式进行复制。基因是一个具有特定功能的DNA分子片断。微生物的变异主要由基因突变引起，可利用基因的突变与重组进行微生物的诱变育种和杂交育种。

菌种保藏主要是根据微生物的生理生化特性，创造条件使其处于不活泼的休眠状态，从而达到保持其原来的优良性状的目的。常用的菌种保藏方法有低温保藏法、隔绝空气保藏法、干燥保藏法和寄主保藏法。菌种的衰退主要表现为菌落和细胞形态的改变、生产性能或寄生能力的下降、抗逆能力的减弱，可通过控制传代次数、创造良好培养条件等方法有效防止菌种衰退，或采用纯种分离、寄主复壮等方式进行菌种复壮。

遗传与变异是生物体最基本的属性之一，人类在生产实践中早就认识到遗传和变异及其相互的关系，例如种瓜得瓜种豆得豆，青霉菌产生孢子繁殖的后代一定是青霉菌，这种亲代和子代相似的现象就叫遗传。但是遗传并不意味着亲代和子代的完全相同，事实上亲代和子代之间，子代的个体之间总有着不同程度的差异，这种子代和亲代之间表现出来的差异就是变异。

遗传和变异是密切相关的，缺一不可，遗传是相对的，变异是绝对的，遗传中有变异，变异中有遗传，遗传和变异的辩证关系使微生物不断进化。生物通过遗传以保持物种的相对稳定性，而变异则促使新的性状产生，为人类改造微生物提供理论依据，使微生物得到发展。

第一节 微生物的遗传

一、遗传的物质基础

生物遗传变异的物质基础是核酸，而不是其他别的物质。通过三个经典实验得到了证实。

(一) 证明核酸是遗传变异物质基础的经典实验

1. 肺炎双球菌的转化实验 肺炎双球菌的转化现象是由英国细菌学家格里菲斯（Griffith）在1928年首先发现的。他将无毒的肺炎双球菌的RⅡ型（无荚膜、菌落粗糙型）活菌注射到小白鼠体内，小白鼠健康活着。将有毒的SⅢ型（有荚膜、菌落光滑型）活菌注射到小白鼠体内，结果小白鼠病死。将少量活的无毒RⅡ型菌和大量加热杀死的有毒SⅢ型菌混合注入到小白鼠体内，结果小白鼠病死，并发现在死鼠体内有活的SⅢ型肺炎双球菌。若单独将加热杀死的SⅢ型注入小白鼠体内，小白鼠却不死。可见，SⅢ型死菌中有一种物质能引起RⅡ型菌转变为SⅢ型菌（图7-1）。

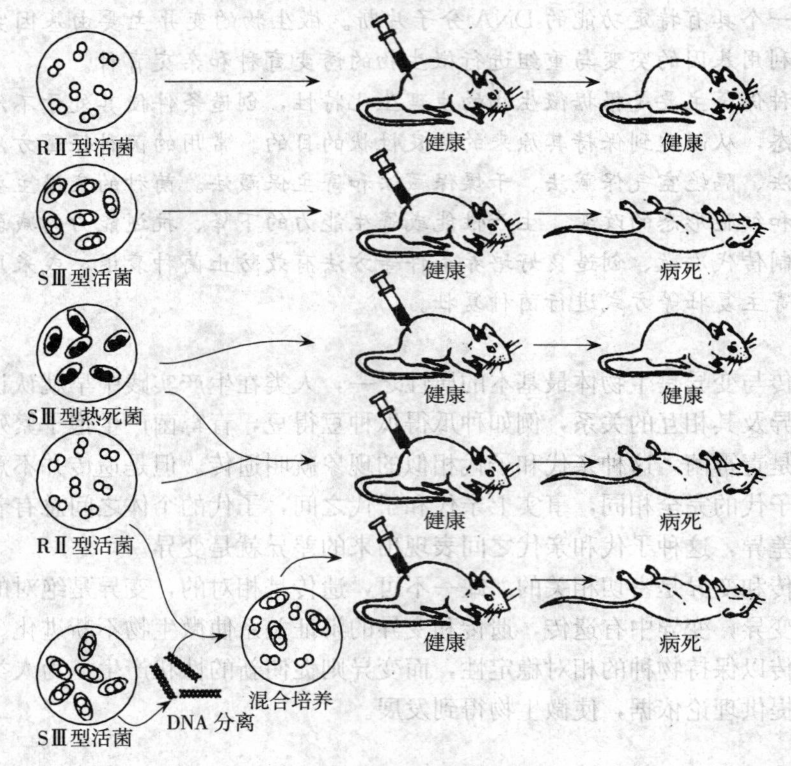

图7-1 肺炎双球菌的转化实验

1944年艾弗里（Avery）等揭示了转化现象的化学本质。从SⅢ型活菌内提取荚膜、蛋白质、DNA，将它们分别和RⅡ型活菌混合均匀后注射入小白鼠体内，结果发现只有注射SⅢ型菌的DNA和RⅡ型活菌混合液的小白鼠才死亡，这是因为RⅡ型菌转变为有荚膜、有毒的SⅢ型菌所致，而且它们的后代都是有荚膜、有毒的。如果用DNA酶处理DNA，则转化作用消失。所以可以证明起转化作用的因子是DNA。

2. 噬菌体感染实验 1952年科学家侯喜（Hershey）和蔡斯（Chase）为了证实噬菌体的遗传物质是DNA，利用示踪元素，对大肠杆菌T_2噬菌体的吸附、增殖和裂解进行了实验研究。T_2噬菌体由蛋白质外壳和DNA核心所组成，蛋白质中含硫而不含磷，相反DNA中含有磷而不含有硫。在含有^{32}P和^{35}S的培养基中，将T_2噬菌体感染大肠杆菌，得到标记噬菌体，然后将标记噬菌体感染一般培养基中的大肠杆菌，经过短时间（约10分钟）保温以后，用组织搅碎机剧烈搅拌，使吸附在菌体外表的T_2噬菌体蛋白质外壳脱离细胞并均匀分布，接着进行离心沉淀，分别测定沉淀物和上清液中的同位素标记。结果表明，几乎全部^{32}P都和细菌出现在沉淀物中，而^{35}S则几乎全部存在于上清液中，这一结果说明，在感染过程中，噬菌体的DNA进入细菌细胞中，而蛋白质外壳没有进入细菌细胞中去。20min后菌体裂解释放出与亲代一样具有蛋白质外壳的噬菌体。这就同样说明遗传物质是DNA而不是蛋白质。

3. 病毒的拆开和重建实验 法郎克-康勒特（Fraenkel-Conrat）于1956年以烟草花叶病毒（TMV）为材料进行的实验（图7-2）。其结果亦同样证明TMV的主要感染成分是其核酸RNA，而病毒外壳主要是起保护其核心RNA的作用。他们通过普通的TMV与其变种HR株的核酸和蛋白质的拆开和相互对换的实验，同样证实了核酸RNA是TMV的遗传物质基础。

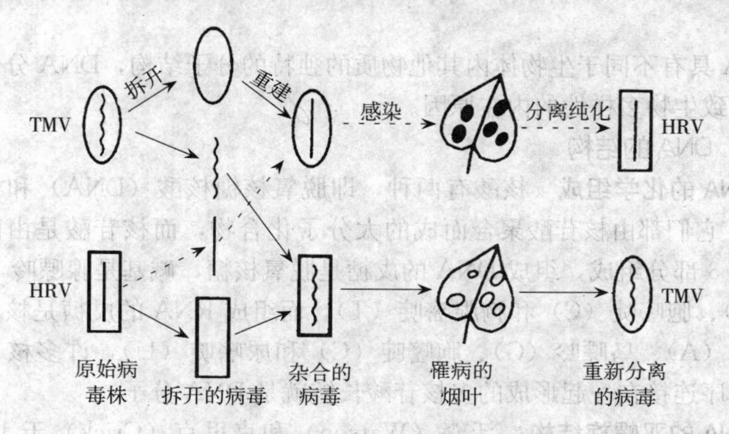

图7-2 病毒的拆开和重建实验
（蔡信之，微生物学，2002）

（二）遗传物质的存在形式

DNA是遗传物质，而细胞中的DNA主要集中在细胞核的染色体上。此外，遗传物质还可以以质粒等形式存在于细胞核以外。

1. 染色体 DNA 的主要存在形式是在染色体上。染色体是细胞分裂期间显微镜下可见的，由染色质构成的具有特殊形态和数目的物质。

（1）真核生物染色体。真核生物染色体主要由 DNA 和组蛋白构成，其次含有少量非组蛋白和 RNA。染色体呈丝状结构，经过多次缠绕折叠而形成。真核生物的染色体不止一个，少的几个，多的几十或更多。

（2）原核生物染色体。原核生物染色体一般是裸露的 DNA 分子。它们大多是双链的，呈环状或线状。例如大肠杆菌的染色体是双链环状 DNA。原核微生物的染色体往往只有一个。

真核生物和原核生物染色体的主要区别：①真核生物的染色体主要由 DNA、组蛋白组成，原核生物的染色体是单纯的 DNA；②真核生物的染色体不止一个，而原核生物的染色体往往只有一个；③真核生物的染色体为核膜所包被，原核生物的染色体外没有膜包被。

2. 质粒 质粒是原核生物（细菌、放线菌）的染色体外遗传物质。它与遗传物质的转移、耐药性及抗生素合成等有密切的关系。例如 F 质粒（F 因子，致育因子）、R 质粒（R 因子，抗药因子）、Col 质粒（Col 因子，产大肠菌素因子）等。

二、DNA 的结构与复制

DNA 具有不同于生物体内其他物质的独特的分子结构，DNA 分子结构的变化是导致生物多样性的内在原因。

（一）DNA 的结构

1. DNA 的化学组成 核酸有两种，即脱氧核糖核酸（DNA）和核糖核酸（RNA），它们都由核苷酸聚合而成的大分子化合物，而核苷酸是由碱基、戊糖和磷酸 3 部分组成，组成 DNA 的戊糖是脱氧核糖，碱基是腺嘌呤（A）、鸟嘌呤（G）、胞嘧啶（C）和胸腺嘧啶（T），而组成 RNA 的戊糖是核糖，碱基是腺嘌呤（A）、鸟嘌呤（G）、胞嘧啶（C）和尿嘧啶（U），许多核苷酸按照一定的顺序连接在一起形成的多核苷酸长链就是 DNA 分子。

2. DNA 的双螺旋结构 沃森（Watson）和克里克（Crick）于 1953 年提出 DNA 的双螺旋结构模型，认为 DNA 是由两条多核苷酸链所构成，其中一条多核苷酸链的 A、T、G、C 分别和另一条链的 T、A、C、G 相配对的，两条多核苷酸链彼此互补和排列方向相反，这两条链之间靠碱基上的氢键的作用相互联结，并且遵循碱基配对原则，即 A 必定与 T 互补，G 必定与 C 互补。

A与T之间形成2个氢键，G与C之间形成3个氢键。在空间上以右手旋转的方式围绕同一根主轴而形成的双螺旋所构成（图7-3）。

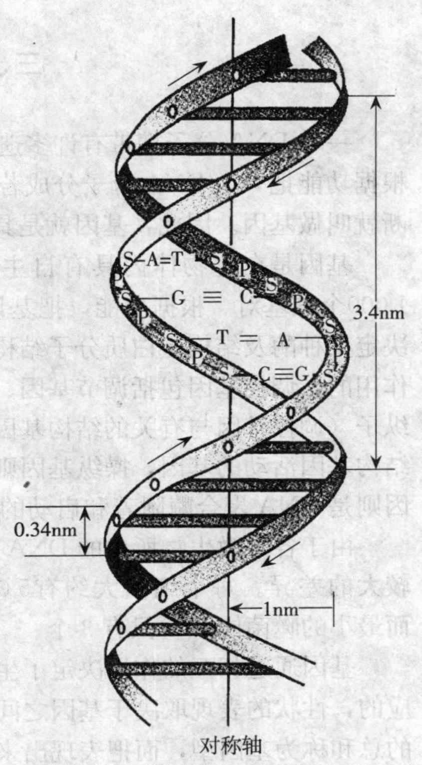

图7-3　DNA双螺旋结构模型

（廖湘萍，微生物学基础，2002）

（二）DNA的复制

DNA是生物遗传变异的物质基础，DNA分子上储存着全部的遗传信息，生物遗传性就是由DNA分子中碱基对的数目和排列顺序所决定的。为了确保子代与亲代的遗传性状不变，必须将亲代DNA分子上的遗传信息原样地传给子代，即在母代细胞中DNA碱基对的数目和排列顺序必须准确地被复制，传递到子代细胞中去。

DNA的复制过程：首先DNA双螺旋从一端解开成为两条单链，然后以每条单链为模板，按照碱基配对原则，从细胞中摄取营养物质来合成完全互补的另一套核苷酸链，这样就由一条新合成的单链和原有的一条单链结合在一起形成一个新的双螺旋的DNA分子，由此一个DNA分子便产生了两个与原来DNA分子结构完全一样的新的DNA分子（图7-4），由于新的DNA分子中都包含有原来DNA分子中的一条单链，所以，这种复制称半保留复制。

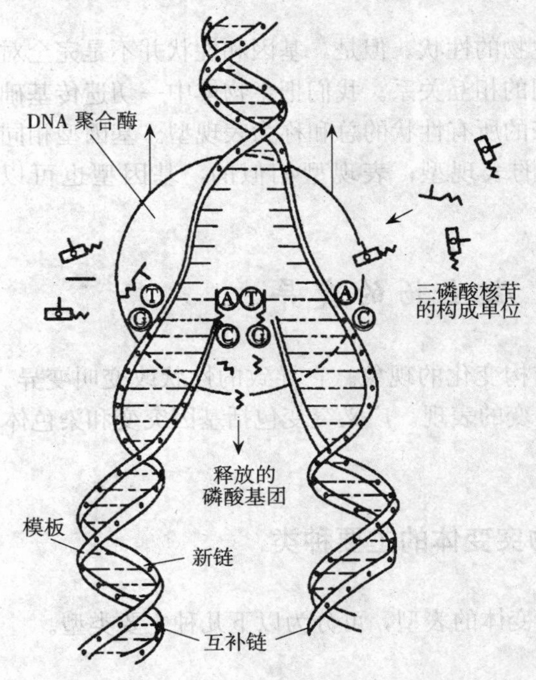

图7-4　DNA半保留复制示意图

（廖湘萍，微生物学基础，2002）

三、基因的功能

一个 DNA 分子携带有许多遗传信息，与细胞的多种性状有关。我们可以根据功能把一个 DNA 分子分成若干片断，每一片断对应一种功能，这样的片断就叫做基因。因此，基因就是具有某一特定功能的 DNA 分子片断。

基因是在生物体内具有自主复制能力的遗传功能单位，每个基因约有1 000个碱基对。根据功能，把基因分为结构基因和调控基因。结构基因是指决定某种酶及结构蛋白质分子结构的基因。调控基因对结构基因起着调节控制作用的，调控基因包括调节基因、启动基因和操纵基因。调节基因是能调节操纵子（调控基因与有关的结构基因组成一个协同的表达单位，称为操纵子）中结构基因活动的基因，操纵基因则能控制结构基因转录的开放或关闭，启动基因则是 RNA 聚合酶附着和启动的部位。

由于各种微生物所含的 DNA 分子的大小不同，使得所含基因的数量也有较大的差异。每个细菌大约有5 000～10 000个基因，T_2噬菌体约有 360 个，而最小的噬菌体 MS_2只有 3 个。

基因通过相互的作用决定了生物的性状。但是，基因和性状并不是完全对应的，性状的表现取决于基因之间的相互关系。我们把生物体中一切遗传基础的总和称为基因型，而把表现出来的所有性状的总和称为表现型。基因型相同的，在不同的条件下可以有不同的表现型；表现型相似的，基因型也可以不同。

第二节 微生物的变异

突变指遗传物质发生数量或结构变化的现象。它导致的性状改变叫变异。突变是变异的物质基础，变异是突变的表现。广义突变包括基因突变和染色体畸变，狭义突变指基因突变。

一、微生物突变体的主要种类

微生物突变的类型很多，按突变体的表型，可分为以下几种主要类型。

（一）形态突变型

指微生物发生了可见的细胞形态变化或菌落形态改变的突变型。如鞭毛、荚膜、芽孢的有无，是否形成孢子以及孢子的颜色，菌落的大小、形态和颜色的变化等。

（二）生化突变型

指微生物发生了代谢途径的变异导致生化功能的改变或丧失，但在形态上无明显的变化的突变型。常见的有以下几种。

1. 营养缺陷型　指某种微生物由于基因突变而导致代谢过程中丧失合成某种酶的能力，从而无法合成某种生长必需的物质的突变型，只有添加相应的营养成分才能正常生长，主要有氨基酸缺陷型、维生素缺陷型、嘌呤嘧啶缺陷型等。营养缺陷型突变体在科研和生产实践中上都有重要意义。

2. 抗性突变型　指能抵抗某些有害因素的突变型，按其抵抗对象的不同分为抗药性、抗噬菌体、抗辐射等。抗性突变型也是遗传学基本理论研究中的一种重要的选择性标记。

3. 发酵突变型　指从能够利用某种营养物质到不能利用的突变型。如野生型大肠杆菌可发酵乳糖，但也可以突变为不能发酵乳糖的突变体。

4. 毒力突变型　指突变后致病能力发生改变（增强或减弱）的突变型。

5. 产量突变型　指产生某种代谢产物的能力发生改变（增强或减弱）的突变型。高产量突变型在提高工厂的经济效益上有重要意义。

（三）条件致死突变型

指在某一条件下具有致死效应，而在另一条件下却不表现致死效应的突变型。如某些突变体的大肠杆菌在40℃或在43℃时不能生长，而在37℃则可以生长。

（四）致死突变型

指由于突变而丧失活力造成个体死亡的突变型。

以上分类仅是为了研究的方便，实际上它们彼此间是互有联系或相互交叉的，难以截然分开。如营养缺陷型也是一种条件致死型，生化突变型大多可见形态的微小差异。

二、微生物突变体的筛选

微生物突变体的获得可以是自然发生，也可以是经诱变处理而产生的，在生产实践中可以利用微生物突变体的优良性状提高产量。但微生物群体中出现各种突变型，其中绝大多数是负变株。要获得某种微生物的优良表型效应，主要靠科学的筛选方案和筛选方法，一般要经过两步筛选，即初筛和复筛两个阶段。

1. 初筛　初筛的方法很多，一般都是在培养皿中进行，通过平板稀释法使培养的菌体充分分散，获得单个菌落，然后对各个菌落进行有关性状的初步测定，从中选出具有优良性状的菌落。采用的方法是用每个菌落产生的代谢产物，与培养基内的指示物作用后，形成的变色圈、透明圈等的大小来表示菌株性状是否优良。例如，对抗生素产生菌来说，选出抑菌圈大的菌落；对于蛋白酶产生菌来说，选出透明圈大的菌落。此法快速、简便，结果直观性强。缺点是由于培养皿的培养条件与三角瓶、发酵罐的培养条件有很大差别，有时会造成两者结果不一致。

2. 复筛 指对初筛出的菌株的有关性状做精确的定量测定。一般采用化学分析或其他精确的定量方法。复筛时要尽量将培养条件与生产实际相接近，在实验室中模拟实际生产条件，可在摇床上或台式发酵罐中进行培养。经过精细的分析测定，得出准确的数据，更具有实际意义。

三、基因突变与诱变育种

（一）基因突变

突变是指生物体的表型突然发生了可遗传的变化。突变在微生物中是经常发生的。突变可分为基因突变和染色体畸变，但从本质上都是造成了基因的改变。基因突变是由 DNA 链上的一对或少数几对碱基发生改变引起的，而染色体畸变是指 DNA 的大段变化（损伤）现象。

1. 基因突变的特点

（1）自发性和结果与原因间的不对应性。各种性状的突变都可以在没有人为干预下自发产生，这就是基因突变的自发性。基因突变的性状改变与引起突变的因素之间无直接的对应关系。例如抗青霉素的突变并非都是由于接触青霉素所引起的，抗紫外线的也并非都是由于接受紫外线照射所产生的，同样接受紫外线照射的可能产生抗紫外线的，也可能不产生抗紫外线的，还可能产生抗青霉素的，或其他的性状改变。

（2）稀有性。各种突变可能自然发生，但自发突变发生的频率却是极低的。自发突变率一般在 10^{-9}～10^{-6}之间。突变率是指每一个细胞在每一世代中发生某一改善突变的几率，例如突变率为 10^{-8}表示一个细胞繁殖成 2×10^{8}个细胞时，平均产生一个突变体。

（3）独立性。每个基因的突变是独立的，不受其他基因突变的影响，也不会影响其他基因的突变。在某一群体中既可发生抗青霉素的突变型，亦可发生抗链霉素的或其他药物的抗药性，还可以发生不属于抗药性的任何突变。

（4）诱变性。人为的使用诱变剂处理微生物，能够大大提高菌体的突变率，一般可提高 $10\sim10^5$ 倍。因此微生物菌种选育中常常用诱变剂作用于微生物，从而获得大量的突变菌株。

（5）稳定性。突变的原因是遗传物质的结构发生了稳定的变化，所以，产生新的变异性状也是稳定的，可遗传的。

（6）可逆性。基因突变是可逆的，由野生型基因变异成为突变型基因的过程称为正向突变，相反的过程则称为回复突变。实验证明，任何遗传性状都可发生正向突变，也可发生回复突变。

2. 基因突变的机制　引起突变的根本原因是 DNA 分子的碱基排列次序发生改变，这种改变可以是碱基置换、移码突变和染色体畸变。由于遗传密码是由 DNA 链上三个相邻的碱基组成的，所以碱基的变化，就改变了原来的遗传密码。

（1）碱基置换。DNA 双链中的某一碱基对转变成另一碱基对的现象称为碱基置换。置换可分为两类：DNA 链上的一个嘌呤（或嘧啶）置换成另一嘌呤（或嘧啶）称为转换，若 DNA 链上的一个嘧啶（或嘌呤）置换成另一嘌呤（或嘧啶）则称为颠换（图 7－5）。

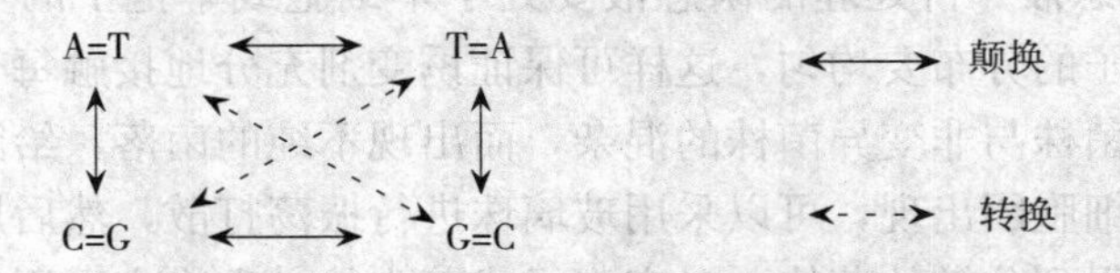

图 7－5　碱基置换示意图

（蔡信之，微生物学，2002）

（2）移码突变。是指 DNA 分子中的一个或几个碱基对的缺失或者增加，引起的突变（图 7－6）。

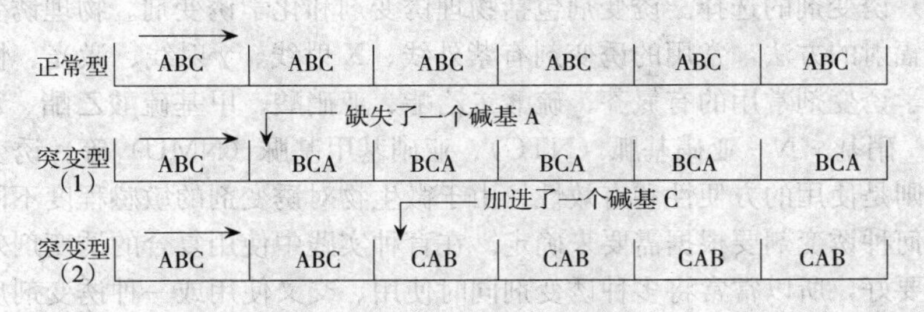

图 7－6　移码突变示意图

（张惠康，微生物学，1990）

（3）染色体畸变。是指大段DNA分子的损伤所引起的突变。主要包括染色体结构上的缺失、重复、倒位和易位以及染色体数目的变化。

（二）诱变育种

诱变育种是根据微生物基因突变的理论，通过人工方法采用物理、化学和生物因素处理微生物，使其发生突变，然后从中筛选出符合需要的优良突变菌株，供生产和科学研究使用的菌种选育过程。

诱变育种的主要步骤是选择合适的出发菌株，制备待处理的菌悬液，诱变处理和突变体的筛选。突变体的筛选前面已经介绍，这里不再赘述。

1. 出发菌株的选择 用来进行诱变的原始菌株称为出发菌株。选择好合适的出发菌株对提高诱变育种的效率有重要意义。其选择原则是：选择具有有利性状和对诱变剂敏感的菌株，如生长速度快，营养要求低，产孢子早而多的菌株。选择经过多次自发或诱发突变，且每次诱变都有较好表现的菌株作为出发菌株，可以获得较好的效果，如在金霉素生产菌株中以失去色素的变异菌株为出发菌株，经诱变可获得高产菌株，而以分泌黄色色素的菌株作为出发菌株时则产量下降。尽量选择纯系菌株，因其遗传性单一，有较强的稳定性，诱变效果较好。

2. 制备菌悬液 待处理的菌悬液要处于单细胞或单孢子的生理状态，悬液中细胞或孢子的分布要均匀，这样可保证诱变剂充分地接触每个细胞，同时也避免了变异菌株与非变异菌株的混杂，而出现不纯的菌落，给筛选工作造成困难。为避免细胞团出现，可以采用玻璃珠进行振荡打散，然后用脱脂棉或滤纸过滤，从而得到分散的菌体。对产孢子或芽孢的微生物应采用其孢子或芽孢悬液，因其多为单核状态，孢子悬液也应打散过滤成单孢子状态。处理的菌体要处于对数生长期，并要促使细胞同步生长，孢子或芽孢应处于萌发前期。

3. 诱变处理 选择恰当的诱变剂和适合的剂量对出发菌株的菌悬液进行处理，来获得突变体。这是诱变育种的关键所在。

（1）诱变剂的选择。诱变剂包括物理诱变剂和化学诱变剂。物理诱变主要是采用辐射的方法，常用的诱变剂有紫外线、X射线、γ射线、激光、快中子等。化学诱变剂常用的有氮芥、硫酸二乙酯、亚硝酸、甲基硫酸乙酯、*N*-甲基-*N*-硝基-*N*-亚硝基胍（NTG）、亚硝基甲基脲（NMU）等。诱变剂选用的原则是使用的方便性和有效性。由于微生物对诱变剂的敏感程度不同，因此选择何种诱变剂要根据需要来确定。在育种实践中使用复合的诱变剂效果比单一的要好，所以常常将多种诱变剂同时使用、交叉使用或一种诱变剂反复多次应用。

（2）诱变剂量的选择。剂量常以杀菌率来表示。剂量的选择受诱变剂的种类、处理条件、菌种情况等多种因素的影响。以一般微生物来说，随着剂量的提高，诱变率也增加。但在达到一定的限度后，随着剂量的增加，反而会使诱变率下降。因此，目前采用的剂量为杀菌率在30%～75%，出现正突变的几率较大。具体某一诱变处理的剂量还要结合一定的实际经验，在多次试验的基础上来确定。

四、基因重组与杂交育种

凡将两个不同性状个体细胞内的基因转移到一起，经过重新组合后，形成新的遗传型个体的过程称为基因重组。通过基因重组可以使生物体在未发生突变的情况下，产生新的遗传型个体。杂交育种是指将两个基因型不同的菌株，通过某种方式的接合使遗传物质重新组合，从中筛选出具有新性状的菌株，因此基因重组是杂交育种的理论基础。由于杂交育种在亲本的选择上是已知性状的供体和受体菌，所以育种的目的性和方向性都比较明确。但是，因为杂交育种的操作方法复杂、工作周期较长，还没有得到普遍应用。

（一）原核微生物的基因重组

1. 接合　通过性菌毛的作用，将遗传物质从供体菌转移至受体菌内，这种转移方式称为接合。能发生接合的细菌大多是革兰氏阴性菌，如肠道细菌。

2. 转化　是受体菌直接吸收供体菌裸露的DNA片段，整合到自己的基因组中，从而接受了供体菌部分遗传性状，这种转移方式称为转化。在亲缘关系相近的微生物之间出现转化的频率较高，受体菌需处于感受态才具有转化能力。所谓感受态是指受体菌最易接受外源DNA片断并实现转化的生理状态，一般出现在细菌对数生长的中、后期。常见的可实现转化的细菌有肺炎球菌、大肠杆菌、嗜血杆菌属、芽孢杆菌属、葡萄球菌属等。

3. 转导　以温和噬菌体为媒介，携带供体菌的遗传物质转移到受体菌内，从而使受体菌获得供体菌的部分遗传性状，这种遗传物质转移的方式称转导。

4. 噬菌体转变　当温和噬菌体感染细菌而成为溶原状态时。噬菌体DNA与细菌染色体整合，使细菌的DNA结构发生改变而导致遗传性的变异，这种转移方式称噬菌体转变。如果噬菌体DNA自细菌染色体上切除，则通过噬菌体转变而获得的新性状也随之消失。

5. 原生质体融合　使两个遗传性状不同的细胞脱去细胞壁，形成原生质体，然后放在高渗环境下用助融剂（如聚乙二醇）使两原生质体融合，接着两亲本通过遗传物质的交换和重组，形成了具有新的遗传性状的重组细胞。

(二) 真核微生物的基因重组

真核微生物的基因重组主要发生于有性生殖和准性生殖过程。

1. 有性生殖 有性生殖一般是指通过两个亲本性细胞的接合而发生的基因重组过程，凡能产生有性孢子的酵母菌、霉菌等微生物的杂交育种，其原理和方法与高等动植物的杂交育种基本相同。

2. 准性生殖 是一种类似于有性生殖，但比有性生殖更为原始的生殖方式，它是通过营养细胞间的接合，而产生的遗传重组现象。主要发生于一些产生或不产生有性孢子的真核微生物（半知菌）中，这些微生物的体细胞一般都是单倍体。准性生殖的过程是：两个遗传性状不同的菌株，菌丝融合，使一个细胞中并存有两个不同遗传性状的核，而形成异核体，异核体进一步发生核的融合，形成杂合二倍体。这种杂合二倍体极不稳定，在进行分裂时，有极少数核会发生染色体的交换和产生单倍体杂合子，从而形成具有新性状的杂交种。

(三) 基因工程

基因工程是指在基因水平上的遗传工程，是用人工方法将所需要的某一供体生物的遗传物质 DNA 分子提取出来，在离体的条件下进行切割，然后把它与作为载体的 DNA 分子连接起来，构成重组 DNA 分子，导入某一受体细胞中去，使外来的遗传物质在其中进行正常的复制和表达，从而形成新物种的育种新技术。基因工程可以按照人们的预先设计，像工程施工一样将生物的优良性状，在基因水平上进行重组，有很强的定向性。通过基因工程获得的菌株叫工程菌。

第三节　菌种保藏与复壮

一、菌种保藏

(一) 菌种保藏的目的

菌种是国家的重要自然资源，菌种保藏是一项重要的微生物学基础工作。菌种保藏的目的是保证菌种能够保持其原来的性状和生活能力，不发生变异，不被其他杂菌污染，不死亡，以便能够很好地研究和利用微生物。

(二) 菌种保藏的原理

菌种保藏主要是根据微生物的生理、生化特性，创造条件使其代谢处于不活泼的休眠状态，生长繁殖受到抑制，从而减低菌种的变异率。从微生物本身来讲，要选用优良的纯种，最好是休眠体（分生孢子或芽孢），从环境条件来讲，主要是通过低温、干燥和缺氧 3 个手段。

（三）菌种保藏的方法

常用的菌种保藏方法有低温保藏法、隔绝空气保藏法、干燥保藏法和寄主保藏法 4 大类。

1. 低温保藏法　低温可以抑制微生物的代谢繁殖速度，降低突变率，是一种简单有效的保藏菌种的方法。将菌种接种在斜面培养基上，待菌种充分生长后用牛皮纸将斜面棉塞包好，放入 4℃冰箱中保藏。可保藏 1～3 个月，移种培养后，可继续保藏。细菌、酵母菌、放线菌和霉菌都可以采用这种方法保藏。此法的优点是方法简便，对大多数微生物都适用。缺点是保藏期太短，菌体仍有一定的代谢活动，容易发生变异。

近年来采用一种超低温菌种保藏方法，效果比较理想，能保存所有的微生物菌种，使微生物的代谢处于停止状态，菌种产生变异的可能性极小。其做法是采取措施将菌种进行密封，然后放入－180～－150℃的超低温冰箱中。此法可长期保藏菌种。

2. 隔绝空气保藏法　此法主要是通过限制氧的供应来减弱微生物的代谢活动，因此不适用于厌氧菌。

（1）液体石蜡保藏法。将经过灭菌、无水的液体石蜡倒入培养好菌种的斜面试管内，使石蜡油面高出琼脂斜面末端 1cm。直立试管，放入 4℃冰箱中保存。此法简便易行，保藏的时间可达 1 年以上。但不适用于保藏以石蜡等为碳源的微生物。

（2）橡皮塞密封保藏法。当斜面菌种长到最好时，用灭菌橡皮塞将原有的棉塞换掉，塞紧，用石蜡密封，放在室温下暗处或 4℃冰箱中保藏。

3. 干燥保藏法　通过断绝对微生物的水分供应，使微生物的代谢活动降低。

（1）砂土管保藏法。适用于产生孢子的真菌、放线菌和产生芽孢的细菌。将孢子或芽孢掺入到无菌的砂土管中，经真空干燥后放入干燥器内置于 4℃冰箱中，可保存 1～10 年。

（2）真空冷冻干燥法。此法具备了低温、真空和干燥 3 个保藏菌种的条件。因此目前是最理想的菌种保藏方法，其保存期可达 5～20 年，广泛适用于细菌、酵母菌、霉菌、放线菌和病毒的保藏。其过程是先将微生物制成菌悬液，再与保护剂（脱脂牛奶或血清等）混合，然后使其在－30℃以下迅速冻结成固体，并抽真空使其中水分升华干燥，低温保藏。应用此法保存的微生物存活率高，变异率低。但手续比较麻烦，需一定的设备条件。

（3）麸皮保藏法。又称曲法保藏，类似于民间的大曲保藏法。将麸皮与水根据不同菌种的要求按 1∶0.8 或 1∶1 或 1∶1.5 比例掺和，装入试管，高温灭菌后，接入菌种和孢子液进行培养，待孢子长出菌丝，再放入干燥器中干燥后，置低温下保藏。可保存1年以上。

4. 寄主保藏法 又称活体保藏法。此法适用于一些难于用常规方法保藏的动植物病原菌和病毒。它们只能寄生在活着的动植物或其他微生物体内，因此可以将此类微生物与寄主细胞混合，低温保藏。

二、菌种的衰退与复壮

（一）菌种的衰退

1. 菌种衰退的表现

（1）菌落和细胞形态的改变。微生物原有的典型形态特性逐渐减少，变得不典型，就表现为衰退。如某些放线菌或霉菌在斜面上多次传代后产生"光秃"型等，造成了生长不齐或不产生孢子的现象；又如细黄链霉菌"5406"的菌落由原来为凸形变成了扇形、帽形或小山形，孢子丝由原来螺旋状变成波曲状或直丝状，孢子从椭圆形变成圆柱形等。

（2）生产性能或对寄主寄生能力的下降。例如，赤霉素生产菌产赤霉素能力的下降，枯草杆菌"7658"生产α-淀粉酶能力的减低，白僵菌对寄主致病能力的减弱等。

（3）抗不良环境条件能力的减弱。表现在抗噬菌体的能力、抗低温的能力以及利用某种物质的能力的降低等。

2. 菌种衰退的原因

（1）基因的负突变。菌种可发生自发突变，其中正突变是个别的，大量的是负突变，虽然自发突变的几率很低，开始的个别突变细胞不至于影响整个群体的生产性能，但是随着移植代数的增加，突变退化细胞的数目不断增加，由量变引起质变，使整个菌种丧失了原来的生产性能，如产量降低、孢子减少、生长缓慢等。

（2）育种后未经很好的分离纯化。许多微生物细胞中含有多核，经诱变处理后，获得优良性状的菌株突变体，本身可能不纯。这是由于突变只发生在一个核或DNA双链的一条链上，随着细胞的分裂，核发生分离，DNA双链要拆开，就会出现突变基因和未突变基因发生分离，往往容易形成菌落的不纯。如果未能很好地分离纯化，在经过几个代次的繁殖后，会导致生产性状发生变化，表现为菌种的衰退。

（3）不良的环境培养条件。各种微生物都有一个适宜的环境培养条件。某个菌种若长期生长在不适应条件下，其优良性状很难保持，会出现退化现象。

例如，有试验研究得出，“5406”菌种在大麦麸皮琼脂培养基上能够很好地保持其性状，而在用小麦麸皮培养基上，就很容易退化。不良环境培养条件包括温度、pH、培养基的种类、营养物质等的改变。

(4) 污染杂菌。菌种被杂菌污染，或感染了噬菌体，也是引起退化的原因。

3. 菌种衰退的防止 了解了菌种衰退的原因，可以采取相应的措施，防止菌种的退化。

(1) 控制传代次数。应避免不必要的移种传代，把必要的传代降到最低水平，以减少自发突变的几率，因为自发突变都是通过繁殖过程产生的，所以菌种的传代次数越多，产生突变的几率就越高。因此，必须控制菌种的移种传代次数。采用合适的菌种保藏方法可有效地减少移种传代的次数。

(2) 利用不同类型的细胞进行接种传代。在放线菌和霉菌的菌丝细胞中常含多个核，因此，用菌丝接种就会出现不纯和退化，而孢子一般是单核的，用孢子接种就没有这种现象。用灭菌棉团轻巧地沾取“5406”放线菌的孢子进行斜面移种就可避免接入菌丝，防止衰退；用构巢曲霉的子囊孢子传代比用分生孢子不易退化。

(3) 创造良好的培养条件。由于培养条件不适合可导致或加速菌种的退化，因此，在实践中应选择适合不同菌种生长的培养条件。例如，用老苜蓿根汁培养基培养“5406”放线菌就可以防止它的退化。

(4) 采用有效的保藏方法。对不同的菌种应有最适应其的保藏方法，其遗传性可以相应持久。同样的菌种保藏方法，对不同菌种来说保持其活性而不衰退的能力和时间都不同。因此要研究不同菌种的更有效保藏方法，以减少退化。

（二）菌种的复壮

1. 纯种分离 通过纯种分离，可把退化菌种中一部分仍保持其原有典型性状没有发生变异的单细胞分离出来，经过扩大培养，就可恢复原菌种的典型性状。

常用的菌种分离纯化方法很多，总体上可将它们归纳成两类，一类较粗放，只能达到“菌落纯”的水平，即从种的水平来说是纯的，例如琼脂平板上划线分离法、表面涂布法或与琼脂培养基混匀后倒平板的方法，以获得单菌落；另一类是较精细的单细胞或单孢子分离方法，它可以达到“细胞纯”即“菌株纯”的水平。既可以简便的利用培养皿或凹玻片等作分离室进行菌种分离，也可以利用复杂的显微操纵器进行菌种分离。对于不长孢子的丝状菌，可以用无菌小刀切取菌落边缘的菌丝尖端进行分离移植，也可用无菌毛细管插入菌丝尖端，来截取单细胞而进行纯种分离。

2. **通过寄主体进行复壮** 对于寄生型微生物的退化菌株，可通过接种至相应昆虫或动、植物寄主体内以提高菌株的毒性，恢复其原来的性状。例如，经过长期人工培养的杀螟杆菌，会发生毒力减弱、杀虫率降低等现象，这时可用退化的菌株去感染菜青虫的幼虫（相当于一种选择性培养基），然后再从病死的虫体内重新分离产毒菌株。如此反复多次，就可提高菌株的杀虫效率。

以上综合了一些实践中有效的菌种复壮方法。但是，在进行复壮之前，还要仔细分析和判断菌种究竟是发生了退化，还是被杂菌污染，或者是仅属一般性的表型改变。只有对症进行复壮才能收到较好的效果。

复习思考题

1. 名词解释：遗传、变异、基因、基因突变、染色体畸变、转换、颠换、转化、转导、接合、准性生殖、诱变育种、杂交育种。
2. 微生物遗传变异的物质基础是什么？
3. 说明 DNA 的结构及复制过程。
4. 证明核酸是遗传物质基础的经典实验有哪几个？
5. 微生物突变体有哪些类型？
6. 基因突变的特点有哪些？说明基因突变的机制。
7. 诱变育种的主要步骤有哪些？其工作的关键是什么？
8. 说明菌种保藏的目的和原理及常用的菌种保藏方法。
9. 简述菌种衰退的原因及防止措施。
10. 菌种复壮的方法有哪些？

第八章　感染与免疫

［本章提要］　微生物经常侵害人和高等动物，而人和高等动物也有免疫防御机制。病原微生物在一定条件下侵入寄主，并引起寄主发病的过程称感染。感染的发生取决于病原微生物、寄主及环境条件3者的相互作用。免疫是生物机体对外源性或内源性异物进行识别、清除和排斥的过程，包括非特异性免疫和特异性免疫。凡是能刺激机体产生抗体或效应淋巴细胞，并能与相应抗体特异性结合的物质称为抗原。抗体是机体受抗原刺激后形成的能与相应抗原特异结合的免疫球蛋白。抗原与抗体在体外发生的特异性结合反应称为血清学反应。

血清学反应广泛地应用于微生物的鉴定、疾病的临床诊断等方面，已发展成为一门技术。常用的血清学技术有凝集反应、沉淀反应、补体结合实验、酶联免疫吸附测定等。

第一节　感染与免疫

许多微生物能使人和动物发病，我们称之为病原微生物，病原微生物中绝大多数为寄生性微生物和兼性寄生性微生物。

一、感染与免疫

（一）感染的发生

病原微生物在一定的条件下，突破机体的防御屏障，侵入机体，在一定的部位生长繁殖，并引起病理的过程，称为感染。感染过程能否发生，病原微生物的存在是首要条件。病原微生物侵入机体后互相改变对方的活性与功能，若机体表现出临床症状，医学上称为传染病，若不表现出临床症状则称为隐性传染或带菌状态。能否引起传染病，一方面取决于病原菌的致病能力即致病性或毒力，另一方面还取决于机体的免疫力。而病原微生物与机体两方面都受外界环境因素的影响。

1. 病原微生物　足够的毒力、一定的数量和适当的侵入途径是传染发生的必要条件。根据病原微生物的毒力强弱，可将病原菌分为强毒株、中等毒力的毒株、弱毒株和无毒株4种。病原微生物的数量也是引起感染的必要条件，微生物的数量越多，越容易引起感染，数量过少，则病原菌还来不及繁殖到足以使机体发病的数量，就会被机体的防御机能所消灭。一定的病原微生物都有其一定的侵入途径，如艾滋病病毒通常通过体液传播，而握手不会感染艾滋病。

2. 寄主 动物的种类、年龄、性别、体质和抗感染能力也影响感染的发生。动物的种类不同，对病原微生物的感受性不同，如鸭瘟病毒只感染鸭和鹅，对鸡没有致病性。一般情况下，幼龄动物的感受性比成年动物的高，动物的抗感染能力越强，对病原菌的感受性就越小。

3. 外界环境条件 外界环境因素对病原微生物和机体都有影响，不适宜的外界环境条件既可增强病原微生物的毒力，又能降低宿主机体的抗感染能力，从而有利于感染的发生。这些因素包括气候、温度、湿度、地理环境、生物因素等。

（二）微生物的致病性

一定种类的微生物在其特定的寄主体内引发疾病的能力或特性，称为微生物的病原性；微生物致病能力的大小称为毒力。我们以细菌和病毒为例说明微生物的致病性。

1. 细菌的致病性 细菌的致病性包括细菌的病原性和毒力两方面的涵义，而构成毒力的因素又包括侵袭力和毒素两个方面。病原菌侵入机体活组织，并在其中生长繁殖、扩散蔓延的能力，称为侵袭力。细菌在生长繁殖过程中所产生的对宿主有毒害作用的物质，称为毒素。

决定细菌侵袭力的主要因素有病原菌的表面结构和在机体内生长繁殖时产生的胞外酶。细菌的荚膜具有抵抗宿主吞噬细胞的吞噬和消化作用，同一种病原菌有荚膜时毒力强大，没有荚膜时则为弱毒株或无毒株，如肺炎双球菌、炭疽杆菌。鼠沙门氏杆菌等病原菌的表面有与荚膜相似功能的表面抗原，也有抗吞噬的作用。病原菌的菌毛使菌体黏附于宿主细胞的表面，这是病原菌感染的前提。病原菌分泌的胞外酶可溶解和破坏机体的屏障结构，为病原菌的扩散创造条件，如葡萄球菌、链球菌分泌的透明质酸酶能水解宿主细胞间的透明质酸，使细胞间隙扩大，通透性增强，为病原菌的扩散创造条件，病原菌分泌的胞外酶还有溶纤维蛋白酶、胶原酶、凝固酶等。

细菌产生的毒素有外毒素和内毒素两类。外毒素主要由革兰氏阳性菌产生，毒性极大，其毒性作用具有高度的特异性，如破伤风毒素只选择性地作用于脊髓腹角运动神经细胞。内毒素主要是由革兰氏阴性菌产生，是大多数革兰氏阴性菌细胞壁的成分，只有当细菌细胞崩解时释放出来，没有明显的特异性，毒性较弱。

2. **病毒的致病性** 病毒引起动物机体、鸡胚及组织培养物病理过程的特性称为病毒的致病性，它取决于病毒本身的特性。病毒对细胞的致病作用主要：干扰寄主细胞的功能、损伤寄主细胞的结构、引起寄主细胞死亡和破裂崩解等。病毒还能通过本身、代谢产物及其产生的病理产物对宿主机体产生致病作用。

（三）免疫概述

最初的免疫概念是指机体抵抗病原微生物的能力，现代认为免疫是机体对外源性或内源性异物进行识别、清除和排斥的过程。免疫作用具有抵抗病原微生物入侵引起的感染、清除体内衰老或损伤的组织细胞、监视体内突变的细胞并在其尚未发展之前将其歼灭的功能。免疫是机体的一种保护功能，对于保持机体内外的平衡和稳定、预防传染病的发生具有重要意义，但在某些条件下，也会造成对机体的伤害，出现免疫性疾病。

按免疫的产生及其特点，将免疫分为非特异性免疫和特异性免疫两大类。

1. **非特异性免疫** 非特异性免疫是机体在长期的种系发育和进化过程中逐渐建立起来的一系列天然防御功能。它的作用范围相当广泛，但缺乏明显的针对性，是动物机体免疫过程的第一道防线，是机体实现特异性免疫的基础和条件。

构成动物机体非特异性免疫的主要因素有生理性防御屏障、吞噬细胞的吞噬作用和体液的抗微生物作用，与其他杀菌因素配合杀伤或抑制病原体的体液因子有补体系统、溶菌酶、干扰素等。

干扰素是由干扰素诱导剂作用于活细胞后，由活细胞产生的一种蛋白质，当它在作用于其他细胞时，使其他细胞立即获得抗病毒、抗肿瘤等多方面的免疫力。在防治病毒感染和肿瘤方面，可能是一条新的途径，猴的干扰素已经用于治疗痘苗性角膜炎、流感等。

2. **特异性免疫** 特异性免疫是个体出生后在与抗原物质接触过程中所建立起来的免疫力，又称获得性免疫。特异性免疫具有针对性，能特异性地对某一种或几种入侵的病原微生物或其他抗原物质起反应。特异性免疫的实现，依赖于免疫器官和免疫细胞、抗原、效应分子和效应细胞。

免疫器官和免疫细胞是机体执行免疫功能的基础。中枢免疫器官主要包括胸腺、骨髓和鸟类的法氏囊等，是淋巴细胞早期发生、发育、分化的场所。周围免疫器官包括脾和淋巴结，是接受抗原刺激产生免疫反应的主要场所。参与免疫应答的细胞群统称为免疫细胞，在免疫应答中起主要作用的是由淋巴干细胞分化而来的各种淋巴细胞，包括 T 细胞、B 细胞、K 细胞、NK 细胞等。

二、抗原与抗体

（一）抗原

凡是能刺激机体产生抗体或效应淋巴细胞，并能与抗体特异性结合的物质称为抗原。

1. 抗原的性质 完全抗原具有免疫原性和反应原性两个特性，免疫原性指抗原刺激机体产生抗体或效应淋巴细胞的特性，反应原性是指抗原与相应抗体发生特异性结合的特性。我们通常称完全抗原为抗原（如病毒、异体蛋白），把只有反应原性而无免疫原性的小分子抗原称为半抗原（如多糖、一些药物）。

2. 决定抗原性的因素

（1）异物性。构成抗原的物质通常是外源性的，亲缘关系越远，抗原性就越强，病毒、细菌是哺乳动物的良好抗原。同种异体器官或组织移植时，由于组织成分分子结构有差异而引起移植排斥反应，机体正常细胞物质的结构或成分改变而形成的抗原称为自身抗原。

（2）分子质量大小。抗原的免疫原性与分子质量的大小及结构的复杂程度有关，分子质量越大、结构越复杂，其抗原性越强。凡是具有免疫原性的抗原，分子质量一般都达到10 000以上，分子质量小于5 000的物质免疫原性较弱，低于1 000的小分子物质已无免疫原性。半抗原分子质量一般较小，没有免疫原性，但与体内的蛋白质结合形成半抗原-载体复合物后，复合物分子质量变大，变为完全抗原，具有免疫原性。

（3）化学组成与结构。抗原的化学组成和结构也较复杂。抗原表面具有一定空间构型的化学基团称为抗原决定簇，常由 4～8 个氨基酸、多糖片段或核苷酸组成，它决定着机体所产生的抗体的结构。细菌等结构复杂的抗原常常带有多个不同的抗原决定簇，可同时刺激机体产生多种抗体。

（4）物理状态。呈聚合状态的抗原一般比单体抗原的免疫原性强，颗粒性的抗原比可溶性的抗原免疫原性强，抗原性弱的物质吸附到大分子颗粒表面后免疫原性增强。

3. 细菌的主要抗原 细菌含有各种不同的蛋白质、脂多糖等，化学成分非常复杂，因而抗原组成也就非常复杂，主要有表面抗原（K 抗原）、菌体抗原（O 抗原）、鞭毛抗原（O 抗原）等。同一种细菌，由于菌株不同，同一类抗原之间也有差异，如链球菌的细胞壁中含有的多糖抗原（C 抗原）有 19 种，大肠杆菌的 O 抗原超过 170 种。

（二）抗体

抗体是机体受抗原刺激后形成的具有与该抗原发生特异性结合反应的免疫球蛋白。

1. 免疫球蛋白的基本结构 免疫球蛋白由四条肽链构成的对称分子，两条相同的长链为重链（heavy chain），两条相同的短链为轻链（light chain），各链之间以二硫键相连。单体抗体的结构如图 8-1。

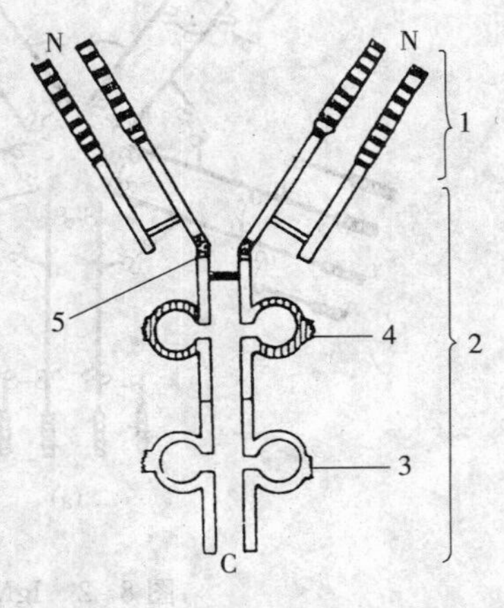

图 8-1 单体抗体分子结构示意图

1. 可变区 2. 恒定区
3. 细胞结合点 4. 补体结合点
5. 铰链区
C. 羧基端 N. 氨基端

可变区位于肽链的氨基端，这段肽链的氨基酸排列顺序和空间构型变化多端，是抗体与抗原的结合部位。可变区决定了抗体的多样性与特异性，与抗原的特异性有关。在多肽链的羧基端，占轻链的 1/2 与重链的 3/4 区段，氨基酸的数量、种类、排列顺序以及含糖量都比较稳定，称为稳定区，稳定区末端有细胞结合点，在细胞结合点附近还有一个补体结合点。

2. 免疫球蛋白的类型与功能 已知的免疫球蛋白有 IgG、IgM、IgA、IgE 和 IgD 5 类。IgG、IgE 和 IgD 是单体，IgM 是多聚体，IgA 以双体形式存在。

（1）IgG。是人和动物血清中含量最高的免疫球蛋白，占血清总量的 75%～80%。半衰期最长，约 23d，在体内持续的时间较长。IgG 是主要的抗感染抗体，参与抗细菌、抗病毒和抗毒素的反应，还能增强吞噬、凝集、沉淀抗原等多种免疫作用。IgG 还能透过胎盘，对新生儿抗感染起重要作用。

（2）IgM。以五聚体的形式存在，占血清免疫球蛋白总量的 6%～10%，半衰期约 5d 左右，在体内持续的时间较短。在机体免疫应答中，IgM 是一种高效能的抗体，产生最早，是感染早期重要的免疫力量。结构见图 8-2（a）。

（3）IgA。是血液和黏膜分泌物中的抗体，含量仅次于 IgG，占抗体总量的 20%左右。IgA 在血清中以单体形式存在，在分泌液中以双体形式存在，是消化道和呼吸道黏膜的主要保护力量。结构见图 8-2（b）。

（4）IgE 和 IgD。IgE 和 IgD 在血清中含量非常少。IgE 主要参与过敏反应，近年来发现在抗寄生虫感染中有重要作用。IgD 主要在成熟 B 细胞表面起抗原受体的作用。

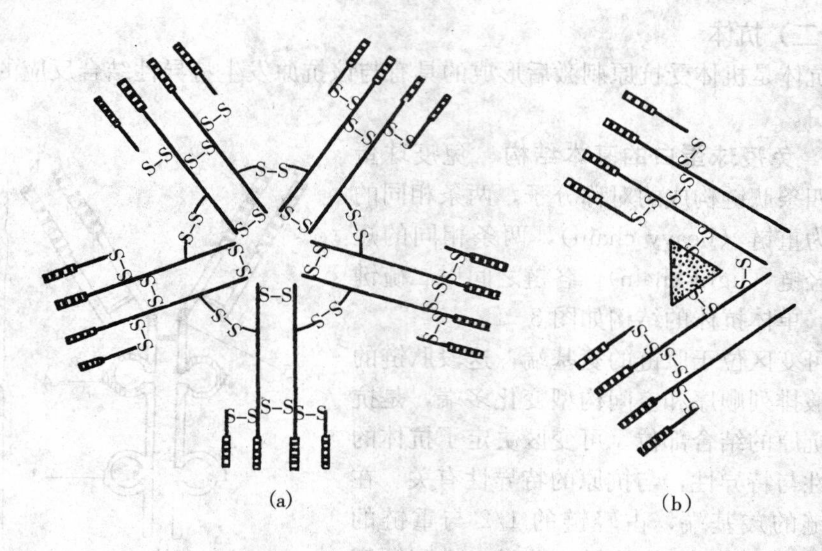

图 8-2　IgM 和分泌型 IgA 的结构示意图
(a) IgM　(b) 分泌型 IgA

(5) 单克隆抗体。单克隆抗体是单一克隆的杂交瘤细胞分泌的针对单一抗原决定簇的抗体，称为第二代抗体。天然抗原物质的表面通常有多个抗原表位，刺激多个细胞增殖（每个抗原表位刺激一个免疫细胞）而产生多种抗体，由于这类抗体是多个细胞克隆产生的，也叫多克隆抗体。

骨髓瘤细胞具有反复传代的能力，免疫动物的细胞具有分泌抗体的能力，两者杂交获得的杂交瘤细胞具有肿瘤细胞在体外无限繁殖和脾细胞产生抗体的双重功能。将此杂交瘤细胞进行细胞培养或注射到动物腹腔即可大量制备所需要的单克隆抗体。单克隆抗体在疾病诊断中广泛应用，在治疗和预防中的应用也已经成为可能。

3. 抗体产生的一般规律

(1) 初次应答。抗原第一次进入机体后，要经过较长诱导期血清中才出现抗体，而且含量低，维持的时间也较短，这种反应称为初次应答。

(2) 再次应答。初次应答后，当抗体的数量明显减少时，如果同种抗原再次刺激机体时，抗体产生的诱导期明显缩短，抗体的含量迅速达到初次应答的几倍到几十倍，持续的时间也延长，这种反应称为再次应答，如图 8-3。再次应答的发生是由于初次应答时形成了记忆细胞。在预防接种中，都采用二次或多次接种法达到强化免疫的目的。在制备抗体时，通常也采用多次注射抗原的方法。

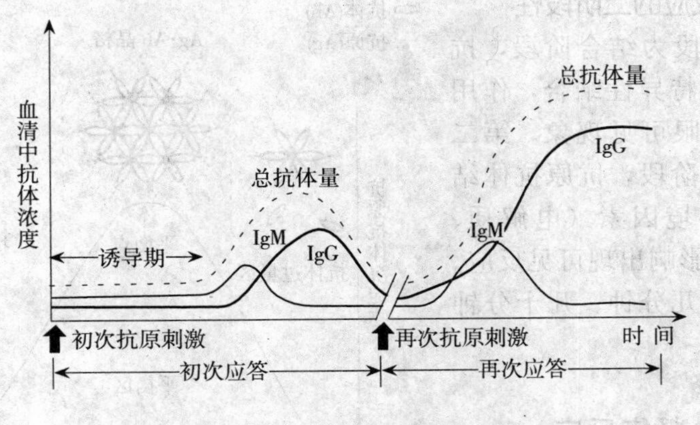

图 8-3 抗体产生的一般规律

第二节 血清学反应

抗原以及相应的抗体在体外也能发生可见的反应，我们一般用含抗体的血清进行实验，通常将这一反应称为血清学实验或血清学反应。用血清学反应可以用已知抗体检测未知抗原，也可用已知抗原检测未知抗体，具有高度的特异性和敏感性，被广泛地应用于传染病的诊断及微生物的鉴定等。

一、抗原抗体反应的特点

（一）特异性和交叉性

一种抗原只能和一种抗体结合，表现出高度特异性。亲缘关系较近的动物中常含有某些相同的抗原成分，因而能引起交叉反应。

（二）反应的可逆性

抗原与抗体只是分子表面的结合，但抗原的性质并未改变。在理化因素的影响下，如温度超过60℃或pH降至3以下时，抗原抗体复合物分离，若抗原是毒素，则分离后的毒素仍可重现毒性。

（三）最适比和带现象

在浓度比例适当时，抗原抗体才能结合成大的分子集团，才能沉淀下来成为可见反应。不论抗原过量还是抗体过量均无可见反应，这一现象叫做带现象，抗体过剩出现的抑制带称为前带，抗原过剩的抑制带为后带（图8-4）。

(四)反应的二阶段性

第一阶段为结合阶段，抗原抗体进行特异性结合，作用快，但无肉眼可见现象。第二阶段为反应阶段，抗原抗体结合后，受环境因素（电解质、温度等）的影响出现可见反应。第二阶段需几分钟、几十分钟或更长时间。

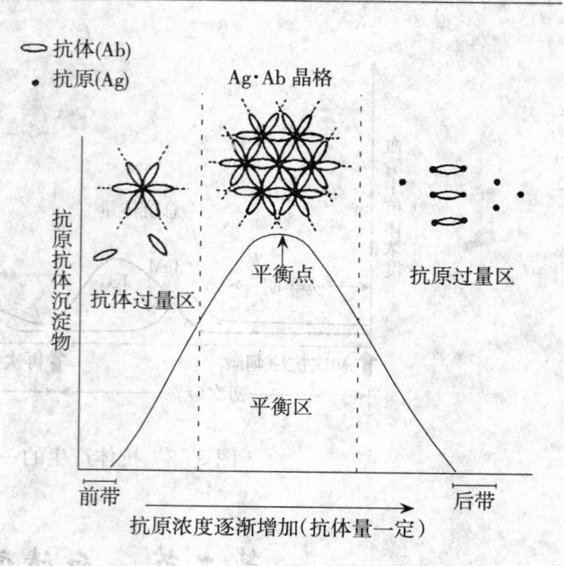

图 8-4 抗原抗体反应的带现象

（武汉大学、复旦大学，微生物学，1989）

二、凝集反应

细菌、红细胞等颗粒性抗原与抗体结合后，在电解质存在的条件下互相凝集成肉眼可见的絮片状团块的现象称为凝集反应。参与凝集反应的抗原称为凝集原，抗体称为凝集素。在凝集反应中，为使抗原和抗体间充分结合，常需稀释抗体。

(一)直接凝集实验

按操作方法分为玻片法和试管法。玻片法简便快速，是一种定性实验，主要用于菌种鉴定、测定血型等。试管法可定量判断血清中抗体的相对含量，用于临床诊断等。

(二)间接凝集实验

可溶性抗原与相应抗体不发生可见的凝集反应，但将其吸附在与免疫无关的颗粒性载体表面，然后与抗原结合，便可出现可见反应，此种实验叫做间接凝集实验。

三、沉淀反应

可溶性抗原与相应抗体结合后，在适量电解质存在下，聚合成肉眼可见的白色沉淀，称为沉淀反应。参与反应的抗原为沉淀原，如细菌的外毒素、内毒素，血清，病毒的可溶性抗原和组织浸出液等。由于沉淀原多为分子状态，单位体积内含量高，与抗体结合的总面积大，为了使抗原抗体按比例结合，定量实验时常稀释抗原。相应的抗体为沉淀素。

在液体中进行的沉淀实验有环状沉淀实验与絮状沉淀实验，如诊断炭疽病的 Ascoli 氏反应（环状沉淀实验）、诊断梅毒的 Kahn 氏反应（絮状沉淀实验）。沉淀实验还有在琼脂凝胶中进行的琼脂扩散实验，抗原抗体在凝胶中相遇并于比例最适处形成复合物，该复合物较大，不能继续扩散而形成沉淀带，即琼脂扩散实验。琼脂扩散实验通常有单向单扩散、单向双扩散、双向单扩散和双向双扩散。在琼脂扩散的基础上再结合电泳技术，可极大地提高免疫扩散的分辨力和敏感性，在临床诊断上应用比较广泛的有对流免疫电泳和火箭电泳。

四、补体结合实验

补体能与抗原抗体复合物结合，并导致细胞性抗原溶解，红细胞与相应抗体（溶血素）结合后，在补体的参与下便发生溶血反应。可溶性抗原与相应抗体的复合物同补体结合后一般不出现可见反应，但此时反应系统中的补体全部被中和，无游离的补体存在，此时加入红细胞和溶血素，便不会发生溶血反应。反之，如果被检系统中抗原与抗体不对应，补体没有被吸收，仍然游离在反应系统中，加入红细胞和溶血素后出现溶血现象。这样，我们就可以判断被检系统中抗原与抗体是否对应，这就是补体结合实验。

补体结合反应包括 2 个系统 5 种成分（表 8-1）。

表 8-1 补体系统成分

系统	成分
被检系统	已知抗原、被检的未知抗体（或已知抗体、被检的未知抗原）
指示系统	绵羊红细胞、溶血素、补体成分

反应过程：先将被检的抗原抗体和补体加在一起（补体不能过量），37℃水浴 30min 或 4℃冰箱过夜，然后加入绵羊红细胞和溶血素，继续作用一段时间后观察结果。若不发生溶血，补体结合反应为阳性，反之为阴性。

补体结合实验虽然操作比较复杂，但具有高度的特异性和敏感性，可测出微量的抗原和抗体，在生产实践中广泛地应用于许多传染病的诊断。

五、酶联免疫吸附测定

酶联免疫吸附测定（ELISA）是把抗原、抗体的免疫反应和酶的高效催化反应有机结合而发展起来的一种综合性技术，是目前应用最广泛的生物学技术之一。酶在标记抗原或抗体后，既不改变抗原或抗体的免疫学反应特性，也不影响酶本身的活性。酶标的抗原或抗体在形成酶标免疫复合物后，遇到相应的底物时，便产生有色产物，有色产物可通过酶联免疫吸附测定仪进行定性或定量分析测定。ELISA 方法主要有间接法、双抗体法等（图 8-5）。

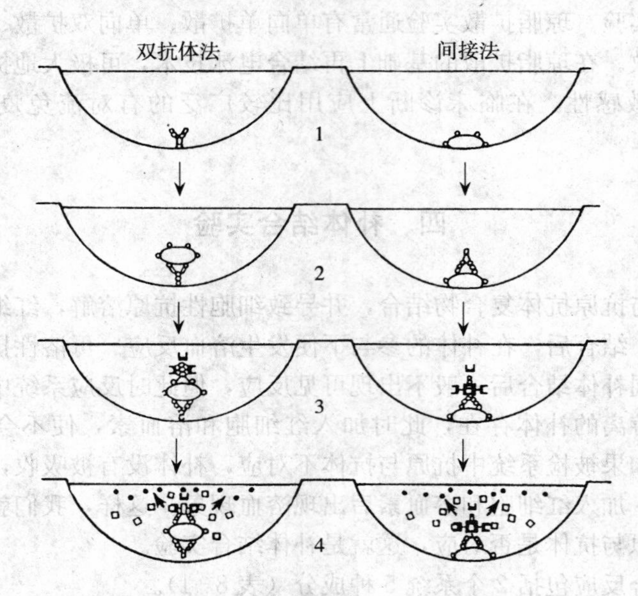

图 8-5　两种酶联免疫吸附测定示意图
（黄秀梨，微生物学，1998）

复习思考题

1. 基本概念：感染、免疫、非特异性免疫、特异性免疫、抗原、抗体、单克隆抗体、干扰素。
2. 影响感染发生的因素有哪些?
3. 决定细菌致病性的因素有哪些?
4. 抗原与半抗原的异同有哪些?
5. 抗体有哪些类型？各有什么功能?
6. 简述抗体产生的规律及应用。
7. 抗原抗体反应有何特点?
8. 举例说明血清学反应在实践中的应用。

第九章 微生物生态

[本章提要] 本章讨论在自然界中微生物群体的分布状况及其与环境间的相互关系。在微生物生态系中，土壤中微生物数量最多，水域是微生物栖息的第二个良好环境，空气中也有微生物的存在，人和动物体都有正常的微生物群落。微生物群体间的相互关系可分为种间共处、互生、共生、颉颃、竞争、寄生、猎食。另外，微生物还参与自然界中的碳素循环、氮素循环、硫素循环等物质循环，在自然界物质转化中起着重要的作用。

地球上有生物活动的范围，统称为生物圈，它是地球上全部生活的有机体与其环境相互作用的统一整体。一切生物，包括微生物，在生物圈内的分布情况都有一定的规律，它们的分布除直接受环境因子影响外，还由生物本身所具有的适应性决定。微生物生态就是研究处于环境之中的微生物，与微生物相联系的物理、化学、生物等环境条件，以及它们之间的相互关系。生物在与环境因子的相互作用中，不断地从它的周围空间取得必要的物质和能量，进行生长繁殖，生物的各种活动不断地改变着它的外部环境，而这些外部环境又反过来对生物起作用，使生物发生相应的变化。像这样在生活环境中，生物因子与非生物因子相互作用的体系称为生态系。而在一个环境中微生物与其他生物因子、非生物因子之间相互影响、相互制约所形成的体系称为微生物生态系。

第一节 微生物生态系

一、土壤中微生物群落

(一) 土壤环境

自然界中土壤是微生物生活最适宜的环境，它具有微生物所需要的一切营养物质、生长繁殖及生命活动的各种条件。

①土壤中各种有机物质，像动植物残体、分泌物、各种无机盐类和由微生物所形成的腐殖质、维生素类等，都是微生物的良好营养物质。②土壤中有一定的团粒结构和孔隙度，充满着水分和空气，为微生物的生命活动提供了适宜

的湿度条件和空气条件。③土壤水分中还含有微生物可以直接利用的营养成分。④土壤 pH 一般为 3.5～10.5，这是大多数微生物的适应范围。⑤土壤温度一年四季变化不大，一般土壤耕作层中，夏季温度适于微生物的发育，冬季温度也不致降低过甚，因此，温度适当。⑥在土壤最表层几毫米以下，又可以保护微生物免受阳光直射。这些都为微生物生长繁殖提供了有利条件。

由于土壤条件都适合微生物生长繁殖，所以土壤被称为“微生物的大本营”。在这里生物数量最大，种类最多，是微生物的主要来源。

（二）土壤中微生物的种类和分布

土壤中微生物的数量和种类都很多。通常 1g 肥沃土壤含有几亿至几十亿个微生物。贫瘠土壤每克也含有几百至几千个微生物。土壤微生物包括细菌、放线菌、真菌、藻类、原生动物等类群。其中以细菌为最多，约占土壤微生物总数量的 70％～90％，放线菌、真菌次之，藻类和原生动物等较少（表9-1）。

表 9-1 肥沃土壤中微生物的数量

微生物类群		每克土壤的菌数（千个）
细菌	显微镜直接测数	2 500 000
	平皿计数	15 000
放线菌		700
真菌		400
藻类		50
原生动物		30

土壤中微生物的分布受土壤有机质含量、湿度和酸碱度的影响，并随土壤类型的不同而有很大的变化。表 9-2 显示，在有机质含量丰富的黑土、草甸土、磷质石灰土和暗棕壤中，微生物数量较多，而西北干旱的棕钙土、华南地区的砖红壤以及沿海地区的滨海盐土中，微生物数量最少。

表 9-2 中国主要土类的微生物数量（平皿法）

土　类	每克干土中微生物数量（万个）		
	细　菌	放线菌	真　菌
黑龙江暗棕壤	2 327	612	13
黑龙江黑土	2 111	1 024	19
黑龙江黑钙土	1 074	319	2
黑龙江草甸土	7 864	29	23
辽宁棕壤	1 284	39	36
宁夏棕钙土	140	11	4
吉林白浆土	1 598	55	3
江苏黄棕壤	1 406	271	6

（续）

土　类	每克干土中微生物数量（万个）		
	细　菌	放线菌	真　菌
浙江红壤	1 103	123	4
广东砖红壤	507	39	11
西沙磷质石灰土	2 229	1 105	15
江苏滨海盐土	466	41	0.4

表 9-3　土壤剖面不同层次中微生物的数量

深度（cm）	每克土壤中微生物数量（千个）				
	好氧性细菌	厌氧性细菌	放线菌	真　菌	藻　类
3～8	7 800	1 950	2 080	119	25
20～25	1 800	379	245	50	5
35～40	472	98	49	14	0.5
65～75	10	1	5	6	0.1
135～145	1	0.4	—	3	—

微生物在土壤中的数量，不仅受土壤类型影响，而且在同一类型土壤的不同深度中也不相同（表 9-3）。其中主要原因是由于土壤不同层次中的水分、养料、通气、温度等环境因子的差异及不同微生物特性决定的。一个典型的土壤剖面，通常由 A、B、C 3 个主要层次构成。A 层为表土，含有丰富的有机质，是微生物食料的主要仓库，因此是根系、小动物和微生物最稠密存在的一层，也是具有最大生物学意义的一层。B 层是 A 层下面的土壤，一般有机质少，植物根系也少，通气性差，因此微生物数量也较少。在剖面的最底层是 C 层，是土壤的母质部分，在这一层中，有机质的含量很少，仅有很少生命活动。

另外，施用不同的肥料，对土壤中微生物数量也有影响（表 9-4）。

表 9-4　不同肥料对土壤中微生物数量的影响

施用的肥料	每克土壤中微生物的数量（千个）			
	细　菌	放线菌	真　菌	总　数
对照	470	700	10	1 180
厩肥加石灰	795	1450	21	2 266
矿物质肥料	189	187	22	499
矿物质肥料加厩肥	368	605	32	1 005

土壤中微生物的数量还受季节影响。一般冬季气温低，有些地区土壤几个月呈冰冻状态，微生物数量明显降低；春天气温升高时，随着植物生长发育，

根系分泌物增加，微生物数量迅速上升。北方夏季炎热、干旱，微生物数量也会下降，秋天雨多且植物残体大量进入土壤，微生物数量又急剧上升。这样在一年之内，春、秋两季将出现微生物数量的两个高峰。

土壤中的细菌主要是异养型种类。细菌适宜在潮湿土壤中生长。最适温度为 25～30℃，一般在 15～45℃均能生长，大部分细菌的最适酸碱度近中性，氢离子浓度越高，菌数和种类越少。土壤中常见的细菌属：假单胞杆菌属、不动杆菌属、土壤杆菌属、产碱菌属、节杆菌属、固氮菌属、芽孢杆菌属、蛭弧菌属、梭菌属、八叠球菌属、链球菌属等和蓝细菌中的鱼腥藻属、念珠藻属等的一些种类。

土壤中的放线菌都是异养的种类。在有机质丰富的土壤中，放线菌的种类和数量都特别多。中性或微碱性条件有利于放线菌的生长，pH 为 6.5～8.0 时，种类最丰富。放线菌较耐旱，在潮湿土壤中比在干旱土壤中少，在渍水条件下如土壤持水量为 85%～100%时，放线菌很少出现。大部分放线菌是中温性种类，最适温度范围为 28～30℃。土壤中常见的放线菌属有链霉菌属、诺卡氏菌属、小单孢菌属和游动放线菌属。

土壤中的真菌多为异养型。真菌是严格好氧类群，在通气良好的耕作土壤内都有广泛的分布，大部分真菌生活在近地面的土层中，在渍水的土壤中，真菌的数量和种类都减少，大多数种类是中温性，在 65℃时不能繁殖。偏酸环境有利于真菌的生长，土壤中常见的霉菌有链孢菌属、曲霉属、丛梗孢属、青霉属、木霉属、毛霉属、根霉属等的一些种类。在大部分土壤中，还存在酵母菌，但一般含量较少，有时在某些植物根系的表面较多，最常分离到的酵母菌有假丝酵母属、红酵母属、酵母属、裂芽酵母属等的一些种类。

土壤中的藻类主要是光能自养型种类。在湿度适宜和见光的环境中，藻类发育丰富，分布在土表层和紧接表层之下。酸碱度决定藻类的组成，在酸性土壤中，绿藻占优势，硅藻通常很少，而中性或碱性土壤中硅藻较多。在春秋季节，水分状况最适合藻类生长，冬夏季节藻类较少。土壤中存有大量的硅藻和绿藻，另外还有较少的黄绿藻。常见的藻类有衣藻属、小球藻属、绿藻属、曲壳藻属、异球藻属等的一些种类。

土壤中的原生动物多是异养型种类，它们或者作为腐生者，从可溶性有机质中获得营养，或者作为吞食者，直接吞食其他微生物细胞或微粒物质。原生动物在土壤中分布较广，所有耕地和荒地土壤，都有多种原生动物。因为土壤中有足够的决定原生动物生存的食料供应，土壤水分限制原生动物的繁殖。土壤氧分压也限制原生动物生长，原生动物进行好氧呼吸，所以土壤表层原生动物数量最多，但偶尔也能在低氧压或完全厌氧条件下暂时生存。土壤酸碱度对原生动物生存表现不敏感，但温度却起决定作用，冷和潮湿是最有利的环境，而过分温暖是有害的。土壤中常见的原生动物有鞭毛虫纲、肉足虫纲和纤毛虫纲中的一些种类，主要属有波多虫属、肾形虫属、拟小囊虫属等。

（三）土壤中微生物的作用

土壤细菌几乎参与土壤中的所有生物化学反应。异养细菌分解有机物质和合成腐殖质，自养细菌转化矿物质养分的存在状态。由于它们具有快速生长的能力，能旺盛地分解各种自然物质，因此，在土壤的物质转化中具有突出的作用。放线菌也能活跃地分解有机质，参与土壤中物质转化，并以它的菌丝体缠绕土壤颗粒和有机质颗粒，对土壤团粒的形成有一定的作用。

真菌是腐解的主要微生物，其腐解能力很强。因此，土壤真菌在土壤的生物化学转化过程中起着重要的作用。

藻类的主要功能之一，是它的光能自养作用，其作用能增加某些环境中的有机碳素的总量。在无植被的环境中，藻类可以起到先行者的作用，它定居在剥蚀、不毛之地或被侵蚀的地带，能产生新的有机物质。藻类在土壤结构的控制、侵蚀方面的作用也是显著的，如表土的藻群可以把土壤粒子结合在一起减轻侵蚀的损失，荒地表面在雨后发育的藻群通过类似的机制能增加土表张力的强度。另外，藻类在稻田中生长，进行光合作用过程中释放分子态氧，有利于水稻的生长。某些藻类还有较强的固氮能力，因此，使环境中具有丰富的化合态氮，利于植物的吸收。

土壤中原生动物的作用，目前了解得较少，由于原生动物的营养方式多是吞食，主要吞食细菌和其他微生物，它们的主要作用可能是起调节细菌群体大小的作用；又因为许多鞭毛虫、变形虫和纤毛虫能在没有其他微生物的基质中生长，它们可能参与植物残体的分解转化过程。

总之，土壤微生物的重要作用是它们的生物地球化学活性，即对有机碳、氮、硫、磷和其他有机化合物的矿化作用。主要是使蛋白质和其他复杂有机氮化物转变成分子态氮，使碳水化合物和其他复杂碳水化合物转变成二氧化碳，使硫、磷的有机化合物分别转化成硫、磷等。土壤微生物的矿化作用使地球上的这些元素能周而复始的循环使用，这对地球上生命的维持是必不可少的。另外，土壤微生物的活动对土壤的形成、土壤肥力的提高和作物的营养生长，都有非常重要的作用。

二、水域中微生物群落

自然界中，水从地球表面蒸发聚积在大气的云层中，并以雨、雪、雹等形式降落，再回到地球表面。降落在陆地表面的水，或直接流入河流和湖泊中，或透过土壤然后成为泉水或渗透水，大部分水最终归入大海。天然水体可分为淡水和海水两大类型，在淡水和海水中，分布有不同数量、不同种类的微生物。

（一）水体环境

水是一种很好的溶剂，其中含有机质和无机物。一般江河、湖泊和池塘内营养较丰富，海水和盐湖营养较少，雨水基本是蒸馏水，含养分非常少。温泉、其他矿泉等特殊的水体内，含有很高的离子成分。

天然水体的温度来自于太阳能。一般淡水水体的温度变化多在0～36℃之间，湖泊和河口湾的温度受季节影响，海洋水温在5℃以下，某些温泉的水温在70℃以上，有的甚至可达100℃左右。

在水生环境中，氧是重要的限制因子之一。氧在水中的溶解度较小，易被好氧微生物耗尽，这在静水湖泊内较明显，一般江河流域，由于水的流动，不断地有氧溶入，淡水的pH变化范围在3.7～10.5，而大多数江河、湖泊及池塘的pH在6.5～8.5，正适合水生微生物生长。

从以上看出，水体中有各种有机、无机营养物质，虽然有机质含量不及土壤，但基本上能供应微生物生长，虽然通气较差，有时甚至有极端环境，微生物的某些种群仍能生存。因此，水体是微生物广泛分布的第二个天然环境，在各种水体中存在大量的各种微生物。

（二）淡水微生物的分布和种类

淡水区域的自然环境多近陆地，所以其中的微生物来源于土壤、空气、污水或动植物残体等。特别是土壤中的微生物，随土壤被雨水冲入江河、湖泊之中，于是土壤中的细菌、放线菌和真菌的大部分，在淡水中几乎都能找到。

微生物在淡水中分布受许多环境因子的影响，最重要的是营养物质，其次是温度、溶解氧等。水体内的有机质含量高，则微生物数量大；中温水体中微生物数量比低温水体中微生物数量多；深水层内好氧微生物少，厌氧微生物多。淡水中微生物种类和数量常随水体类型的不同而有很大变化。

雨水中含有的微生物数量比较少，主要是由空气中的尘埃带入的细菌、放线菌和霉菌的孢子等。

地面水由于经常与土壤、尘埃、污水、工厂废弃物和其他有机物接触，微生物的数量和种类就相当多。不同水域中的情况也不相同，一般在清洁湖泊、池塘和水库中，有机物含量少，微生物也少，每毫升含几十至几百个细菌，并以自养型种类为主。常见的种类有硫细菌、铁细菌、鞘杆菌和含有光合色素的绿硫细菌、紫硫细菌及蓝细菌，另外还有无色杆菌属、有色杆菌属、微球菌属等腐生型细菌。它们通常被认为是清洁水体中的微生物类群。

湖泊水中，由于有机质含量较高，微生物也很多，但随深度变化，微生物种类也有差别。上层水体中（从水面到水面下 10m 处）氧含量高，主要有假单胞菌属、柄杆菌属、噬纤维菌属中的种类和浮游球衣菌等好氧细菌、真菌和藻类；中层水体中（水深 20～30m），主要有着色菌属、绿菌属等光合细菌；底层水体中（30m 以下及湖底泥），主要有脱硫弧菌属、甲烷杆菌属、甲烷球菌属等厌氧性细菌、原生动物及一些鞘细菌等。

在停滞的池塘、污染的江河水及下水道的沟水中，有机物含量高，微生物的种类和数量都很多，每毫升可达几千万至几亿个。其中以能分解各种有机物的一些腐生型细菌、真菌和原生动物为主。常见的细菌有变形杆菌、大肠杆菌、粪链球菌、芽孢杆菌、弧菌、螺菌等。真菌以水生藻状菌为主，另外还有相当大数量的酵母菌。在水流较慢的浅水处，常有丝状藻类、丝状细菌和真菌生长。腐生型细菌和原生动物也较多。

在流动的水体中，水的上层只有单细胞藻类和细菌生长，底层淤泥中厌氧性细菌较多，淤泥表层生活一些原生动物。放线菌只生活在水底层的泥土上。

地下水因为经过深厚的土层过滤，几乎大部分微生物被阻留在土壤中。同时，深层土壤中缺乏可利用的有机物，因此地下水中含有的微生物数量和种类都较少，主要有无色杆菌属、黄杆菌属等类群。在含有大量铁离子的含铁矿泉中，仅有嘉利翁氏菌属和纤发菌属中的种类生长。

淡水是人类生命所必需的营养源，饮用水中微生物的数量及其种类有严格的标准。我国饮用水卫生标准中规定的水质标准为：每毫升水中细菌总数不得超过 100 个，1 000mL 水中大肠杆菌数不超过 3 个，即大肠杆菌指数不得大于 3，或大肠杆菌价不得小于 333mL。

（三）海水微生物的分布和种类

尽管海水中的有机质含量低，盐分含量较高，大部分海水的温度较低，而且在较深海处有很高的静水压等造成特殊的水生环境，使能在其中生长的微生物受到一定的限制。但因海水中有丰富的动植物资源，从海面到海底，从近陆到远洋都仍有微生物生存。同时海水体积广阔，约占地球上总水分的 99%左右，因此海水内微生物种类和数量都较多，特别是藻类最多。海水中的微生物总量远远超过陆地微生物的总量。

海洋微生物的分布和活动均受海洋环境因子的影响。由于海洋中盐分含量高，于是海中的微生物，除了一些从河水、雨水、污水等带来的临时种类外，大多是嗜盐菌，能耐高渗，如盐生盐杆菌，在含盐量 12%到饱和盐水中均能生长。另外，海水深处能耐高压的假单胞菌属在40 530～60 662.5kPa 条件下能进行生长繁殖，在 11km 处的深处，仍有耐117 537kPa 大气压的嗜压微生物存活。

接近海岸和海底淤泥表层的海水中和淤泥上，微生物数量较多；离海岸远处，微生物数量则少。一般河口湾的海水中，每毫升约含 1 万个细菌，而远洋的海水中，每毫升只有 10～250 个细菌，1g 海泥中常含有几亿个细菌。另外，涨潮时，由于海水的冲淡，单位容积内的微生物数量减少，落潮时，可将底层的沉积物翻起使微生物增多。

海水中微生物的分布，受水体环境因子垂直分布的影响。表层好氧性异养菌多；底层盐度大，有机质丰富，硫化氢含量高，则厌氧性腐生菌及硫酸还原菌多；在两层之间紫硫菌较多。在距海面 0～10m 深的海水中，菌数较少，藻类和原生动物较多；在 10～15m 的海水中，菌数随深度逐渐增加，浮游藻类生长旺盛；在 50m 以下，则菌数又随深度减少；200m 以下，菌数更少；但海底沉积物上，又生活大量的各类微生物。

（四）水体中微生物的作用

地球表面被 71%的水覆盖，因此水体中的微生物作用是巨大的。在多数水体中，主要的光合生物是微生物。有氧区域蓝细菌和藻类占优势，无氧区域光合细菌多。这些微生物通过光合作用，将无机物转变成有机物，组成其本身细胞物质，被称为一级生产者。而浮游生物以光合生物为食料，合成自身有机体。而后，这些浮游生物又被较大的无脊椎动物吞食，无脊椎动物又被鱼类吞食。最后，任何的动植物残体又都被微生物分解，这样就形成了食物链(foodchain)。

内陆水，特别是河流，被陆地区域包围，有机物有很多不是来自第一个生产者，而是来自陆地上的枯枝落叶、腐殖质和其他有机质。这些物质受细菌和真菌作用，并被部分转变成微生物蛋白质。在这样的水体中，食物链不是从光合生物开始的，而是从这些异养生物开始的。

由此可见，微生物在水体环境的食物链中为鱼类和浮游生物提供了食料。

海水中的细菌对纤维和蛋白质等复杂物质具有很强的分解能力，对推动自然界生物地球化学循环起着重要的作用。

三、空气中微生物群落

空气本身不具备微生物生活必需的各种条件，所以空气不是微生物生活的合适场所，没有固定的微生物种类。但是微生物能产生各种休眠体以适应不良环境，这样有些微生物可以在空气中存活较长一段时间，所以空气中仍可找到多种微生物。

空气中微生物主要来源于土壤、尘埃、水面、人和动物体表的干燥脱落物、呼吸道的排泄物等。其中大部分是腐生型微生物，也有病原菌，尤其在医院或患者的居室附近，空气中常有较多的病原微生物。

空气中的微生物，主要是细菌和真菌，它们的分布因地区不同而异。有些微生物几乎到处都有，常见的真菌有霉菌和酵母菌的一些种类，如曲霉、青霉、木霉、根霉、毛霉、白地霉、色串孢等。常见的细菌有枯草芽孢杆菌、肠膜芽孢杆菌、微球菌、八叠球菌等，还有病原菌，如结核杆菌、白喉杆菌、肺炎双球菌、溶血链球菌、流感病毒、脊髓灰质炎病毒等。

微生物在空气中分布受环境影响，凡是尘埃多的空气，微生物就多。一般在畜舍、公共场所、医院、宿舍、城市街道的空气中，微生物数量就多；在乡村、海洋、高山、森林地带和终年积雪的山脉或高纬度地带的空气中，微生物数量就少。

此外，空气的温湿度也影响微生物数量和种类，一般中温高湿的空气中，微生物数量就多。因此，梅雨季节各种物品最易由空气污染的微生物引起发霉腐烂。

微生物在静止空气中随尘埃下落；有缓慢气流的空气，微生物不落而悬于空中；有的微生物可以随气流传播到很远的高空。空气中的微生物随风横向传播且距离无限。

四、极端环境中的微生物群落

极端环境包括高低温、高压、高盐等。在各种极端环境中，存在着各种不同的微生物。

（一）高温环境中的微生物

地球上存在着各种各样的自然或人工的高温环境，包括喷发的火山（岩浆熔化温度高达1 000℃），干热蒸汽喷孔（达到 500℃），沸腾或过热的温泉（依海拔高度，温度 93～101℃），土壤、干草、岩石等太阳热基（温度 60～70℃），堆肥、海藻堆、煤渣堆（温度 70～100℃），家庭和工业上的热水器（温度 55～80℃）等。这些高温环境中都有各种不同的微生物，这些微生物称为嗜热微生物，它们的最适生长温度高于 45～50℃。根据与温度的关系将嗜热微生物分为 3 类。

（1）极端嗜热菌。最高生长温度在 70℃以上，最适生长温度在 65～70℃，最低生长温度在 40℃以上。

（2）兼性嗜热菌。最高生长温度在 50～65℃，但在室温条件下仍能生长繁殖。

（3）耐热细菌。最高生长温度在 45～50℃之间，但在室温条件下仍能生长繁殖。

（二）高盐环境中的微生物

高盐环境主要是盐湖，能在盐湖中生活的微生物仅有某些细菌和藻类，称它们为嗜盐微生物。另外盐田和用盐保存的食物中，也存有嗜盐微生物，主要是盐杆菌属和盐球菌属中的一些种类。

盐生盐杆菌能在盐度 20%～30%的境域中生长。嗜盐菌使晒盐变红，使盐腌制品腐败变质，造成食品保存上的困难。

（三）高压环境中的微生物

压力是指液体静压力。在自然界中，高压环境只存在深海中，静压力影响深海中的微生物活性和分布。静水压随深度而直线增加，每 10m 深增加 101.325kPa。某些部分压力是水面压力的1 000倍。一般陆生细菌和海洋细菌，压力在20 265～60 795kPa 时，都受到影响。在如此高的压力中，绝大多数微生物的生长几乎全被抑制，仅有极少数微生物生存。这些生活在大洋底部而不能在常压下生长的微生物，被称为志向性嗜压菌。例如从海底部101 325kPa 下分离到的嗜压菌，它们在高压下能生活，但生长极端缓慢，比一般微生物在正常条件下慢1 000倍。

第二节 生物群体的相互关系

一、微生物群体之间的相互关系

自然界中的微生物之间存在着一定的群社关系，它们之间互为条件，彼此影响，归纳起来有 7 种关系，即种间共处、互生、共生、颉颃、竞争、寄生、猎食。

（一）种间共处

种间共处是两种微生物互相无影响地生活在一起，在共处中两者不表现出明显的有利或有害关系。如将乳酸杆菌和链球菌分别在恒化器内纯培养和混合培养，最后进行计数，结果在纯培养和混合培养内的种群数是相同的。

（二）互生

互生关系是一种微生物的生命活动，可以创造或改善另一种微生物的生活条件，这种有利的影响可以是单方面的，也可以是双方面的，有这种关系的微生物可以单独生活，但生活在一起会更好些。互生关系存在较普遍。在氮素循环中，氨化细菌分解有机氮化物产生氨，为亚硝酸细菌创造了必需的生活条件，但对其本身无害也无利；又如亚硝酸细菌氧化氨生成亚硝酸，为硝酸细菌创造了必需的生活条件；硝酸细菌氧化亚硝酸为硝酸，既清除了亚硝酸在环境中的积累，以避免给生物带来危害，同时，形成的硝酸盐也能被植物吸收利用。通过这种互生关系，保证了自然界中氮素循环的平衡。又如土壤中好气性微生物的呼吸，消耗了周围土壤空气中的氧气，造成区域环境中的缺氧状态，为厌气性微生物共同生活于表层土壤中创造了条件。

（三）共生

共生关系是两种微生物紧密地结合在一起，互相依存，互换代谢产物，创造相互有利的营养和生活条件，形成生理上的整体，比单独生活更有利，乃至形成特殊的结构。彼此关系非常密切，以至于分开时不能很好地生活，所以也称互惠共生。另外还有一种共生关系，是一方得利而另一方也无害，称为偏利共生。如细菌栖息于许多原生动物细胞内，细菌从原生动物获得营养和保护环境，因为这些细菌在原生动物体外都不能生长，但原生动物并没有得利，只是把细菌作为繁殖伙伴，这样的关系是偏利共生。共生关系是比较普遍的，如地衣是真菌和蓝细菌的共生体，它是一种子囊菌或担子菌与蓝细菌共生形成的一种叶状的植物体。共生过程中，异养型的真菌从周围环境中吸取水分和无机养料，供本身和藻类需要，而藻类进行光合作用合成有机碳化物供自身需要，也为真菌提供有机养料。固氮蓝细菌还供给真菌氮素养料，这种共生关系，使不能单独在岩石表面或树皮上生存的真菌和绿藻或蓝细菌能够共生生长。

（四）颉颃

颉颃关系是两种微生物生活在一起时，一种微生物产生某种特殊的代谢产物或改变环境条件，从而抑制甚至杀死另一种微生物的现象。

1. 特异性颉颃关系　一种微生物因产生抗生素有选择地对某一种或某一类微生物发生抑制和毒害作用。如青霉菌产生的青霉素能抑制革兰氏阳性细菌和部分革兰氏阴性细菌，链霉菌产生的制霉菌素主要抑制酵母菌和霉菌。

2. 非特异性的颉颃关系　乳酸细菌在乳酸发酵过程中产生大量的乳酸，使环境中酸度增大，这样就抑制了不耐酸的微生物的生长。这是酸菜、泡菜、青贮饲料、酸奶制品等制作过程中，防止腐败变质的主要原因。这类关系是比较普遍的，它已广泛被利用到人们的保健事业、食品保藏、食品发酵、动植物病害防治等方面。

（五）竞争

竞争关系是生活在一起的两种微生物为了生长争夺有限的同一营养或其他

共同需要的养料，其中最能适应特殊环境的那些种类占优势。但由于在竞争中，两者都要消耗有限的同一养料，结果使双方的生长都受到限制。如果将两种微生物分别用液体培养基在恒化器内进行纯培养和混合培养，最后进行计数，结果是较强竞争者在纯培养中的菌数稍低一点；而较弱竞争者在两种情况下最后菌数相差很大，混合培养菌数比纯培养菌数少得多，最后因得不到营养而死亡。这种为生存进行竞争的关系，在自然界普遍存在，是推动微生物发展和进化的动力。

（六）寄生

寄生关系是一种微生物生活在另一种微生物的表面或体内，从后者索取营养，前者为寄生生物，后者为寄主。在寄生关系中，寄生生物对寄主一般是有害的，常使寄主发病或死亡。

1. **专性寄生关系** 有这种关系的微生物，一旦脱离寄主便不能生活，也不能生长繁殖。如噬菌体必须在细菌或放线菌体内才能生活，一旦离开细菌或放线菌，噬菌体就不能进行任何形式的生长和代谢活动。

2. **兼性寄生关系** 有这种关系的微生物，当它脱离寄主仍能营腐生生活。如蛭弧菌寄生于细菌内，木霉寄生于马铃薯的丝核菌内，盘菌菌丝寄生于毛霉菌丝上，寄主被破坏。

（七）猎食

猎食关系是一种微生物直接吞食另一种微生物。在自然界中，猎食关系比较引人注目，原生动物猎食细菌、放线菌、真菌等，这样原生动物就限制了细菌、放线菌、真菌数量的无限增加。猎食关系在控制种群密度、组成生态系食物链中起到重要作用。

二、微生物与植物之间的相互关系

（一）根际微生物

根际是在植物根系影响下的特殊生态环境，但根际的范围并不十分明确。根际的最内层直达根表，又称根表，最外层却没有准确的界限。目前认为根际是指围绕根表面 1～2mm 厚的受根系影响的薄层土壤区域。生活在根际土壤中的微生物统称为根际微生物。根际微生物的数量比根外（根际以外）微生物数量多几倍到几十倍。根际微生物数量与根外微生物数量之比称为根土比。

1. 植物根系对根际微生物的影响

（1）根系分泌物和脱落物是微生物的重要营养来源。植物在整个生长期内进行着活跃的新陈代谢作用，向根外不断分泌出一些可溶性有机物，包括氨基酸类、有机酸类、糖类、核苷酸类、生长素类和酶类；植物根系在生长过程中不断有脱落的根冠、死亡的根毛和表皮组织，这些物质都是根际微生物重要的碳源和能源。

（2）根系在土壤中发育，改善了根际中的水汽条件，直接影响到了微生物的生存。根际的CO_2与O_2的含量不同于根外，植物根系和根际微生物的呼吸作用都产生CO_2，所以离根表越近，CO_2浓度愈高，而O_2的浓度愈低。以小麦根际内外的氧化还原电位为例，即可看出这一现象，小麦根际外土壤的 *Eh* 为421mV，而根际内土壤的 *Eh* 则为376mV，根际内外之差为45mV，有人认为根或微生物的生长受过量CO_2影响，似乎已适应低氧条件，以至根际微生物可以忍受低氧压，甚至在这种条件下得以最适生长。某些植物可以通过地上部分转氧至根系，使根系呈较高氧化还原势，如水稻和一些沼泽植物就具有这种转运能力。根据对水稻不同根区 *Eh* 的测定，根际外为－30mV，根际内则为250mV，而根表却达682mV，似乎完全好氧状态。

植物根系吸收水分对根际环境和根际微生物活性有很大影响。在植物正常生长的情况下，水分向根系移动，进入根内，经由木质部和叶面蒸腾到大气中。各种微生物需要的最适水势和最小水势是不同的，根的各个部位的水势也不同，所以水势的变动会影响到微生物。一般没有吸收作用的根尖水势高，根毛区低，开始木质化和吸收作用减弱的成熟部位稍高一些。因此在顶端分生组织和伸长区分泌物可以扩散，有利于微生物生长。

2. 根际微生物对植物的有益影响

（1）根际微生物在改善植物营养方面有重要的作用。根际微生物大量聚集在植物根系周围，它们旺盛的代谢作用加强了有机质的分解，促进了植物营养元素的矿化，增加了植物养分的供应。例如，根际中分解有机磷的细菌和能促进无机磷溶解的细菌都比非根际土壤中多，它们为改善植物磷素营养起到了一定的作用。微生物产生的植素酶、核酸酶和磷脂酶，加速了植素、核酸、磷脂等含磷有机化合物的分解，使磷素释放出来。许多常见的微生物，包括假单胞菌属、无色杆菌属、黄杆菌属、链霉菌属、曲霉属的一些种都有溶磷效果。有些固氮菌在土壤中的根际内生活时进行联合固氮作用，增加了氮素供应。如固氮菌与雀稗联合固氮时，固氮量每年可达15～93kg/hm^2。有些微生物的固氮作用在植物根际得到加强，主要是由植物生理特性决定的。一般来说，高光效的C_4植物将更多的有机质送到根部，有利于固氮微生物的生长繁殖。

（2）根际微生物产生的生长调节物质影响植物生长。如维生素、生长素、刺激素等物质都能促进植物生长。

许多细菌，包括固氮菌、根瘤菌、假单胞菌等能产生吲哚乙酸和赤霉素类生长刺激素，它们对植物的生长有明显的刺激作用。Brown 等发现 0.5μg 的赤霉素用于移栽时的番茄苗根，能显著改变植物生长，直到第一个花穗发育。

（3）根际微生物分泌的抗生素类物质，可避免土居性病原菌的侵染。例如豆科植物根际发育着对小麦根腐病菌——长蠕孢菌有颉颃作用的细菌，细菌产生抗生素抑制了长蠕孢菌的生长，减轻了下茬小麦的根腐病害。当颉颃性微生物产生抗生素类物质被植物吸收后，可增强植物对某些病原菌的抵抗能力。

（4）产生铁载体，是能促进植物生长的根际微生物的重要功能之一。铁载体是一种特殊的能与铁螯合的有机化合物，它能促进 Fe^{3+} 的溶解，将它们转运入细胞，在细胞中 Fe^{3+} 还原成 Fe^{2+}，并被释放而用于合成其他的含铁化合物。由于产铁载体的细菌比不产铁载体的有害微生物具有更高的铁亲合性，前者旺盛发展常使后者不易获得铁素而受抑制，从而改善植物的生长条件，促进植物的生长。

3. 根际微生物对植物的不利影响

（1）微生物和植物都需要矿质营养，它们之间存在着对矿质养料的竞争。尽管微生物吸收的养分继续保留在土壤中，在微生物死亡后仍然被释放出来。但这种竞争在一定时间内减少了植物的养分供应，造成了对植物生长的不利影响。另一方面，细菌对某些重要元素的固定，可严重地影响植物的发育。果树的“小叶病”和燕麦的“灰斑病”是两种矿质营养缺乏症，它们的发生是由于细菌分别固定了锌和氧化锰的结果。根际微生物的活动还可以导致植物对钼、硫、钙、铷等元素的吸收量减少。

（2）由于不同植物根际条件的选择性，某些病原菌在植物根际得到加富，更助长了植物病害的发生。如棉花连作有利于棉花黄萎病和棉花枯萎病菌的增殖，而棉花和苜蓿轮作，由于苜蓿根系分泌物对这类病原菌有抑制作用，使棉花上述两种病害得以减轻。

（3）某些有害微生物虽然没有致病性，但它们产生的有毒物质能抑制种子的发芽、幼苗的生长和根系的伸长。例如马铃薯根际常繁殖着大量假单胞杆菌，它们之中至少有 40%产生氰化物，削弱根的功能，影响根对养分的吸收。放线菌中对植物有毒害作用的约占 5%～15%。

（二）附生微生物

附生微生物是指着生在植物地上部分表面的微生物，附生在植物根表面的微生物称为根表微生物。

叶面附生微生物以细菌为主，其次是酵母菌和少数的丝状真菌，放线菌极少。乳酸杆菌是叶面广泛存在的附生细菌，腌制酸菜、泡菜、青贮饲料主要利用叶面附生的乳酸杆菌为天然接种剂。在成熟的葡萄、苹果表面有大量的糖类分泌物，这是酵母菌的天然附生环境。其他各种果实表面也有各种微生物，当果皮伤损，附生微生物进入果肉，成为果实腐烂的原因。

叶面除附生微生物营养体外，还附生着许多种微生物的孢子，这些孢子在叶面上基本处于休眠状态。例如，附生在稻草表面的芽孢杆菌的芽孢，呈休眠状态，当把稻草泡在清水中30℃培养，很快长出枯草杆菌来。附生微生物对植物无害，有些种类可分泌毒素，抑制其他微生物（如病原菌）的生长，对植物有保护作用。

（三）植物与微生物的共生体

1. 根瘤 根瘤菌与豆科植物共生时，在植物根部联合发育所形成的特殊结构就是根瘤。根瘤菌在根瘤内获得营养而生长繁殖，同时进行固氮作用，供给豆科植物氮素营养，互为有利，成为生理上的共生联合体系。

2. 叶瘤 植物的叶子上有叶瘤，叶瘤内有专一的微生物种类。如有些细菌生活在茜草科大沙叶属和九节属一些种的叶瘤中。叶瘤并没有固氮作用，叶瘤中的微生物从植物叶中得到营养，它们的代谢产物也可能对植物的生长有刺激或营养作用。

3. 红萍和蓝细菌的共生体 红萍鳞叶腹腔内有一种共生的鱼腥藻，它有旺盛的共生固氮能力。在共生过程中，红萍从鱼腥藻得到氮素养料，鱼腥藻在腹腔内得到特殊的生活环境。也可能由于提供了糖类营养，促进了鱼腥藻的固氮作用。

4. 菌根 菌根是真菌与植物的共生联合体。某些真菌的菌丝体包围在植物根的外部或侵入到根内，和根组织共同发育而形成菌根。各种植物的菌根，按其形态结构，可分为外生菌根和内生菌根。

（1）外生菌根。外生菌根的主要特征是真菌菌丝在植物幼根表面生长并交织成鞘套状结构包在根外，其厚度在20～100μm之间，大多数为30～40μm，使根呈臃肿状态。鞘套的外层菌丝结构较疏松，其尖端向外延伸使根表面呈毡毛状或绒毛状。内层的菌丝有一部分穿入根的皮层，但不进入皮层细胞，而是充塞于皮层的细胞间隙，外生菌根没有根毛，但它的吸收作用比没有菌根的根系要强得多。例如，松树和山毛榉的菌根对磷酸盐的吸收是未感染根系的2～5倍。

形成外生菌根的植物多属木本植物，且多为森林乔木。据统计，形成外生菌根的木本植物有桦木科、忍冬科、山毛榉科、杨柳科、梧桐科、榆科、松科、柏科、胡桃科、蔷薇科、椴科等的全部或部分属。

形成外生菌根的真菌主要是担子菌，其次是子囊菌，个别为接合菌和半知菌。担子菌中有伞菌科、鹅膏科、牛肝菌科、铆钉菇科、口蘑科、腹菌科、地星科、马勃科。子囊菌中有地舌菌科、马鞍菌科、地菇科。

外生菌根的切面通过显微镜观察到根外包被的菌丝束及分布在表皮细胞和皮层细胞间。在外皮层细胞间隙蔓延形成的网状菌丝体称为哈氏网，这是外生菌根特有的结构（图 9-1）。

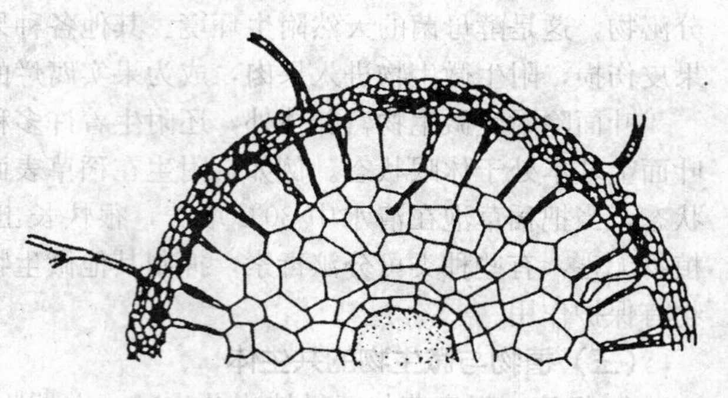

图 9-1 外生菌根的横剖面示意图

（2）内生菌根。内生菌根是某些真菌菌丝可以侵入到植物的根内部，在根外的菌丝较少，不形成鞘套。因此，有内生菌根的植物一般保留根毛。其中，由有隔膜真菌菌丝形成的菌根，主要存在于杜鹃花科和兰科植物中。菌根中的真菌多为担子菌的一些种类。在共生联合体内，菌根菌与植物有着非常密切的关系。例如，兰科植物的种子，若没有菌根菌的共生就不能萌发，杜鹃花科植物的子苗，没有菌根菌的共生就不能存活。另外，由无隔膜真菌形成的菌根，由于真菌菌丝在植物细胞内成为泡囊状和分枝状，于是将这种类型的菌根称为 VA 菌根，即泡囊丛枝菌根（Vesicular Arbuscular Mycorrhiza）（图 9-2）。VA 菌根广泛存在于许多植物中，如小麦、玉米、大豆、马铃薯、棉花等农作物及多种蔬菜中都有 VA 菌根。VA 菌根中的菌根菌属于内囊霉科（Endogonaceae），主要是内囊霉属、无柄孢属、巨孢霉属和果坚内囊霉属中的一些种。

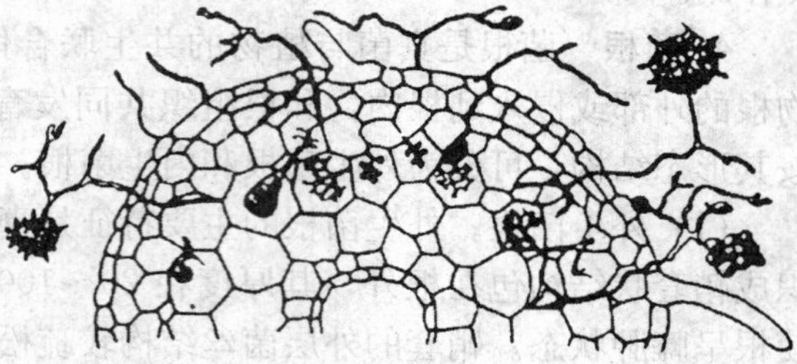

图 9-2 内生菌根的横剖面示意图

VA 菌根可以提高植物吸收磷的能力，促进植物生长，如有 VA 菌根的小麦比无 VA 菌根的小麦长得好。另外，还能促进植物对其他营养物质的吸收，这样可以减轻贫瘠土壤内营养不足对植物的影响。

（四）植物的寄生微生物

植物的寄生微生物通常能引起植物的病害，而这些微生物称为植物病原微生物。病原微生物对寄主植物有一定的选择性，一种病原微生物只能危害某一种或某些种植物。病原微生物的破坏作用有两种情况：一种是直接杀死植物细胞和组织，兼性寄生的病原菌属于此类；另一种是病原菌侵入到植物体后不立即引起细胞和组织的死亡，专性寄生的病原菌属于此类。植物被病原微生物寄生后，表现变色、组织坏死、萎蔫、畸形、矮化等症。植物的寄生微生物包括真菌、细菌和病毒。

三、微生物与人体之间的相互关系

在人体正常生理状态下，微生物主要分布于人的体表与体腔，如皮肤、口腔、呼吸道、肠道、生殖泌尿道等部位，而器官内部、血液、淋巴系统内没有微生物存在。如果这些部位的任意一处有相当数量的微生物，人就处于疾病状态。所以把正常情况下，人的体表、体腔中所存在的一定数量和种类的微生物称为人体正常的微生物群落。

皮肤经常与外界接触且养料充分，故有很多微生物种类。常见的有表皮葡萄球菌、白色葡萄球菌、八叠球菌、痤疮棒杆菌、类白喉棒杆菌等，它们组成人体皮肤上正常的微生物群落。

人的口腔经常保持一定的湿度和温度，又有食物残渣、脱落的上皮细胞和黏液。唾液中含有唾液酶、黏蛋白、血清蛋白、碳水化合物、尿素、氨基酸、维生素等，这些都是微生物的良好养料，所以口腔中也有很多微生物。常见的有唾液链球菌、溶血链球菌、流感杆菌、类白喉棒杆菌，有时也有口腔纤毛菌、口颊螺旋体等，它们组成口腔内的正常的微生物群落。

上呼吸道包括鼻道、咽和喉。呼吸时，空气中大量微生物进入上呼吸道，但大部分被鼻毛阻留于鼻道中，随鼻道分泌物排除，只有少数微生物生活在浸溶着黏膜分泌物的区域。常见种类有葡萄球菌、唾液链球菌、咽奈氏球菌和类白喉棒杆菌。而下呼吸道（气管、支气管和肺）基本上无菌。

肠道内呈碱性，且有食物为微生物提供养料，故其中有很多微生物大量的生长繁殖。常见的有大肠埃希氏菌、产气杆菌、变形杆菌、粪产碱杆菌、粪链球菌及梭菌属、拟杆菌属中的一些种。它们组成了肠道内正常的微生物群落。

人体的生殖泌尿道内也有微生物存在，常见的种类有嗜酸乳杆菌、类白喉棒杆菌、葡萄球菌、链球菌、大肠杆菌等。

人体各部位都有正常的微生物群落，人体为它们提供良好的生态环境，使之得以生长繁殖。而微生物对人体也是有利的，肠道内如缺乏正常的微生物群落，人就不能维持正常的生命活动，因为肠道内的微生物可以合成人体不可缺少的营养物质，如硫胺素、核黄素、烟酸、维生素 B_1、维生素 K、生物素、多种氨基酸等。此外，人体正常的微生物群落在一定程度上可抑制或排斥外来微生物的侵入，是保护人体抵抗病原微生物的卫士。

四、微生物与动物之间的相互关系

牛、羊、骆驼等食草动物，它自身并不分泌纤维素酶，为什么只食草就能生长呢？因为瘤胃中存在大量的纤维分解菌及原生动物，它们与瘤胃之间构成了共生关系。

反刍动物有4个胃：瘤胃、网胃、瓣胃和皱胃。牛羊吃进的草料先进入瘤胃，瘤胃的体积相当于一个100～300L的发酵罐，其温度维持在38～42℃之间，有稳定的酸碱度（pH为5.8～6.8）和厌氧环境，这些都为瘤胃微生物的生长繁殖提供了良好的环境条件。当牛、羊吃进草料后，瘤胃微生物如纤维素分解菌、甲烷细菌、原生动物等大量繁殖，其数量可达10^{10}～10^{11}个。它们分解纤维素等物质产生脂肪酸、醋酸、丙酸、丁酸及CO_2、CH_4等气体。有机酸可被瘤胃吸收，而大量的微生物细胞和未消化的物质进入后两个胃，动物分泌的酶将其分解成简单的氨基酸和维生素后被动物吸收利用。有人试验给适当的尿素作为饲料添加剂可加速牛的生长和提高产奶量，其原因是因为尿素可被微生物作为氮源用于合成蛋白质，实际上等于增加了饲料中蛋白质的含量。由此可见庞大的牛体实质上却是以无数极其微小的微生物作食料而长大的。

第三节　微生物与物质转化

在自然界中，生物所需要的各种化学元素，通过生命活动，一方面被合成有机物，组成生物体，另一方面这些有机物质又被分解成无机物而返回自然界，由此，元素不断地从非生命物质状态转变成有生命物质状态，然后再从有生命物质状态转变成非生命物质状态，如此循环往复，组成地球上的物质循环，即生物地球化学循环。

一、碳素循环

碳素是生物体最重要的一种元素，也是组成细胞的骨架成分。植物组织及微生物细胞含有大量的碳素，约占干重的40%～50%，而它的主要来源是大气，但大气中CO_2的含量处于一种永远供应不足的状态，只有通过生物所推动的碳素循环，特别是微生物进行的分解作用，使不同形态的碳素相互转化，大气中的CO_2才不会被耗尽，生命才能维持。

（一）自然界中的碳素循环

碳素循环见图9-3。绿色植物和微生物通过光合作用，固定自然界中的CO_2，合成有机碳化物，进而转化为各种有机物质。植物和微生物进行呼吸作用获得能量，同时释放出CO_2。动物以植物和微生物为食物，并在呼吸作用中释放出CO_2。当动植物、微生物尸体等有机碳化物被微生物分解时，产生大量CO_2，于是整个碳素循环完成。简单地说，碳素循环包括CO_2的固定和CO_2的再生。

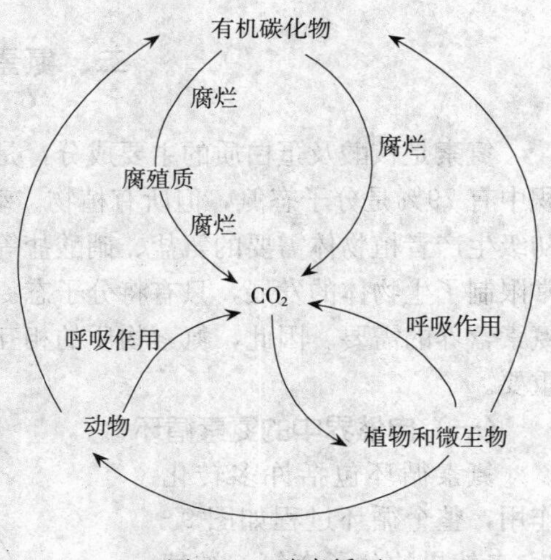

图9-3　碳素循环

（二）微生物在碳素循环中的作用

微生物在碳素循环中既参与固定CO_2的光合作用，又参与再生CO_2的分解作用。

1. 光合作用　参与光合作用的微生物主要是藻类、蓝细菌和光合细菌。它们通过光合作用，将大气中的CO_2和H_2O合成有机碳化物。特别是在大多数水生环境中，主要的光合生物是微生物，在有氧区域以蓝细菌和藻类占优势，而在无氧区域则以光合细菌占优势。

2. 分解作用　自然界有机碳化物的分解，主要是微生物的作用。在陆地和水域的有氧条件下，通过好氧微生物分解，被彻底氧化为CO_2；在无氧条件下，通过厌氧微生物发酵，被不完全氧化成有机酸、CH_4、H_2和CO_2。

能分解有机碳化物的微生物很多，主要有细菌、真菌和放线菌。

（1）好氧性细菌。主要有枯草芽孢杆菌、肠膜芽孢杆菌、假单胞菌属细菌、噬纤维菌属细菌、黏球生孢噬纤维菌、椭圆生孢噬纤维菌等。

（2）厌氧细菌。主要是梭菌属中的一些种类，常见的有热纤梭菌、淀粉梭菌、蚀果胶梭菌、多黏梭菌等。

（3）真菌。主要有曲霉属、青霉属、毛霉属、根霉属、木霉属等中的一些种类。

（4）放线菌。主要有链霉菌属、小单孢菌属、诺卡氏菌属、高温放线菌属、游动放线菌属、链孢囊菌属中的一些种类。

二、氮素循环

氮素是核酸及蛋白质的主要成分，是构成生物体的必需元素。虽然大气体积中有79%是分子态氮，但所有植物、动物和大多数微生物都不能直接利用。初级生产者植物体需要的氨盐、硝酸盐等无机氮化物，在自然界为数不多，常常限制了生物体的发展，只有将分子态氮进行转化和循环，才能满足植物体对氮素营养的需要。因此，氮素物质的相互转化和不断地循环，在自然界中十分重要。

（一）自然界中的氮素循环

氮素循环包括许多转化作用，整个循环过程如图9-4。自然界的分子态氮，被某些自由生活的微生物固定形成氨并转化为有机氮化物，或被微生物与植物联合作用转变成可供植物直接利用的氮化物形式。存在于植物和微生物体内的氮化物为动物食用，并在动物体内被转变为动物蛋白质。当动植物和微生物残体及其排泄物等有机氮化物，被各种微生物分解时，以氨的形式释放出来供植物利用，或被氧化成为硝酸盐供植物吸收或被进一步还原为气态氮返回自然界，于是整个氮素循环即完成。氮素循环包括固氮作用、氨化作用、硝化作用和反硝化作用。

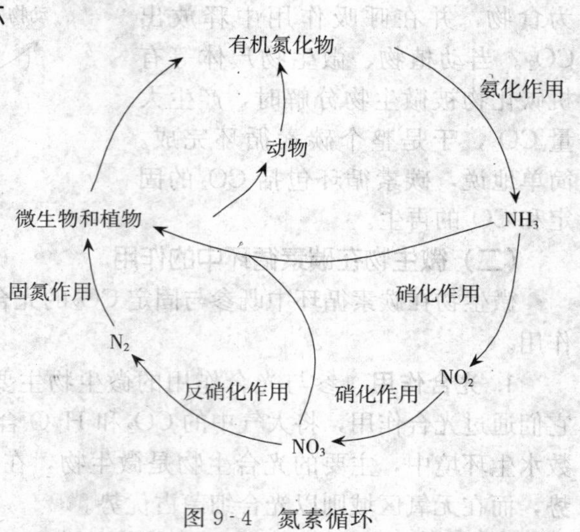

图9-4 氮素循环

（二）微生物在氮素循环中的作用

1. 固氮作用 分子态氮被还原成氨和其他氮化物的过程称为固氮作用。氮的固定有两种方式，一是非生物固氮，即通过闪电、高温放电等固氮，这样形成的氮化物很少；二是生物固氮，即通过微生物的作用固氮，大气中90%以上的分子态氮都是由微生物固定成氮化物的。

现已发现具有固氮作用的微生物将近50个属，主要包括细菌、放线菌和蓝细菌。与固氮微生物共生而具有固氮作用的豆科植物约600个属，非豆科植物约13个属。根据固氮微生物与高等植物、其他生物的关系，可将它们分为自生固氮菌和共生固氮菌。

（1）自生固氮菌。

①好氧性细菌：主要是固氮菌科中的全部属。另外还有分枝杆菌属、螺菌属、拜叶林克氏菌属、德克斯氏菌属、假单胞菌属中的一些种类。②兼性厌氧细菌：主要有肠杆菌属、芽孢杆菌属、克雷伯氏菌属中的一些种类。③厌氧性细菌：主要是梭菌属中的一些种类。④光合细菌：主要有红螺菌属、红假单胞菌属、着色菌属和绿菌属中的一些种类。⑤蓝细菌：主要有鱼腥藻属、念珠藻属、颤藻属等中的一些种类。

自生固氮菌自由地生活在土壤或水域中，能独立地进行固氮，它们在固氮酶的参与下，将 N_2 固定成 NH_3，但并不将氨释放到环境中，而是合成氨基酸，组成自身蛋白质。只有当固氮菌死亡，它们的细胞被分解变成氨时，才能成为植物的氮素营养。因此，是间接地供给植物氮源。同时，自生固氮菌的固氮效率较低，每消耗 1g 葡萄糖大约只能固定 10～20mg 氮。

（2）共生固氮菌。

①根瘤菌属：主要有豌豆根瘤菌、三叶草根瘤菌、菜豆根瘤菌、苜蓿根瘤菌、大豆根瘤菌、羽扇豆根瘤菌、紫云英根瘤菌、豇豆根瘤菌等。

根瘤菌与豆科植物共生形成根瘤。根瘤的形成是一个复杂过程。豆科植物的根系在土壤中生长发育，刺激相应的根瘤菌在根际大量繁殖，在根瘤菌的影响下，根毛发生卷曲，细胞壁内陷，根瘤菌随之侵入根毛。进入根毛的根瘤菌，大量增殖形成一条侵入线，它沿根毛向内扩展。当侵入线达到皮层时，促使皮层细胞分裂，进而分化，发育成根瘤，突起在根的表面。在根瘤内生活的根瘤菌，成为类菌体形态，不再分裂。类菌体内含有固氮酶，能固定 N_2 成为 NH_3，然后通过根瘤细胞中的酶系统催化，转变成氨基酸，再运送到植物的其他部位。

②弗兰克氏菌属细菌：弗兰克氏菌与非豆科植物共生形成根瘤。能结瘤的非豆科植物主要是木本植物，如杨梅属、桤木属、沙棘属等 13 个属的 138 种。

③蓝细菌：蓝细菌中的许多种类能与植物形成各种共生体。主要有满江红、鱼腥藻与水生蕨类植物满江红（红萍）共生形成红萍共生体，念珠藻或鱼腥藻与裸子植物苏铁形成共生体，念珠藻与根乃拉草植物形成根乃拉草共生体等。另外，还有蓝细菌与真菌共生形成地衣。

共生固氮菌，只有在与其他生物紧密地生活在一起时，才能固氮或才能有效地固氮，并将固氮产物氨，通过根瘤细胞酶系运送给植物体，直接为共生体提供氮源。同时，共生固氮体系比自生固氮体系的固氮效率高得多，每消耗 1g 葡萄糖大约能固定 280mg 氮。

（3）联合固氮作用。联合固氮作用是固氮菌与植物之间存在的一种简单共生现象。它既不同于典型的共生固氮作用，也不同于自生固氮作用。这些固氮菌仅存在于相应植物的根际，不形成根瘤，但有较强的专一性，比在自生条件下固氮效率高。如雀稗固氮菌与点状雀稗联合，生活在根的黏质鞘套内，固氮量每年可达 15～93kg/hm^2。另外，水稻、甘蔗以及许多热带牧草的根际，由于与固氮菌联合，都有很强的固氮活性。

通常在水域环境中，共生性固氮系统不常见。大量的氮主要靠自由生活的微生物固定，在有氧区主要是蓝细菌的作用，在无氧区主要是梭菌的作用。

2. 氨化作用 微生物分解有机氮化物产生氨的过程称为氨化作用。很多细菌、真菌和放线菌都能分解蛋白质及其含氮衍生物，其中分解能力强并释放出 NH_3 的微生物称为氨化微生物，主要有蜡状芽孢杆菌、巨大芽孢杆菌、枯草芽孢杆菌、神灵色杆菌、腐败梭菌、普通变形菌、荧光假单胞菌等细菌，链格胞属、曲霉属、毛霉属、青霉属、根霉属等真菌和嗜热放线菌等。

氨化作用产生的氨，一部分供微生物、植物同化，一部分被转变成硝酸盐。

3. 硝化作用 微生物将氨氧化成硝酸盐的过程称为硝化作用。整个过程由两类细菌分两个阶段进行。第一阶段是氨被氧化为亚硝酸盐，靠亚硝酸细菌完成，主要有亚硝化单胞菌属、亚硝化叶菌属中的一些种类；第二阶段是亚硝酸盐被氧化为硝酸盐，靠硝酸细菌完成，主要有硝化杆菌属、硝化刺菌属和硝化球菌属中的一些种类。

硝化作用形成的硝酸盐，在有氧条件下，被植物、微生物同化，在缺氧条件下，被还原成 N_2 而消失。

4. 反硝化作用 微生物还原硝酸盐，释放出 N_2 和 N_2O 的过程称为反硝化作用，或称为脱氮作用。参与反硝化作用的微生物主要是反硝化细菌，其中以脱氮假单胞菌和脱氮硫杆菌的作用能力最强。另外，还有芽孢杆菌属、色杆菌属、棒杆菌属中的一些种类。

三、硫素循环

硫是生物重要的营养元素，它是一些必需氨基酸和某些维生素、辅酶等的成分。自然界中硫素以元素硫、硫化氢、硫酸盐和有机态硫的形式存在，其中硫酸盐约占总硫量的 10％～25％，有机态硫约占 50％～75％，而植物一般只能以无机盐类作为养料。因此，硫素各种形态的循环转化，对不断供给植物硫素营养非常重要。

（一）自然界中的硫素循环

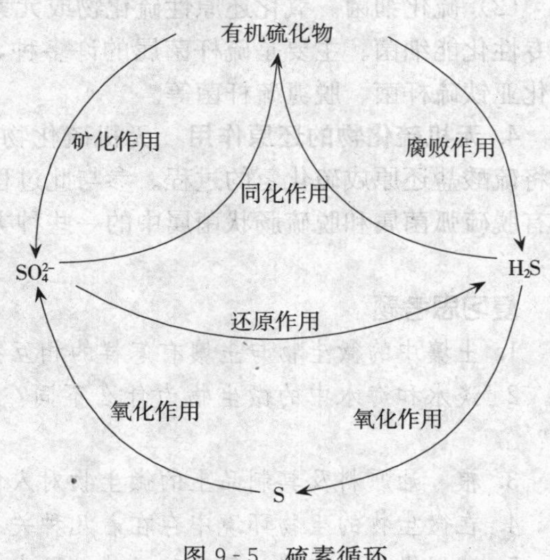

图 9-5 硫素循环

硫素循环过程见图 9-5。自然界中的硫和硫化氢，经微生物氧化形成 SO_4^{2-}；SO_4^{2-} 被植物和微生物同化还原成有机硫化物，组成自身物质；动物食用植物和微生物，将其转变成动物有机硫化物，当动植物和微生物残体中的有机硫化物（含硫蛋白质）被微生物分解时，以 H_2S 和 S 的形态返回自然界，整个硫素循环完成。另外，SO_4^{2-} 在缺氧环境中也可被微生物还原成 H_2S。硫素循环可划分为分解作用、同化作用、无机硫的氧化作用和无机硫化物的还原作用。

（二）微生物在硫素循环中的作用

1. **分解作用** 动植物和微生物残体中的有机硫化物，被微生物降解成无机物的过程称为分解作用。在有氧情况下，分解的最终产物是硫酸盐，可供植物和微生物利用；在缺氧情况下，特别是在蛋白质物质腐解时，累积 H_2S 和有气味的硫醇等。能部分降解蛋白质生成 H_2S 的微生物很多，一般能分解有机氮化物的氨化微生物，都能分解含硫蛋白质。

2. **同化作用** 微生物利用硫酸盐和 H_2S，合成本身细胞物质的过程称为同化作用。细菌、真菌和放线菌中都有能利用硫酸盐作为硫源的种类，仅少数微生物能同化 H_2S。

3. **无机硫的氧化作用** 无机硫的氧化作用是微生物氧化硫化氢、元素硫、硫化亚铁等生成硫酸盐的过程。自然界能氧化无机硫化物的微生物主要是硫细菌，可分为硫磺细菌和硫化细菌两大类。

（1）硫磺细菌。氧化硫化氢为元素硫，储存在细菌体内，当环境中缺少 H_2S 时，细胞内储存的硫磺颗粒能继续被氧化成硫酸。硫磺细菌形态见图 9-6。

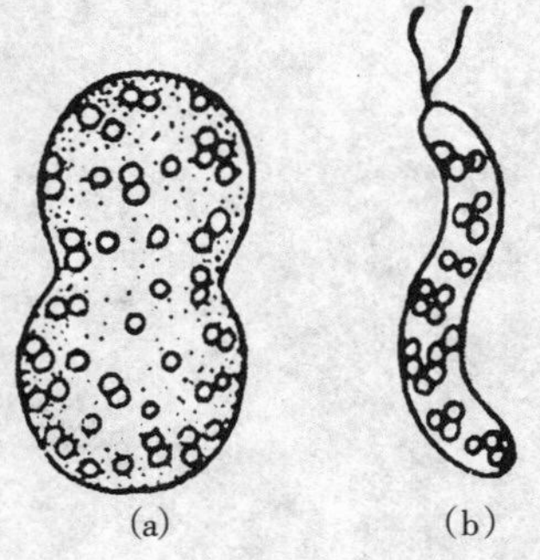

图 9-6 巨泡硫菌和硫螺菌
（a）巨泡硫菌 （b）硫螺菌
（廖延雄，兽医微生物学，1980）

（2）硫化细菌。氧化还原性硫化物或元素硫为硫酸，细胞内无硫磺颗粒，是专性化能细菌。主要是硫杆菌属的许多种，如氧化硫硫杆菌、排硫硫杆菌、氧化亚铁硫杆菌、脱氮硫杆菌等。

4. 无机硫化物的还原作用 无机硫化物的还原作用是在厌氧条件下微生物将硫酸盐还原成硫化氢的过程。参与此过程的微生物是硫酸盐还原细菌，主要有脱硫弧菌属和脱硫肠状菌属中的一些种类。

复习思考题

1. 土壤中的微生物与土壤有怎样的相互关系？对农业生产有什么意义？
2. 淡水和海水中的微生物为什么不同？为什么饮用水源必须经过消毒处理？
3. 粮、油原料及其制品上的微生物对人体有何危害？如何防止？
4. 在微生物的生物环境中存在着几种关系？各举例说明。
5. 试述微生物在碳、氮、硫、磷循环中的作用。
6. 微生物之间的相互关系有哪几种？
7. 什么是根际微生物？

第十章 微生物的应用

[本章提要] 微生物与人类生活密切相关，在农业生产、环境治理、食品加工、生物制药等方面得到广泛的应用。在农业生产方面，微生物主要用于防治植物病虫害、提高土壤肥力、生产沼气等；在环境治理方面，微生物主要用于污水处理、废物或废气的处理及环境监测；在食品加工方面，微生物主要用于制醋、酿酒、生产氨基酸、乳制品的发酵等；在制药方面，可用于生产疫苗、类毒素、免疫血清、抗生素、维生素、酶制剂等。

第一节 微生物与农业

一、微生物农药

植物在生长发育过程中，由于病虫害的侵袭而造成很大的损失。减少病虫对植物的为害，确保植物的速生丰产，是病虫害防治工作的重要任务。近数十年来，有机农药在植物病虫害防治中广泛使用，发挥了巨大的作用。但是，有机农药的广泛使用造成了环境污染，同时，病虫抗药性的提高给人类从根本上防治病虫害带来了困难，所以，积极发展“高效、安全、经济”的新型农药是十分必要的。其中，微生物农药是很有发展前景的一种农药。

微生物农药包括微生物杀虫剂和微生物杀菌剂，这类农药对人畜和天敌安全，不易引起防治对象产生抗药性。近几十年来，世界各地已广泛利用细菌、真菌、病毒等微生物来防治许多植物病虫害，并且取得了满意的效果。

（一）杀虫微生物

科技工作者在自然界不断发现昆虫因受微生物侵袭而大量死亡的现象，现已发现昆虫的病原微生物有2 000多种，以真菌、细菌、病毒对害虫的抑制作用较为显著。以菌治虫就是利用病原微生物制成杀虫剂，人为地使害虫感病死亡的一种消灭害虫的方法。

1. **真菌治虫** 已发现的昆虫病原真菌有500多种，常见的有虫霉属、虫草属、白僵菌属、绿僵菌属等。这些真菌对自然环境条件的依赖性较大，在生产上推广应用还存在一定困难。因此，杀虫真菌的种类虽然很多，在发展成为生物杀虫剂的长期实践中，迄今已成为商品的仅有白僵菌和绿僵菌。

白僵菌主要是通过体壁侵入昆虫体内，菌丝在虫体内大量繁殖并产生毒素使昆虫中毒死亡。使用时，可将白僵菌制剂喷施在昆虫为害的植物上，也可喷施在害虫聚集的场所。白僵菌剂型有粉剂，需要有适宜的温湿度（24～28℃，相对湿度90%左右，土壤含水量5%以上）才能使害虫致病。该制剂对人畜无毒，对果树安全，但对蚕有害。害虫感染白僵菌死亡的速度缓慢，经4～6d后才死亡。白僵菌与低剂量化学农药（25%对硫磷微胶囊、48%乐斯本等）混用有明显的增效作用，主要防治桃蛀果蛾、刺蛾、卷叶蛾、天牛等害虫。使用时要现配现用，可加入少量洗衣粉或杀虫剂，以提高药效，但不能和杀菌剂混用。

2. **细菌治虫** 目前人类已分离到且能使昆虫致病的细菌有90多种，研究应用最多的是芽孢杆菌，其中苏云金杆菌和乳状芽孢杆菌应用最广泛。

（1）苏云金杆菌。苏云金杆菌是Berliner于1911年在德国苏云金地方的一个面粉厂的地中海粉螟中分离出来的，1930年以后，开始用于防治植物害虫。苏云金杆菌已发现有许多个变种，我国分离到的青虫菌、杀螟杆菌、松毛虫杆菌等均属苏云金杆菌的变种。

苏云金杆菌可产生多种毒素，伴孢晶体是苏云金杆菌赖以杀虫的主要毒素，又称δ-内毒素。δ-内毒素是一种原毒素，本身不具毒性，必须要使昆虫食入，在昆虫碱性肠道中晶体被水解为毒性肽，产生毒性。它作用于虫体的中肠上皮细胞，引起肠道麻痹、穿孔、虫体全身瘫痪、停止取食。随后，肠道中内含物渗入血腔，引起败血症而死亡。昆虫经过毒素作用后，表现为食欲减退，进一步发展为停食，行动迟缓，上吐下泻，48h便可死亡。死亡的虫体发软，腐烂有臭味。

剂型有7.5%悬浮剂、50%可湿性粉剂、Bt乳剂。主要用于防治直翅目、鞘翅目、双翅目、膜翅目，特别是鳞翅目的多种害虫，如菜青虫、小菜蛾、斜纹夜蛾、菜粉蝶、棉铃虫等，常稀释1 000倍进行喷雾。苏云金杆菌主要用于防治害虫的幼虫，施药期应比使用化学农药提前2～3d。对害虫的低龄幼虫效果好，30℃以上施药效果最好。不能与内吸性有机磷杀虫剂或杀菌剂混合使用，晴天最佳用药时间在日落前2～3h，阴天时可全天进行，雨后需重喷。

（2）乳状芽孢杆菌。又称日本金龟子杆菌，当日本金龟子的幼虫（蛴螬）吃了沾有细菌芽孢的食物后，引起败血症。利用乳状芽孢杆菌制剂防治日本金龟子幼虫，防治效果可达到60%～80%。芽孢在土壤中存活时间很长，且染病死亡后的金龟子幼虫不断增加土壤中芽孢的数量，因此，昆虫一旦感病，就可传播到附近地区，从而达到全面控制日本金龟子为害的目的。美国于

1939—1953 年，在许多地区使用了 109t 乳状芽孢杆菌菌剂后，使每平方英尺土地上的蛴螬由 50 多头（每平方米约 540 头）下降到不足 3 头（每平方米约 30 头），并且药效保持时间长达 9 年以上。

3. 病毒治虫　能感染昆虫及螨类的病毒，已发现 700 多种。昆虫病毒种类多、分布广、专性强，常见的昆虫病毒有核型多角体病毒、质型多角体病毒、颗粒体病毒和无包涵体病毒。昆虫病毒病一般是昆虫食下病毒后发生的，需 4～20h 才死亡。昆虫病毒需通过寄主昆虫才能繁殖，培养困难，且杀虫谱很窄，限制了昆虫病毒的推广应用。

4. 杀虫素　有些抗生素有较强的杀虫效果，如阿维菌素、放线菌酮、土霉素、杀螨素等。

阿维菌素是一种新型杀虫抗生素，具有广谱杀螨杀虫的活性，持效期较长，不污染环境，对人畜安全，且消灭抗药性昆虫效果明显。目前，我国农业生产中已开始大面积推广使用这种杀虫剂。

（二）抗生菌和抗生素

许多植物病害是由细菌、真菌、病毒、类菌质体等微生物引起的，在自然界中，这些病原微生物也受其他微生物的抑制或毒害。应用微生物间的颉颃关系，防治植物病害，以菌治菌，是农业微生物发展的一个重要的领域。

1. 抗生菌与抗生素　抗生菌是对其他微生物具有颉颃作用的微生物。自青霉素问世以来，不断发现新的抗生菌和抗生素。目前已知的抗生菌种类很多，包括放线菌、真菌、细菌。放线菌类抗生菌在抗菌素研究中占重要的地位。

抗生菌所分泌的某些具有抑制或杀伤其他微生物的特殊物质称抗生素。主要有井冈霉素、春雷霉素、灭瘟素、放线菌酮、内疗素等，目前，放线菌已用于防治粮食作物、经济作物许多种病害。已推广应用的抗生素种类很多，它们来源于各类微生物。在已知的放线菌中，几乎半数以上具有颉颃性，真菌中能产生抗生素的抗生菌也不少，细菌中则相对少些。

抗生素对人和动植物的毒性虽然很低，但应该注意机体对抗生素的过敏反应。例如人体注射青霉素等抗生素时，一般要先做过敏反应试验。

2. 农用抗生素　抗生素在农业方面的应用是在医用基础上逐步发展起来的，农用抗生素的研究始于 20 世纪 60 年代，农用抗生素是用于防治植物病害的，要求能够吸入植物体内，吸入后仍有抗菌活性，且对植物细胞无毒性，不会产生药害，植物能够正常生长。

此外，农用抗生素也应该对人、畜和各种水生生物安全无毒。一般要求在常用浓度 20 倍以上对人、畜无毒害，200 倍以上对鱼、虾、贝等也无毒害为标准。

3. 农用抗生素的应用 利用抗生素防治作物病害方面使用较多。如使用春雷霉素、庆丰霉素、灭瘟素防治稻瘟病，多氧霉素、灰黄霉素防治水稻纹枯病，农抗769防治禾谷类黑穗病等都有一定的成效。

（1）春雷霉素。又名春日霉素、加收米。常用剂型有2%水剂，2%、4%、6%可湿性粉剂。春雷霉素是放线菌产生的代谢产物，属内吸抗生素，兼有治疗和预防作用。纯品为白色针状结晶固体，在常温下稳定，在酸性和中性条件下稳定，在碱性条件下易分解。水剂外观深绿色液体，常温下可储存2年以上；可湿性粉剂外观为浅棕黄色粉末，常温下可储存3年以上，对人畜、水生物安全，对蜜蜂有一定毒害。

主要用于防治黄瓜炭疽病、细菌性角斑病、西红柿叶霉病、灰霉病等。不能与碱性农药混用，储存时间不能过久，以免降低药效。菜豆、豌豆对春雷霉素敏感，使用时要慎重。稀释后要一次用完，避免杂菌污染，安全间隔期14d。

（2）井冈霉素。又名有效霉素，剂型有5%、30%水剂，2%、3%、4%、5%、12%、15%、17%水溶性粉剂，0.33%粉剂。是一种放线菌产生的抗生素，具有较强的内吸性，易被菌体细胞吸收并在其内迅速传导，干扰和抑制菌体细胞生长和发育。主要用于水稻纹枯病，也可用于水稻稻曲病以及蔬菜和棉花等作物病害的防治。可喷雾或泼浇，可与碱性农药以外的多种农药混用。应存放在阴凉干燥处，并注意防腐、防霉、防热。

（3）农抗120。又名抗霉菌素，主要组分为核苷，它可直接阻碍病原菌蛋白质合成，导致病原菌死亡。对人、畜低毒，无残留，不污染环境，对作物和天敌安全，并有刺激植物生长的作用。剂型有1%、2%、4%水剂。主要防治苹果白粉病、炭疽病、葡萄白粉病等。可喷雾，除碱性农药以外，可与其他杀虫剂、杀菌剂混用。

（4）灭瘟素。剂型有2%乳油、4%可湿性粉剂和0.16%粉剂。防治叶稻瘟病通常在出现急性病斑时施药，防治穗颈瘟时在孕穗末期用药一次或病情严重流行时在齐穗期再施药一次。喷施浓度为20～40mg/L，在此浓度下，对水稻胡麻斑病和小粒菌核病也有一定防治效果，同时可降低水稻条纹病毒病的感染率。水稻分蘖期易产生药害，番茄、茄子、烟草、桑树、兰科和十字花科对此药剂亦很敏感，施药时应防止药液飘移到这些作物上。施药时，可与对硫磷、敌百虫、杀螟松等有机磷或有机砷制剂混用。不宜与波尔多液等强碱性农药混施。

（5）农用链霉素。杀菌谱广，特别是对细菌性病害效果较好，具有内吸作用，能渗透到植物体内，并传导到其他部位。剂型有10%可湿性粉剂。可防治多种植物细菌和真菌性病害，防治大白菜软腐病、甘蓝黑腐病、黄瓜细菌性角斑病、甜椒疮痂病、软腐病、菜豆细菌性疫病、火烧病等。主要用于喷雾，也可作灌根和浸种消毒等。

(6) 多抗霉素。又名多效霉素、多氧霉素，制剂有10%宝丽安可湿性粉剂，3%、2%、1.5%可湿性粉剂等，可防治麦类、水稻、瓜、果、人参等作物多种真菌病害。如稻麦纹枯病、麦白粉病、番茄灰霉病、黄瓜霜霉病、白粉病、苹果或梨灰斑病、茶树茶饼病等，用500～1 000倍药液喷雾。

二、微生物肥料

(一) 根瘤菌

1. 形态特征 在培养条件下根瘤菌为杆状，革兰氏阴性菌，有2～6根周生鞭毛、1根端生或侧生鞭毛，能运动，不产生芽孢。

在根瘤中生活的根瘤菌，形态逐渐变化，开始进入根内时为很小的杆状。随着根瘤的发育，进入根瘤细胞内的菌体逐渐变大，为粗杆状或球状。有时一端膨大或分叉，成为梨形、棒槌形、“T”形或“Y”形，染色后表现明显的环节状。孤立菌落为圆形，直径0.5～1.5cm，边缘整齐，无色、白色或乳脂色，具有光泽。

常见根瘤菌种类主要有豌豆根瘤菌、三叶草根瘤菌、四季豆根瘤菌、苜蓿根瘤菌、大豆根瘤菌、羽扇豆根瘤菌、紫云英根瘤菌、豇豆根瘤菌等。

2. 生理特性 根瘤菌属于化能异养型微生物，虽然可以吸收无机氮化物，但如果培养基中只有无机氮化物时一般生长不很好。培养基中含有植物性氮素物质，如酵母汁、豆芽汁等，大多数根瘤菌生长良好。其次，根瘤菌还需要各种灰分营养，尤其对磷素要求比较高。不同种类根瘤菌对维生素类养料的要求有差异，但大多数只有当培养基中含有丰富的B族维生素时才能旺盛生长。所以，我们在培养根瘤菌时，通常在培养基中加酵母汁来满足根瘤菌这方面的营养需要。

根瘤菌属于好气性微生物，深层培育时需要进行通气，但根瘤菌对氧的要求不是很高。根瘤菌适合中性和微碱性条件，适宜的pH在6.5～7.5。不同根瘤菌菌株的耐酸能力不同，培养的适宜温度为25～30℃。

3. 根瘤菌的应用 目前根瘤菌剂的生产既有工业化的生产方法也有花钱少的简易生产方法。工业化生产根瘤菌肥，技术比较复杂，设备很多，投资较大。由于工业生产的根瘤菌剂含的根瘤菌少，品种也少，加之又不易长期储存，所以多数地方都还没有采用。采用简单易行的干瘤法和鲜瘤法可以收到事半功倍的效果。

（1）干瘤法。豆科作物的盛花期是根瘤菌活动和繁殖最旺盛的时期，这时在高产田里，选择健壮的植株，连根挖出，不伤根瘤，用水轻轻冲去泥土，挑选主根和支根上聚集的许多大个、粉红色根瘤的植株，剪去枝叶、须根和下部的支根，挂在背阴通风处阴干，然后放在干燥处保存。翌年播种时，用刀割下根瘤，放在瓷罐内捣碎，加上少许凉开水搅拌均匀，即可拌种，一般每公顷地用 75～150 株的根瘤。

（2）鲜瘤法。在大田播种前 50d 左右，在塑料大棚或温室内提前育苗，育苗的大豆最好用干瘤法得到的根瘤（或根瘤菌剂）拌种，或在出苗一周左右追施一次根瘤菌肥，以促其根瘤长得好。苗床面积可以按需要的根瘤数量来定。待大田播种时，把正在生长的豆科作物连根挖出来，选大个儿、粉红色的根瘤，把它们捣碎，再加上些凉开水，就可以拌种了。

施用根瘤菌剂要确保其增产效果，必须注意以下几点：第一，根瘤菌对不同种甚至不同品种的豆科作物都有选择性，种植什么样的作物，都要选择与作物相对应的根瘤菌，不能乱了系统，否则就没有增产效果。如大豆根瘤菌只能在大豆、黑豆、青豆的根部侵入形成根瘤。第二，太阳光中的紫外线对根瘤菌具有较强的杀伤力，所以，干鲜根瘤、自制或购买的根瘤菌菌剂以及拌好的豆种，一定要放在阴凉处，避免阳光直射。第三，拌种要均匀，不要擦伤种皮，拌种时，不能同时拌入农药。第四，拌种时，每公顷的豆种如果加入75～150g 钼酸铵，会有更好的增产效果。多年种植某种豆科作物的农田，如果继续种植这种豆科作物，也应接种根瘤菌。

（二）菌根和菌根菌

许多真菌在植物根部表面发育或者伸入根的组织内部，与植物建立起共生关系，这种共生体称菌根。能与植物形成菌根的真菌称为菌根菌。

菌根最常见的有内生菌根和外生菌根。外生菌根真菌进入植物根部，但不进入根细胞，真菌在幼根表面生长，菌丝体结成鞘套状包围在根外，内层菌丝侵入皮层细胞间隙，这种菌根根毛不发达，而由根外的菌丝体代替根毛的作用。许多森林植物如松柏科、桦木科、壳斗科、杨柳科、胡桃科等都有这种菌根。

植物和菌根真菌是一种互惠共生的关系，它们之间可以交换各自所需的物质，植物借助菌根菌吸收水分、养分和生长促进剂，而菌根菌也从植物体中摄取自身生长所需要的糖分和其他有机物。菌根菌是植物根系的延长和扩展，且比植物根系吸收水分、养分的能力大得多，菌根菌丝十分纤细（只有根毛的

1/5 左右)，可伸入根毛难以进入的土壤孔隙中，这样就大大增加了植物根系与土壤的接触面积，菌根菌菌丝在土壤中呈几何倍数生长，繁殖数量可观，一小撮用手指拈起的泥土中可以有好几千米长的菌丝。菌根真菌可以帮助植物吸收难溶性的磷、钾、钙、镁、铁、锰、铜、锌、钼等养分，还具有增强植物抗病力、改良土壤的作用。

菌根的存在，不仅可以节约肥料，而且还可以施用价廉的微溶甚至不溶性的无机肥料，降低生产成本。在育苗中，尤其是在草原、荒漠等无菌根的土壤上建立苗圃或植树造林时，如果人为施用菌根菌，会获得巨大收益。一般苗木接种菌根菌的方法有森林菌根菌接种、菌根“母苗”接种、菌根真菌纯培养接种、子实体接种、菌根菌剂接种等。

1. 森林菌根菌接种 在与接种苗木相同的老苗圃内，选择菌根菌发育良好的地方，挖取根层的土壤，与适量的有机肥和磷肥混拌后，开沟施入接种苗木的根层范围，接种后要浇水。这种方法简单，接种效果好，但需要量大，运输不方便，也有可能带来新的致病菌。

2. 菌根“母苗”接种 在新建苗圃的苗床上，每隔 1～2m 保留一株有菌根的苗木作为“母苗”，在其株行间播种或育苗，菌根真菌从母苗向四周扩展，对新培育的幼苗进行自然接种。一般有 2 年时间，苗床就充分感染菌根真菌。

3. 菌根真菌纯培养接种 从 PDA 培养基上刮下菌丝体，直接接种到土壤中或幼苗侧根处。

4. 子实体接种 将采集到的子实体与土混合或直接施于苗床上，翻入土壤，或制备成菌悬液浇灌。

5. 菌根菌剂接种 利用人工培养的菌根菌剂，如 Pt 菌根剂，对植物进行接种。对松树、云杉、核桃、杨树、柳树等树种都适应。可以浸种处理、浸根处理或喷叶处理。

(三) 有机肥料堆制的微生物学过程

堆肥是指以植物性物质（植物秸秆、湖草等）为主，略加人畜粪尿，混合堆积腐熟而成的有机肥料。

1. 堆肥的制作

(1) 原料的处理。若为较硬的植物秸秆类的原料，应先将秸秆压扁，切成 5cm 左右的小段。切碎的目的主要是有利于吸收水分和控制适宜的通气状况，微生物利用的养料也易渗出，使微生物迅速发展。若为稻草则无需研压。

混合后的堆肥材料的碳氮比不能大于 40∶1，氮含量过低，可加入人粪尿提高含氮量。微生物得到充足氮素养料，生长繁殖旺盛，腐熟快，提高腐熟堆肥的总量。氮过量会导致氨的大量挥发，降低肥效。

堆肥常用的作物材料比例为：植物残体 100 份、人畜粪尿 10～20 份、石灰或草木灰 2～5 份、水 100～200 份。

(2) 水分、通气与保温。水分和通气是互相矛盾的两个条件，是影响堆肥腐熟的主要因素。当水分含量和通气状况都比较恰当时，微生物的活动才能旺盛。堆肥材料最好先用水浸透，或者铺一层材料，浇一层水，浇匀浇透。

通气是促进微生物活动的必要条件，材料堆积时，不要过紧，保证良好的通气条件，促进微生物的代谢。

堆肥热源来自微生物分解有机物产生的热量，因此，在堆制的初期，要创造微生物旺盛繁殖的条件。堆肥中加入人畜粪尿，一方面接种了大量微生物，提高了微生物繁殖的起跑点，另一方面提供了速效氮源，促进微生物生长。

(3) 泥封。材料堆好后，取湿土、河泥密封，以保水、保温、防止雨水冲刷、防止挥发性氮的损失，还能防止蚊蝇孳生。堆肥堆制的体积（面积和高度）是一项重要的堆积条件，体积大，保温、保水好，边缘不能充分腐熟的物质的比例也低。堆肥一般高 2m，堆宽 3～4m，堆长依材料多少定。

(4) 翻堆。堆制过程中，必要时应进行翻堆。一般在堆温越过高峰开始降温时翻堆。通过翻堆，可以使内外层分解程度不同的物质重新混合均匀，如湿度不足可补加一些水分，然后再次泥封。

2. 堆肥的微生物学过程

(1) 发热阶段。堆制初期，堆肥中微生物旺盛繁殖，分解有机物质，产生大量的热，不断提高堆肥温度，叫做发热阶段。在这阶段中，堆肥物质的变化主要是在好气性条件下易分解的有机物质（如糖类、淀粉、蛋白质等）迅速分解，产生大量的热，产生的热提高了堆肥的温度。发热阶段堆肥中的微生物以中温好气性的种类为主，如无芽孢细菌、芽孢细菌、霉菌等。

(2) 高温阶段。堆肥的快速腐熟必须经过一个高温阶段，否则，腐熟过程会很缓慢。高温阶段还有杀死病菌、害虫，防止人、畜、作物病虫害传播的效果。

随着温度的上升，好热性微生物种类逐渐增多，代替了中温性的种类，温度持续上升便进入高温阶段。进入高温阶段，堆肥材料中复杂的有机物质如纤维素、半纤维素、果胶物质等被微生物强烈分解。

当堆肥温度上升到 70℃以上，大多数好热性微生物也大量死亡或进入休眠状态，产生的热量减少，堆温即开始下降。但当温度下降到 70℃以下时，处于休眠状态的好热性微生物又恢复生命活动，产热量又增加。这样堆温就处于一个自然调节的延续较久的高温期，对堆肥的快速腐熟起着很重要的作用。制造得法的堆肥，有相当长的高温期（维持 50℃以上），堆肥腐熟速度很快。

堆制不当的堆肥，腐熟需要很长的时间。

（3）降温阶段。高温阶段持续一定时间后，纤维素、半纤维素、果胶物质等大部分已经分解，剩下很难分解的复杂成分（如木质素）和新形成的腐殖质。微生物的生命活动强度减弱，产热量降低。温度下降到40℃以下时，中温性的微生物代替了好热性微生物成为优势种类。如果降温阶段来得很早，说明堆制条件不理想，植物性物质还没有充分分解，可以进行翻堆，再次封堆，可以产生第二次发热、升温，有利于有机物质的充分分解。

（4）腐熟保肥阶段。当堆肥中的植物性物质绝大部分已经腐解，堆温下降至稍高于气温，便进入腐熟保肥阶段。这个时期要保存已形成的腐殖质和植物养料，应将堆肥压紧，造成厌气状态，使有机物质的矿化作用减弱，有利于保肥。腐熟保肥阶段，堆肥物质可进一步缓慢腐解，成为与土壤腐殖质十分相近的物质。

三、微生物能源

（一）沼气

在自然界的湖泊和池沼中，常常看到有许多气泡从水底的污泥中冒出水面，将这种气体收集起来，可以点燃，由于多产生于沼泽和池沼中，故名沼气（marsh gas），又名生物气（biogas）。

沼气在自然界分布很广，淡水或海水的沉积物以及淤土中，都有沼气的发生。沼气是多种气体的混合物，包括甲烷、氢、硫化氢、一氧化碳、二氧化碳、氮和氨。以甲烷为主，约占60％～70％，其次为二氧化碳，约为30％～35％。沼气是微生物在严格厌气条件下分解有机质的产物。在农村，利用秸秆、人畜粪尿、垃圾等废弃有机物，在人工控制厌氧条件下，进行沼气发酵是既有经济效益又有良好生态效益和社会效益的重要措施，值得广泛地开展。

（二）沼气发酵的微生物学原理

沼气发酵是由多种微生物在厌氧条件下将自然界中纤维素等复杂有机物转化为CH_4和CO_2的过程。甲烷（CH_4）的形成可分3个阶段。

1. 水解阶段 由厌氧或兼性厌氧的水解细菌将复杂有机物如纤维素、蛋白质、脂肪等分解为有机酸、醇等简单有机物。参与本阶段的水解细菌有*Clostridium*（梭菌属）、*Bacteroides*（拟杆菌属）、*Butyrivibrio*（丁酸弧菌属）、*Eubacterium*（真杆菌属）、*Bifidobacterium*（双歧杆菌属）等厌氧菌，*Streptococcus*（链球菌属）和一些肠道杆菌等兼性厌氧菌。

2. 产酸阶段 由厌氧的产氢产乙酸细菌群把水解产生的各种有机酸分解成乙酸、H_2、CO_2的过程。产氢产乙酸细菌群为两种细菌的共生体，一种是产氢产乙酸菌，称S菌；另一种是“MOH菌”，革兰氏染色可变，不能利用乙醇，但能利用H_2产CH_4。

3. 产气阶段 由严格厌氧的产甲烷菌群利用一碳化合物（CO_2、甲醇、甲酸、甲基胺）、二碳化合物（乙酸）和H_2产生CH_4的过程。根据《伯杰氏系统细菌学手册》（第二版），产甲烷菌属于宽古生菌门，代表属有*Methanobacterium*（甲烷杆菌属）、*Methanobrevibacter*（甲烷短杆菌属）、*Methylococcus*（甲烷球菌属）、*Methanogenium*（产甲烷菌属）、*Methanospirillum*（甲烷螺菌属）和*Methanolobus*（甲烷叶菌属）等。

(三) 沼气发酵条件

沼气发酵的条件包括：沼气细菌、发酵原料、发酵浓度、酸碱度、严格厌氧环境和适宜的温度。这些条件有一项对沼气细菌不适应就产生不了沼气。

1. 沼气细菌 沼气细菌普遍存在于粪坑底污泥、下水污泥、沼气发酵的渣水等，接种物用量一般占总发酵料液的30%左右。

2. 充足的发酵原料 沼气发酵原料是产生沼气的物质基础，又是沼气发酵细菌赖以生存的养料来源。

3. 发酵原料浓度 沼气池中的料液在发酵过程中需要保持一定的浓度，才能正常产气运行，一般采用6%～10%的发酵料液浓度较适宜。在这个范围内，沼气的初始启动浓度要低一些便于启动。夏季和初秋池温高，原料分解快，浓度可适当低一些。冬季和初春池温低，原料分解慢，发酵料液浓度保持在10%为宜。

4. 适当的酸碱度 沼气发酵细菌最适宜的pH为6.8～7.5，6.4以下7.6以上都对产气有抑制作用。pH在5.5以下，为料液酸化的标志。

5. 严格厌氧环境 原料和接种物入池后，要及时加水封池。现有水压式沼气池以料液量约占沼气池总容积的90%为宜，然后将池盖密封。

6. 适宜的温度 在8～60℃范围内都能发酵产气，当池温在20℃以上时，产气率可达$0.4m^3/(m^3 \cdot d)$，当池温不低于15℃时，产气率不低于$0.15m^3/(m^3 \cdot d)$。

新沼气池建成后，如不产气，原因有：①接种物过少；②池温低，会造成长时间不产气；③沼气池的发酵液浓度过大，初始所产的挥发酸大量积累导致料液酸化。

(四) 沼气发酵工艺

根据农村常见的发酵原料主要分为全秸秆沼气发酵、全秸秆与人畜粪便混合沼气发酵和完全用人畜粪便沼气发酵原料3种。沼气池的形式和结构可以结合当地条件选用，沼气发酵池应该具备以下条件：不漏水，不漏气，便于搅拌，经济实用（图10-1）。

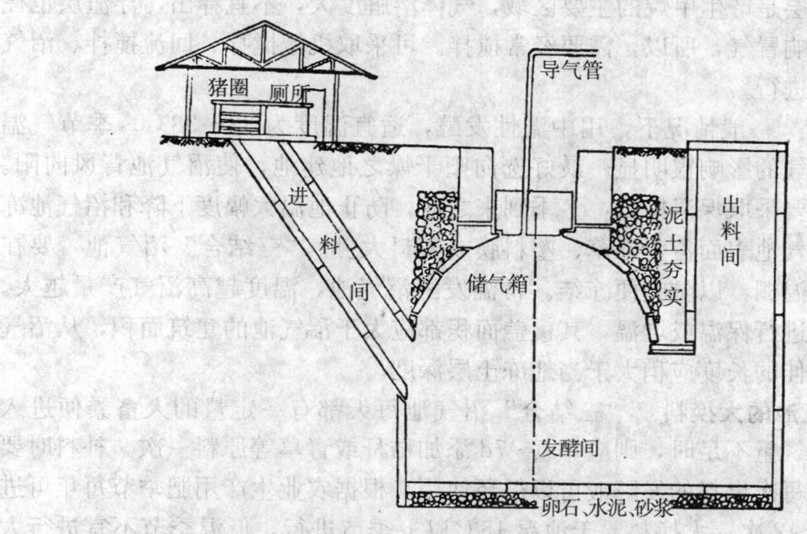

图 10-1　沼气发酵池结构示意图

1. 原料　用于沼气发酵的原料应就地取材，主要是各种有机废弃物，如农作物秸秆、禽畜粪便、人粪尿、树叶杂草等。用不同的原料时要注意碳、氮元素的配比，原料中碳氮比以 13～16：1 最好，最高不超过 40：1。根据接种物用量的多少要加粪便来调节碳氮比，接种物用量在 30％或 30％以上时，可以不加粪便；接种物用量在 20％时，鲜粪与风干秸秆的比例应为 1：1；接种物用量在 10％时，鲜粪与秸秆的比例应为 2：1。以猪、牛粪为原料启动时加 20％的接种物；以鸡、人粪作发酵原料启动时加 30％的接种物。

不是所有的植物都可作为沼气发酵原料。例如，桃叶、大蒜、植物生物碱、地衣酸金属化合物、盐类和刚消过毒的禽畜粪便等，都不能进入沼气池。因为它们对沼气发酵有较大的抑制作用。发酵池投料中的干物质和水的比例要适宜，投料中干物质含量以 5％～8％为宜。

2. pH 的影响　沼气发酵的最适 pH 为 6.8～7.2，6.4 以下会抑制发酵，高于 7.6 也不利于分解。一次投料过多，尤其是投入新鲜原料过多，由于乳酸菌等产酸微生物的作用，往往使 pH 过于降低，不利于沼气发酵。所以，新鲜原料应先行堆积，略使干燥，均匀的投料。

3. 污泥及其作用　发酵池内污泥含量高有利于发酵，但不利于搅拌，一般含量在 3％～5％为宜。大型发酵池为了使沼气发酵持续稳定的进行，在污泥积累一定量后，除由出料口排出外，可将其一部分送回发酵池，作为接种剂。

4. 搅拌　沼气发酵池内发酵液分为 3 层，自上而下为浮渣层、液层、污泥层。污泥层是产生甲烷的主要区域，气体溶解度大，不宜释出，浮渣层也往往结块，影响冒气，所以，需要经常搅拌。可采取机械搅拌、回流搅拌、沼气搅拌等方式进行。

5. 温度 一般情况下，用中温性发酵，适宜温度为32～38℃。季节气温的变化对产气的影响很明显，最好选向阳干燥之地建池，使沼气池背风向阳。在低温季节要采取保温措施，冬季到来之前，防止池温大幅度下降和沼气池冻坏，应在沼气池表面覆盖柴草、塑料膜或塑料大棚。"三结合"沼气池，要在畜圈上搭保温棚，以防粪便冻结。常温发酵沼气池，温度越高沼气产量越大。采用覆盖法进行保温或增温，其覆盖面积都应大于沼气池的建筑面积，从沼气池壁向外延伸的长度应稍大于当地冻土层深度。

6. 沼气池的大换料 "三结合"沼气池每天都有一定量的人畜粪便进入沼气池，产气量不足时，则应每5～7d添加秸秆或青草等原料一次。补料时要先出后进，每次出料的发酵液可以循环使用。根据农业生产用肥季节每年可进行大换料1～2次，大换料要于池温15℃以上季节进行，低温季节不宜进行大换料。大换料前5～10d应停止进料，要准备好足够的新料，待出料后立即重新进行启动。出料时尽量做到清除残渣，保留细碎活性污泥。留下10%～30%的活性污泥为主的料液作为接种物，沼气发酵液可重复利用。

（五）沼气的综合利用

沼气综合利用是指沼气发酵的产物（沼气和沼肥）除了传统的能源和肥料利用方式以外的其他利用技术。综合利用技术把肥料技术的应用发展到一个新领域，将沼气技术和农业生产有机肥结合起来。经过多年实践，许多综合利用技术日趋成熟，取得了良好的经济、社会效益。

目前，已经用于种植业（沼液浸种、沼液的叶面喷肥、温室大棚蔬菜沼气CO_2施肥、沼肥栽培蘑菇等）、养殖业（沼液喂猪、沼液及沼渣鱼塘养鱼、沼气孵鸡等）、沼气储粮、沼气水果保鲜、沼气灶具、沼气灯等很多领域，发展前景广阔。

第二节 微生物与环境

微生物是自然环境中的分解者，具有代谢旺盛、繁殖快、适应性强、易发生变异的特点，因而在治理环境污染和环境监测中发挥了非常重要的作用。

一、微生物与污水处理

污水的成分非常复杂，危害非常严重。污水处理的方法有物理法、化学法和生物法。生物法是目前应用最广泛的废水处理方法，法国巴黎阿谢尔（ACHERES）污水处理厂（日处理 268 万 m^3）、北京高碑店污水处理厂（日处理 100 万 m^3）等许多的污水厂都是采用生物法，而生物法中应用最普遍的是活性污泥法，这是一种好氧生物法。

（一）活性污泥

1. 活性污泥及特点 活性污泥是一种黄色或茶褐色絮绒状小颗粒污泥，上面栖息着大量活跃着的微生物。当污水与它接触，污水中的有机污染物被它吸附，并被它上面的微生物以及酶转化成无机物。正常的活性污泥不仅生物活性良好，其沉降、浓缩性能也良好。活性污泥的性能是否正常是活性污泥法处理系统正常运行的关键。

活性污泥在曝气池混合液中的相对密度为 1.002～1.003，回流污泥的相对密度为 1.004～1.006。活性污泥在正常沉降时的含水率在 99%左右，含水率高会影响其沉降性能。活性污泥是一种复杂的物质，从化学性质来区分，它由有机物和无机物两部分组成。其组成比例随入流的污水不同而异，生活污水的活性污泥中有机物占 70%左右，无机物占 30%左右。

2. 活性污泥的微生物群落 活性污泥的主体是细菌，它们大都来自土壤、水和空气，多数是革兰氏阴性菌，以好氧细菌为主。不同污水处理厂的活性污泥中微生物群落有所不同，常见的细菌有动胶菌、假单胞菌属、无色杆菌属、黄杆菌属、产碱杆菌属、芽孢杆菌、棒状杆菌属、分歧杆菌属、发硫菌属等；活性污泥中的真菌有曲霉、毛霉、根霉、青霉、镰刀霉等；原生动物在活性污泥中也大量存在，纤毛虫居多数，常作为活性污泥活性的指示生物。这些微生物组成了一个复杂的污泥生态系统，迅速降解水中的污染物。

（二）活性污泥法的运行方式

1. 活性污泥法运行的基本条件 污水中有足够的营养物质，有适当的C∶N∶P 比例，一般为 100∶5∶1；混合液中有足够的氧；活性污泥在反应器内呈悬浮状态，能与污水充分地接触；避免产生对微生物有毒害的物质；保持活性适当的污泥浓度；适当的水温、pH 等。

2. 活性污泥法的基本流程 活性污泥法是应用最广泛的污水处理技术，主要有传统活性污泥法、氧化沟法、序批式活性污泥法（SBR 法）等。

（1）传统活性污泥法。活性污泥法是开创初期所采用并一直沿用至今的一种工艺技术，其总的工艺流程见图 10-2。

传统活性污泥法的主要特点是处理效果好，BOD 去除率达 90%～95%；缺点是投资大、电耗高、脱氮除磷效率低等。该法适用进水水质稳定而处理程度要求较高的大型污水处理厂。在传统活性污泥法的基础上，还出现了许多改

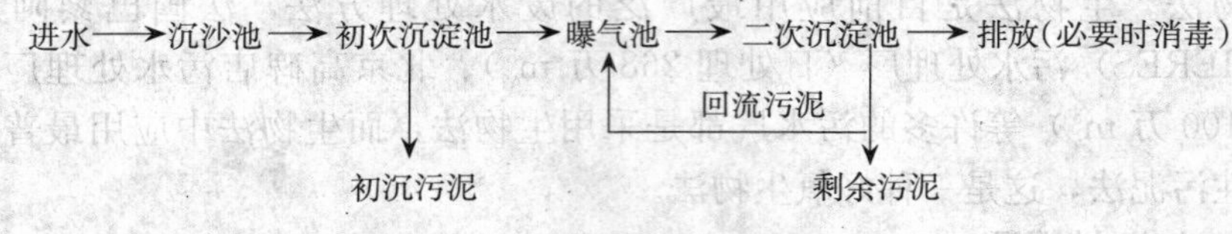

图 10-2　常规活性污泥法工艺流程

良形式，如完全混合活性污泥法、阶段曝气活性污泥法、吸附再生活性污泥法等。

(2) 氧化沟法。氧化沟实际是连续循环曝气池，工艺有以下几个特点：处理流程简单、操作管理方便；构造形式多样；出水水质好，具有同时硝化反硝化和脱氮功能；节省基建投资和运行费用。氧化沟的主要类型见图 10-3。

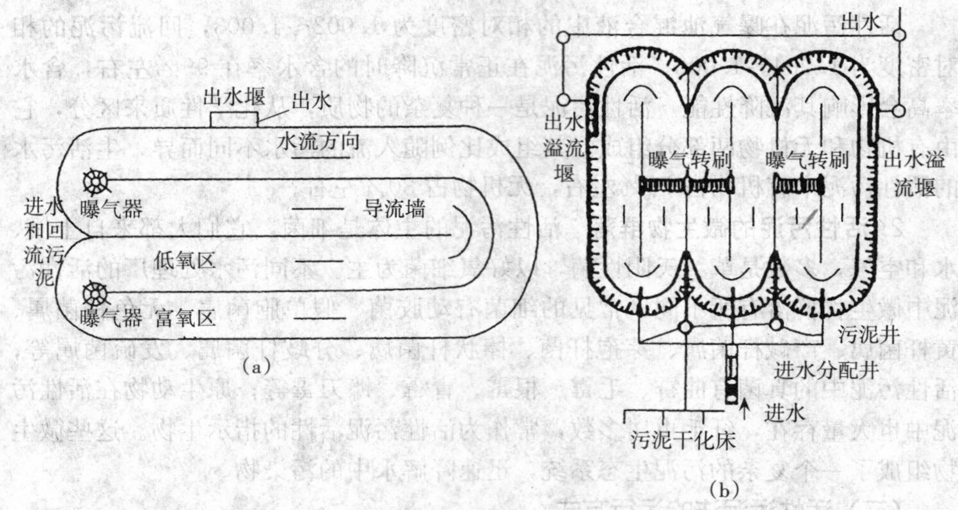

图 10-3　两种主要类型的氧化沟

(a) 卡罗塞氧化沟　(b) 三池交替运行的氧化沟系统

(周少奇，环境生物技术，2003)

好氧生物处理法还有生物转盘法、生物滤池法、氧化塘法，厌氧生物处理工艺发展也较快，也得到较广泛的应用。

二、其他环境微生物技术

(一) 固体废弃物的生物处理

固体废弃物是人类在生产、生活、消费等活动中产生的固态、半固态和高浓度液态丢弃物，如城市垃圾。城市垃圾等固体废弃物不仅侵占大量土地，还对水体、大气和土壤造成污染，危害人类健康，也威胁其他生物的生存。合理处理城市垃圾等固体废弃物，是我们人类必须解决的环境问题。

生物法在处理有机质含量较高的固体废弃物有较大的优势，已实现工程化应用的技术主要有堆肥法生物处理技术和生态填埋处理技术。堆肥的实质是有机固体废弃物在微生物的作用下，通过生物化学反应实现转化和稳定化的过程。根据处理过程中微生物对氧的需求不同，又分好氧堆肥法和厌氧堆肥法。

好氧堆肥法是在通气条件下，好氧微生物分解有机废弃物并达到稳定化的过程。这种方法速度快，堆肥温度高（一般为 50～60℃，甚至可达 80～90℃）。该过程可分为发热阶段、高温阶段和降温腐熟保温 3 个阶段。厌氧发酵法是指在不通气的条件下，微生物通过厌氧发酵将有机废弃物转化为肥料，使固体废弃物无害化的过程。厌氧发酵法发酵的温度低，腐熟和无害化所需的时间较长，发酵过程也有类似好氧堆肥法的 3 个阶段，最后产生甲烷、二氧化碳等。

生态填埋的相关技术已列入“863”计划，我国予以高度重视。生态填埋把垃圾填埋场看作一种特殊的生态系统，另一方面在构建填埋生态系统时，尽量不对周围生态系统产生危害。在填埋生态系统中，有机垃圾在填埋层内的变化大致经过好氧氧化阶段、厌氧阶段和稳定填埋阶段。填埋完成后再进行生态恢复，作景观或牧场等重新利用。

（二）有机废气的生物处理

自 20 世纪 60 年代以来，用生物法处理有机废气在德国、荷兰、美国等发达国家有了较大发展，我国只有少数引进国外先进技术处理有机废气的例子，如北京南宫堆肥厂的废气处理等。用生物法处理有机废气时，有机废气需先由气相转移到液相或固体表面液膜中，再被微生物降解、转化。增强从气相到液相的转化效率和创造有利于转化和降解的条件是提高净化效率的关键。

（三）污染环境的生物修复

生物修复也称生物整治、生物补救，是指利用微生物、植物或动物吸收、转化受污染场地（土壤或水体）中有机污染物或其他污染物，去除其毒性，使受污染场地恢复生态功能的一种生物处理过程。狭义的生物修复主要是指利用微生物去除或降低受污染场地污染物的方法。生物修复是环境污染治理的一个新领域，目前主要应用于土壤、水体、海滩的污染治理和固体废弃物的处理，生物修复将成为治理环境污染的一种重要方法。

（四）微生物与环境监测

微生物在环境监测中有着独特的作用，常用的有 Ames 实验、粪便污染指示菌的检测等。

Ames 实验是 Ames 教授于 1975 年研究与发表的致突变实验法，是利用鼠伤寒沙门氏菌组氨酸营养缺陷型菌株发生回复突变的性能，来检测物质的致突变性。Ames 实验准确性较高、周期短、方法简便，可反映多种污染物联合作用的总效应，是应用最广泛的致突变初筛报警手段。

水体中的沙门氏菌和志贺氏菌等肠道病原菌数量少，直接监测困难。大肠杆菌与病原菌并存于肠道，从它们的数量来判定水质污染程度和饮用水（包括食品）的安全性。检测大肠杆菌的方法主要是发酵法和滤膜实验法。

第三节 微生物与食品

微生物用于食品制造是人类利用微生物的最重要的一个方面。现代食品工业中微生物的应用已经十分广泛，选用不同的微生物菌种和原料，在一定的条件下，通过微生物的代谢作用，可生产出所需的供食用的产品，种类繁多，在人类生活中起着重要作用。本节按照不同种类的微生物所生产的食品，介绍几种重要的微生物食品。

一、细菌在食品制造中的应用

（一）食用醋的生产

食醋是一种酸性调味品，是以醋酸为主要成分，含有少量的各种有机酸、糖类、酯类等芳香物质。全国各地生产的食醋品种较多，比较著名的有山西陈醋、镇江香醋、四川麸醋、东北白醋、浙江玫瑰米醋、福建红曲醋等。

1. 生产原料 酿醋的主要原料有薯类（如甘薯、马铃薯等）、谷物类（如玉米、高粱、大米等）、粮食加工的下脚料（如碎米、麸皮、米糠等）。也可以用水果、含淀粉的野生植物和糖蜜等作原料。除了上述主要原料外，尚需要一些辅料和疏松材料，如谷壳、玉米芯等，增加通气性，使微生物能够生长良好。

2. 酿造微生物 食醋的酿造需要经过淀粉糖化、酒精发酵和醋酸发酵 3 个过程。淀粉糖化微生物能够产生淀粉酶、糖化酶，使淀粉糖化，适宜的微生物有米曲霉、黄曲霉、黑曲霉、甘薯曲霉等。酒精发酵微生物用酵母菌，如 1300 酵母菌、工农 501 黄酒酵母菌、K 字酵母菌等，淀粉糖化后接种酵母菌进行酒精发酵。醋酸发酵微生物主要是醋酸菌，有醋化醋杆菌、制醋杆菌、巴氏醋杆菌等，利用醋酸菌氧化酒精生成醋酸。

3. 食醋的酿制生产过程 醋酸发酵过程是醋酸菌在有氧的条件下，将乙醇氧化为醋酸，其总反应式为：

$$C_2H_5OH + O_2 = CH_3COOH + H_2O$$

（1）醋酸菌种的制备流程。斜面原种→斜面菌种（30～32℃，48h）→三角瓶液体菌种（一级种子30～32℃，振荡培养24h）→种子罐液体菌种（二级种子30～32℃，通气培养22～24h）→醋酸菌种子。

（2）酿醋工艺流程。薯干（或碎米、高粱等）→粉碎→加麸皮、谷糠混合→润水→蒸料→冷却→接种（麸曲、酵母）→入缸糖化发酵→拌糠接种（醋酸菌）→醋酸发酵→翻醅→加盐后熟→淋醋→储存陈醋→配兑→灭菌→包装→成品。

（二）发酵乳制品

发酵乳制品是指原料乳经过特定的微生物进行发酵作用而制成的乳制品。它们通常具有独特的风味，营养价值较高，并具有一定的保健作用，受到了消费者的普遍欢迎。常用发酵乳制品有酸奶、奶酪、酸性奶油、马奶酒等。

1. **生产菌种** 发酵乳制品的生产菌种主要是乳酸菌，乳酸菌的种类较多，主要有乳杆菌属、链球菌属和双歧杆菌属。常用的有干酪乳杆菌、嗜酸乳杆菌、保加利亚乳杆菌、植物乳杆菌、乳酸乳杆菌、乳酸乳球菌、嗜热链球菌、两歧双歧杆菌、长双歧杆菌、短双歧杆菌、婴儿双歧杆菌、链状双歧杆菌等。生产上常采用两种以上的菌种共同进行发酵。

2. **生产工艺** 双歧杆菌除了可以使鲜乳中的乳糖、蛋白质水解成为更易为人体吸收利用的小分子以外，还可产生双歧杆菌素，其对肠道中的沙门氏菌、金黄色葡萄球菌、志贺氏菌等致病菌具有明显的杀灭效果。此外乳中的双歧杆菌还能分解积存于肠胃中的致癌物质，提高人体的免疫力，增强人体对癌症的抵抗和免疫能力。下面介绍一下双歧杆菌酸奶的生产工艺。

原料乳→标准化(固形物大于9.5%)→调配(蔗糖10%＋葡萄糖2%)→均质（15～20MPa）→杀菌（115℃，8min）→冷却（38～40℃）→适量维生素C→接种（两歧双歧杆菌6%、嗜热链球菌3%）→灌装（消毒瓶）→发酵（38～39℃，6h）→冷却（10℃左右）→冷藏（1～5℃）→成品。

（三）氨基酸发酵

氨基酸是组成蛋白质的基本成分，氨基酸共有20种，其中有8种氨基酸是人体本身不能合成但又必需的氨基酸，称为必需氨基酸，人体只有通过食物来摄取，这8种必需氨基酸是苏氨酸、缬氨酸、异亮氨酸、赖氨酸、蛋氨酸、苯丙氨酸和色氨酸。在食品工业中，氨基酸可用于制造调味剂（如谷氨酸钠、肌苷酸钠、鸟苷酸钠）、甜味剂（如色氨酸和甘氨酸）、口服营养剂、食品及饲料添加剂、强化剂等，在医药工业中，氨基酸可用于疾病的治疗和保健，应用十分广泛，因此氨基酸的生产具有重要的意义。工业上生产氨基酸的方法有多种，但利用微生物发酵法是生产氨基酸的最好方法。

1. **谷氨酸** 谷氨酸的钠盐就是食品上使用的味精。我国是利用微生物发酵糖类生产谷氨酸较早的国家，技术发展越来越成熟，因此成为世界上最大的味精生产国。

(1) 生产原料。发酵生产谷氨酸的原料有粮食原料，如玉米、小麦、甘薯、大米等，其中常用是玉米淀粉和甘薯淀粉；还有糖蜜原料，如甜菜糖蜜、甘蔗糖蜜；也可用醋酸、乙醇、液体石蜡等为原料；外加氮源，如铵盐、尿素等。

(2) 生产菌种。用于谷氨酸发酵的菌种主要有谷氨酸棒杆菌、乳糖发酵短杆菌、黄色短杆菌、嗜氨小杆菌、硫殖短杆菌等。我国常用的生产菌株有北京棒杆菌、钝齿棒杆菌、黄色短杆菌等。

(3) 生产工艺。味精生产过程可分为5部分：淀粉水解糖的制取、生产菌种的扩大培养、谷氨酸发酵、谷氨酸的提取与分离、由谷氨酸制成味精。

主要生产工艺流程：淀粉质原料→粉碎→调浆→水解糖化→培养基调配（添加氮源、无机盐及生长因子）→接种→发酵→提取（等电点法、离子交换法、双柱法等）→谷氨酸→加碱中和（谷氨酸钠）→除铁（锌）→脱色→浓缩、结晶→干燥→成品。

2. **赖氨酸** 赖氨酸是人体自身不能合成的必需氨基酸之一，必须依靠外界供给。粮食作物的蛋白质中赖氨酸的含量很少。因此，赖氨酸已作为营养强化剂广泛用于食品的生产中，使食品的营养价值大大提高。目前，生产赖氨酸使用最广泛的方法是微生物发酵法。

(1) 生产原料。微生物发酵生产赖氨酸的主要原料是糖类，如淀粉液化糖、葡萄糖、蔗糖、糖蜜等，也可以用醋酸、乙醇、苯甲酸、乙烯等作原料，外加氮源及生长因素。

(2) 生产菌种。赖氨酸的发酵是利用代谢失调的菌株来完成的。生产菌种是北京棒状杆菌经诱变处理获得的高丝氨酸营养缺陷型菌株或苏氨酸及蛋氨酸二重营养缺陷菌株，这两种营养缺陷型菌株都能积累赖氨酸。

(3) 赖氨酸发酵。营养缺陷型菌株主要利用其代谢的阻断，人为地解除了氨基酸生物合成的代谢控制机制，从而使之大量积累赖氨酸，在赖氨酸发酵过程中的关键酶——天冬氨酸激酶受赖氨酸和苏氨酸的协同反馈抑制，即在苏氨酸和赖氨酸同时存在时对天冬氨酸激酶起抑制作用，从而阻碍了赖氨酸的合成。因此，利用高丝氨酸（或苏氨酸及蛋氨酸）营养缺陷型，使天冬氨酸半醛不再转变为苏氨酸、异亮氨酸、甲硫氨酸，也就解除了苏氨酸和赖氨酸对天冬氨酸激酶的协同反馈抑制，结果使赖氨酸得到了大量的积累（图10-4）。

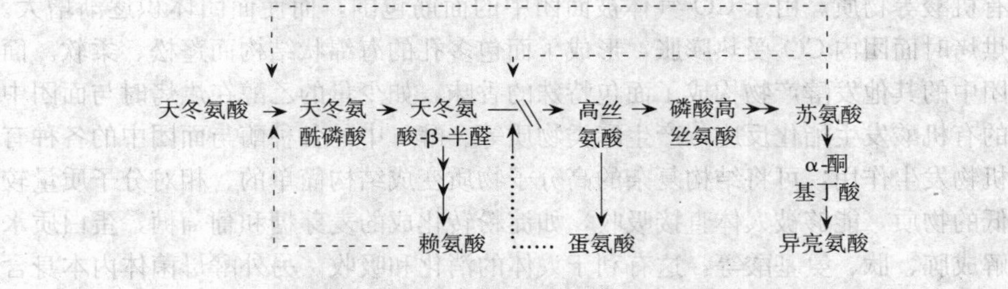

图 10-4 赖氨酸的生物合成调节示意图

------ 反馈抑制 ………… 阻遏

（蔡信之，微生物学，2002）

二、酵母菌在食品制造中的应用

（一）面包的制作

面包是产小麦国家的主食，几乎世界各国都有生产，由于其营养丰富、组织蓬松、易于消化吸收、食用方便，受到了普遍欢迎。面包在制作过程中由于酵母菌的作用而产生了大量 CO_2 和少量乙醇，大量的 CO_2 可使面团疏松多孔，烘烤时形成海绵状结构。

1. 制作原料 面粉是面包制作的主要原料，质量好的面粉，面筋延伸性大、弹性好，做出的面包体积大而蓬松。糖是面包制作的重要辅料，包括蔗糖、淀粉糖浆、葡萄糖、饴糖等，使用最多的是蔗糖，糖除了可为酵母生长提供碳源外，还可增加面包的色、香、味及营养价值。油脂也是面包制作的重要辅料，油脂的作用可改善面包的风味和口感，还有利于面包的体积增大。除此，因制作面包的种类不同还需要一些其他辅料，如蛋品、乳品、果料（果脯、果干、果仁、果酱）等。在面包的制作过程中也经常使用一些添加剂，主要有面团改良剂、乳化剂、营养强化剂、酵母营养剂等。

2. 酵母菌种 用于面包制作的酵母主要是面包酵母。生产上应用的酵母主要有鲜酵母、活性干酵母及即发干酵母。鲜酵母是酵母菌种在培养基中经扩大培养、繁殖、分离、压榨而制成。活性干酵母是鲜酵母经低温干燥而制成的颗粒酵母，使用前应先经过活化处理。即发干酵母又称速效干酵母，是活性干酵母的换代产品，使用方便，一般无需活化处理，可直接生产。

3. 制作工艺 面粉中含有大量的淀粉和少量的葡萄糖、果糖和蔗糖，以及 α-淀粉酶。酵母菌利用原料中的葡萄糖、果糖、蔗糖等糖类，以及 α-淀粉酶对面粉中淀粉进行水解转化后的麦芽糖进行发酵作用，产生 CO_2、醇和一些有机酸等物质。由于CO_2气体被面团中的面筋包围，而使面团体积逐渐增大。烘烤时面团内CO_2受热膨胀，形成了面包多孔的海绵状结构而蓬松、柔软。面团中的其他发酵产物构成了面包特殊的香味，如少量的乙醇在烘烤时与面团中的有机酸发生酯化反应，产生酯类物质等。酵母中的各种酶与面团中的各种有机物发生作用，可将结构复杂的高分子物质变成结构简单的、相对分子质量较低的物质，能够被人体直接吸收，如淀粉转化成的麦芽糖和葡萄糖，蛋白质水解成胨、肽、氨基酸等，这有利于人体的消化和吸收。另外酵母菌体内本身含有丰富的蛋白质和多种维生素，从而使面包具有了丰富的营养价值。

面包制作有一次发酵法和二次发酵法，二次发酵法应用较多。

（1）一次发酵法工艺流程。原料处理→面团调制（活化酵母）→面团发酵→整形→醒发→烘烤→冷却→包装→成品。

一次发酵法的特点是制作的面包有良好的咀嚼感，其蜂窝状结构较粗糙，风味较差。生产周期短，所需设备和劳力少，该工艺对时间相当敏感，大批量生产时操作较难，生产灵活性差。

（2）二次发酵法工艺流程。原料处理→第一次调制面团（1/3面粉、部分水、全部酵母）→第一次面团发酵→第二次调制面团（加入剩下的原辅料）→第二次面团发酵→整形→醒发→烘烤→冷却→包装→成品。

二次发酵法的特点是制作的面包体积大、柔软，海绵状结构较细微，风味良好。生产容易调整，但周期较长，操作工序多。

（二）酒类生产

酿酒已有几千年的历史，我国酿酒的历史很悠久，也是一个酒类生产大国，产品种类繁多，如黄酒、白酒、啤酒、果酒等品种。形成了多种类型的名酒，如绍兴黄酒、贵州茅台酒、青岛啤酒等。

1. 白酒 白酒是糖类原料经发酵后，用蒸馏法制成的酒精饮料，其酒精含量较高，一般在40%以上，刺激性较强。我国名优白酒的种类较多，如贵州茅台、山西汾酒、陕西西凤、四川泸州特曲、五粮液等。

（1）生产原料。白酒发酵的原料主要有薯类，如番薯、木薯、马铃薯等；还有谷物类如玉米、高粱、大米等。

（2）发酵微生物。白酒生产需经淀粉糖化、酒精发酵和蒸锅3个过程。淀粉糖化所用的微生物主要是霉菌，包括根霉、毛霉、曲霉（黑曲霉、白曲霉、黄曲霉和米曲霉）、红曲霉、犁头霉、地霉等。酒精发酵微生物主要是酵母菌，包括汉逊酵母、假丝酵母、拟内孢霉、毕赤酵母、红酵母等。

（3）白酒生产。制曲酿酒是我国独特的酿造工艺。根据使用的曲的形态有粉状曲、固体曲、液体曲，根据制曲原料和工艺又分为小曲、大曲和麸曲。我国著名的白酒绝大多数是用大曲作糖化发酵剂。在制曲过程中依靠原料本身活化的一部分酶及自然界带入的各种微生物，在制曲原料中富集，扩大培养，产酶，酶解。再经过风干储藏，即成为成品大曲，每块大曲的质量为2～3kg。

①大曲制作流程：小麦→润料（加5%～10%水）→磨碎→粗麦粉→拌曲料（加4%～8%曲母，37%～40%水）→踩曲→曲坯→堆积培养（5～9d，60℃以上）→第一次翻曲（7d）→第二次翻曲（15d）→开窗换气（40～50d）→成品曲→出房→储存（3～4个月）→陈曲→使用。

②续渣法大曲酒生产流程：如图10-5。

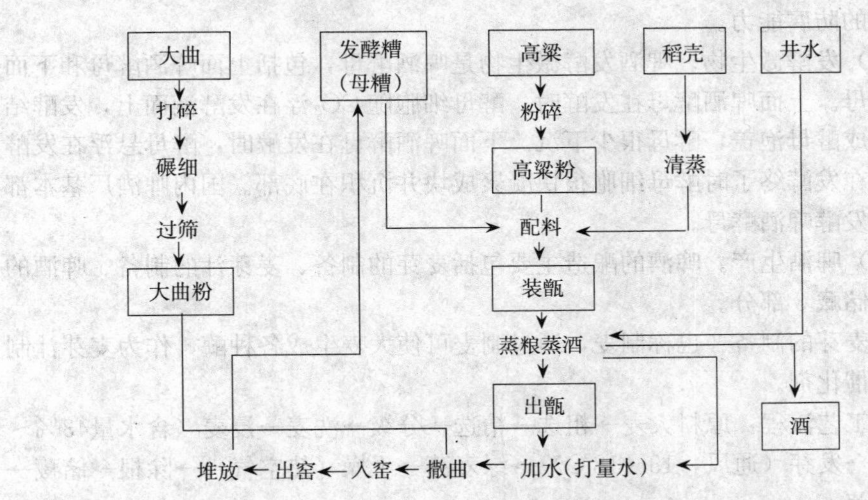

图10-5 续渣法大曲酒生产工艺流程图

（吴金鹏，食品微生物学，1992）

③清渣法大曲酒生产流程：如图10-6。

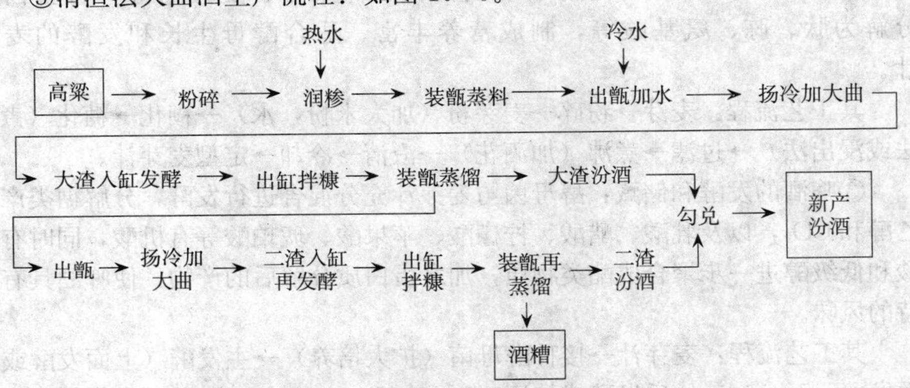

图10-6 清渣法大曲酒生产工艺流程图

（吴金鹏，食品微生物学，1992）

2. 啤酒 啤酒是以大麦和水为主要原料，大米或谷物为辅料，以酒花为香料，经过制麦、糖化、啤酒酵母发酵等工序酿制而成的一种含有CO_2和多种营养成分的低浓度酒精饮料。

（1）生产原料。生产啤酒的主要原料是大麦和水，大麦经发芽、干燥后制成的干大麦芽内含各种水解酶酶源和丰富的可浸出物，因此能够较容易制备到符合啤酒发酵用的麦芽汁。大米和玉米为辅料，主要为啤酒酿造提供淀粉来源，用以减少麦芽用量。酒花（桑科葎草的雌花）为香料，可赋予啤酒香气和爽口的苦味，提高啤酒泡沫的持久性，另外酒花本身有抑菌作用，增强麦芽汁和啤酒的防腐能力。

（2）发酵微生物。啤酒发酵微生物是啤酒酵母，包括上面啤酒酵母和下面啤酒酵母。上面啤酒酵母在发酵时，酵母细胞随CO_2浮在发酵液面上，发酵结束时形成酵母泡盖，酵母很少下沉。下面啤酒酵母在发酵时，酵母悬浮在发酵液中，在发酵终了时酵母细胞很快凝聚成块并沉积在底部。国内啤酒厂基本都用下面发酵啤酒酵母。

（3）啤酒生产。啤酒的酿造主要包括麦芽的制备、麦芽汁的制备、啤酒的发酵及储藏3部分。

①麦芽的制备：也称制麦，通过制麦可使大麦生成各种酶，作为麦芽汁制备时的催化剂。

其工艺流程：原料大麦→粗选→精选→分级→洗麦→浸麦（含水量43%～48%）→发芽（通风，13～18℃）→绿麦芽→干燥（热空气）→除根→储藏→成品麦芽。

②麦芽汁的制备：也叫糖化，就是利用麦芽自身含有的各种酶类，以水为溶剂，将麦芽中的淀粉水解成糊精、低聚糖、麦芽糖等，将蛋白质分解为肽、胨、氨基酸等，制成营养丰富、适合酵母生长和发酵的麦芽汁。

其工艺流程：麦芽→粉碎→麦芽粉（加大米粉，水）→糊化→糖化（煮出法或浸出法）→过滤→煮沸（加酒花）→澄清→冷却→定型麦芽汁。

③啤酒的发酵和储藏：酵母菌与麦芽汁充分混合进行发酵，分解糖类产生乙醇和CO_2，以及乳酸、醋酸、柠檬酸、苹果酸、琥珀酸等有机酸，同时有机酸和低级醇进一步聚合成酯类物质，加之蛋白质分解后的产物，使啤酒具有独特的风味。

其工艺流程：麦芽汁→接种酵母菌（扩大培养）→主发酵（上面发酵或下面发酵，7～10d）→后发酵或储酒（20～30d）→过滤→包装→灭菌（巴氏灭菌法）→成品。

三、霉菌在食品制造中的应用

霉菌在食品制造中用途非常广泛，许多酿造发酵食品、食品原料的制造，如豆腐乳、豆豉、酱、酱油、柠檬酸等都是在霉菌的参与下来进行生产的。

（一）酱类生产

酱类包括大豆酱、蚕豆酱、面酱、豆瓣酱、豆豉及其加工制品，都是由一些粮食和油料作物为主要原料，利用以米曲霉为主的微生物经发酵酿制的。酱的种类较多，生产工艺不尽相同，下面介绍大豆酱的生产。

1. 生产原料 主要原料为大豆，此外还需一定量的面粉、食盐和水。大豆与面粉的比例为100∶40～60。

2. 菌种与制曲

（1）菌种。酱类生产所用的霉菌主要是米曲霉，常用的有沪酿3.042、黄曲霉Cr-1菌株（不产生毒素）、黑曲霉等。所用曲霉具有较强的蛋白酶、淀粉酶及纤维素酶的活力，能够把原料中的蛋白质分解为氨基酸，淀粉分解为糖类，在其他微生物的共同作用下生成醇、酸、酯等，形成酱类的独特风味。

（2）制曲。工艺流程：大豆→水洗→浸泡→蒸煮→冷却→混合（加面粉）→接种（种曲）→厚层通风培养或竹匾及曲盘培养→大豆曲。

3. 制酱 工艺流程：大豆曲→入发酵容器→自然升温（40℃左右）→加第一次盐水（60～65℃）→保温发酵（45℃左右，10d）→加第二次盐水及盐→翻酱→后发酵（室温，4～5d）→成品。

（二）酱油生产

酱油是我国传统调味品，营养丰富，味道鲜美。酱油酿造多数采用固态低盐发酵法，整个发酵过程分为制备种曲、制备成曲、固体发酵、浸出和灭菌5个阶段。

1. 生产原料 酱油生产的蛋白质原料主要是豆饼、豆粕，除此还可用花生饼、葵花籽饼、蚕豆、糖糟等作蛋白质原料。淀粉质原料主要是麸皮、面粉和小麦，还可以用米糠、碎米、玉米、甘薯渣等作淀粉质原料。

2. 菌种与制曲

（1）菌种。酱油酿造常用的霉菌有米曲霉、黄曲霉、黑曲霉等。多采用米曲霉，生产上常用的米曲霉菌种有沪酿3.042、沪酿UE328、沪酿UE336、UE916、渝3.811等。

（2）制曲。种曲制备工艺流程：麸皮、面粉（8∶2）→加水混合→蒸料

（蒸 1h 焖 30min）→过筛→冷却（至 40℃）→接种→装匾→曲室培养→种曲。

制备成曲工艺流程：原料（脱脂大豆和麸皮）→粉碎→润水（45%～51%的水）→蒸料→冷却（至 40℃左右）→接种（0.3%）→通风培养（35℃，22～26h）→成曲。

3. **固体发酵** 工艺流程：成曲→打碎→加盐水拌和（55℃左右的盐水，含水量 50%～55%）→保温发酵（50～55℃，4～6d）→成熟酱醅。

4. **浸出提油** 工艺流程：成熟酱醅→用二油第一次浸泡(6h,出头油)→头渣→用三油第二次浸泡（4h，出二油）→二渣→用水第三次浸泡（2h，出三油）→残渣。浸泡用的二油、三油和水的温度要达到 80～90℃。

5. **成品配制** 将头油和二油按照质量标准或不同的食用用途进行配兑。酱油中含有多种微生物，可能引起变质，因此还要加热灭菌，灭菌的温度为 65～80℃，时间不超过 1h。然后进行包装，检验合格后为成品。

（三）豆腐乳的制作

豆腐乳是以大豆加工成的豆腐为原料，以鲁氏毛霉（腐乳毛霉）为主的微生物发酵制成。由于发酵作用使蛋白质分解为氨基酸，同时形成多种酯类，因此使其具有很高的营养价值以及独特的鲜味和香味。

其制作工艺流程：豆腐切成小块→煮沸消毒→接种（毛霉或根霉）→培养（12～20℃，3～7d）→豆腐乳坯→加盐腌坯→配料装坛（加红曲、面黄、盐、料酒等）→后熟发酵（6 个月左右）→成品。

第四节 微生物与制药

微生物在制药工业中用途很广，很多药物都是利用微生物生产的，如生物制品、抗生素、维生素、氨基酸、甾体激素、酶及酶抑制剂、菌体制剂等都是利用微生物制成的。因此微生物在疾病的预防和治疗方面都有着很重要的意义。

一、生物制品

生物制品是指用微生物本身或其毒素、酶及提取成分、人或动物的血清或细胞等制成的，用于传染病或其他有关疾病的预防、治疗或诊断的各种制剂，包括疫苗、类毒素、免疫血清等。

（一）疫苗

疫苗是由病原微生物本身制备而成的抗原制剂，广义的疫苗包括菌苗和疫苗。用细菌制成的可使机体产生免疫力的生物制品称为菌苗；用病毒、立克次体或衣原体制成的可使机体产生免疫力的生物制品称为疫苗。习惯上将菌苗和疫苗统称为疫苗，疫苗又分为活疫苗和死疫苗两类。

1. 活疫苗 活疫苗是用失去毒力或充分减毒，但仍保留抗原性的活病原微生物制成的。常用的活疫苗有卡介苗，用于预防结核病；牛痘疫苗，用于预防天花；脊髓灰质炎疫苗，用于预防脊髓灰质炎（小儿麻痹症）；麻疹活疫苗，用于预防麻疹；还有炭疽疫苗、鼠疫疫苗等。

接种的活疫苗在体内有一定繁殖力，刺激机体产生免疫力。因此活疫苗一般只注射一次，接种量较小，免疫效果较好且持续时间长，副作用小。其缺点是不易保存和运输。活疫苗的制备菌株有两个来源，一是从具有免疫力的带菌机体中选择弱毒株（如鼠疫活疫苗）；二是用人工培养法使病原体变异来减弱毒力（如麻疹疫苗、卡介苗）。

2. 死疫苗 死疫苗是选用抗原性强的病原微生物用物理方法（高温）或化学方法（甲醛处理）等将其杀死后制成的，杀死后的病原微生物失去毒力，但仍保留抗原性。常用的死疫苗有百日咳疫苗、伤寒疫苗、副伤寒疫苗、霍乱疫苗、流行性乙型脑炎疫苗、斑疹伤寒疫苗、狂犬病疫苗等。死疫苗的特点是接种于机体后，不能在体内繁殖，维持对机体的抗原刺激的时间短，故接种量大，对机体的副作用大，常需小剂量多次重复注射，一般死疫苗需注射2～3次，其免疫效果不如活疫苗，且维持时间较短，其优点是易于保存。死疫苗的制备一般选用抗原性高而毒性强的菌株。

（二）类毒素

细菌产生的外毒素用0.3%～0.4%甲醛处理，可使其失去毒性而仍保留抗原性，用这种方法获得的脱毒外毒素称为类毒素，如破伤风类毒素、白喉类毒素等。注射类毒素可使机体产生对应外毒素的抗体，也称抗毒素，故可预防该病的发生。类毒素也可与死疫苗混合制成联合疫苗，如常用的百日咳、白喉、破伤风三联疫苗。

（三）免疫血清

含有特异性抗体的血清叫免疫血清。其是通过动物反复多次免疫同一种抗原物质后，机体血清中产生大量的特异性抗体，采取其血液分离血清而获得，也称抗血清。将免疫血清注入机体后，可使机体立即获得免疫力以达到治疗或紧急预防的目的。但这种免疫力维持时间短，一般为2～3周，属被动免疫，因此使用免疫血清进行传染病的防治时应多次注射。

1. 抗毒素 是用细菌的外毒素或类毒素给马多次免疫注射，使之产生大量抗毒素性抗体，然后提取其血清制备而成的。抗毒素可中和相应细菌外毒素的毒性，因此主要用于由细菌外毒素所致疾病的治疗或应急预防，如白喉抗毒素、破伤风抗毒素、气性坏疽抗毒素等。

2. 胎盘球蛋白及血清球蛋白 胎盘球蛋白是用健康产妇的胎盘血提取的丙种球蛋白，血清丙种球蛋白是从正常成人血清中提取的。由于成人大多发生过麻疹、脊髓灰质炎、甲型肝炎等病毒的感染，故血清中含有相应的抗病毒抗体。这两种制剂主要用于麻疹、脊髓灰质炎、甲型肝炎等病毒性传染病的紧急预防。

二、抗 生 素

自 1928 年英国细菌学家弗莱明发现第一种抗生素（青霉素）至今已有接近 80 年的历史。在此期间，新的抗生素不断被发现，抗生素工业得到了飞速发展，对人类的健康起到了极为重要的保障作用。迄今为止，已发现9 000多种抗生素，世界各国应用于医疗事业的抗生素约有 120 多种，加之各种半合成衍生物及盐类共约 350 种，其中大多数抗生素我国都能自行生产，无论是从品种和数量上我国抗生素的生产都居世界前列，但仍需不断努力，在新品种的发现、提高发酵单位等方面缩小与发达国家的差距，更好地满足医疗事业不断发展的需要。

（一）抗生素的分类

抗生素种类繁多，为便于研究有必要为抗生素进行分类，常见的分类方法有以下几种。

1. 根据抗生素的生物来源分类

（1）放线菌产生的抗生素。迄今约有 80%的抗生素是由放线菌产生的。其中链霉菌属产生的抗生素最多，其次是卡菌属和小单孢菌属。常用的抗细菌抗生素有链霉素、卡那霉素、四环素、土霉素、红霉素等；抗真菌抗生素有庐山霉素（二性霉素 B)；抗癌抗生素有放线菌素 D、平阳霉素等。

（2）真菌产生的抗生素。主要来源于半知菌亚门的青霉菌属和头孢菌属，如青霉菌属的青霉素和灰黄霉素、头孢菌属的头孢菌素等。其他 4 个亚门的真菌产生的抗生素很少。

（3）细菌产生的抗生素。如多黏杆菌产生的多黏菌素、枯草芽孢杆菌产生的杆菌肽、短芽孢杆菌产生的短杆菌素等。

2. 根据化学结构分类

（1）β-内酰胺类抗生素。都含有一个四元内酰胺环，如青霉素类、头孢菌素类等。

（2）氨基糖苷类抗生素。既含有氨基糖苷又含有氨基环醇，如链霉素、卡那霉素等。

（3）大环内酯类抗生素。含有一个大环内酯作为配糖体，以苷键和1～3个分子的糖相连，如红霉素、麦迪霉素、螺旋霉素、白霉素等。

（4）四环类抗生素。以四并苯为母核，如四环素、金霉素、土霉素等。

（5）多肽类抗生素。含有多种氨基酸，经脱水形成肽键构成的多肽类化合物，如多黏菌素、放线菌素、杆菌肽等。

3. 根据抗生素的作用对象分类

（1）抗革兰氏阳性细菌的抗生素。如青霉素、红霉素、洁霉素、新生霉素等。

（2）抗革兰氏阴性细菌的抗生素。如链霉素、庆大霉素、多黏菌素等。

（3）抗真菌的抗生素。如灰黄霉素、制霉菌素、两性霉素B等。

（4）抗病毒的抗生素。如四环素类抗生素、红霉素、金霉素、巴龙霉素等。

（5）抗癌的抗生素。如丝裂霉素、博来霉素等。

4. 根据抗生素的作用机制分类

（1）抑制细胞壁合成的抗生素。如青霉素、头孢菌素、万古霉素等。

（2）抑制核酸合成的抗生素。如丝裂霉素、灰黄霉素、利福平等。

（3）抑制蛋白质合成的抗生素。如链霉素、四环素、庆大霉素、林可霉素等。

（4）影响细胞膜通透性的抗生素。如制霉菌素、二性霉素B、多黏菌素等。

（5）影响生物能作用的抗生素。如抗霉素。

（二）抗生素的生产过程

1. 抗生素产生菌的筛选　绝大多数抗生素是由微生物细胞分泌的次级代谢产物。因此在产生一种新抗生素以前必须先筛选其产生菌，产生菌的筛选过程如下：土壤微生物的分离（获得纯种）→筛选（选取抗生素产生菌，分初筛和复筛）→早期鉴别（是否为新抗生素产生菌）→提取精制（发酵后提取抗生素并加以精制和纯化）→药理试验（动物毒性试验、动物治疗试验和临床前的药理试验）→临床试用（少量病例试用）→投入生产。

2. 抗生素生产流程　抗生素的生产包括发酵和提取两个阶段。发酵是通过微生物的生长繁殖合成抗生素的过程，提取是利用理化方法从发酵液中提取和精制抗生素的过程。其工艺流程：菌种→孢子制备（试管及扁瓶）→种子制备（种子罐）→发酵（大型发酵罐）→发酵液预处理（除去杂质和蛋白质）→提取和精制→成品检验→成品包装。

3. **发酵阶段** 抗生素产生菌在一定条件下，利用各种养料，通过自身产生的酶的作用合成抗生素。工业抗生素的发酵阶段是从菌种的扩大培养到大型发酵罐的发酵培养过程，其特点是需氧发酵、纯种培养和深层发酵。目前工业上最常采用的发酵方式是二级发酵（图 10-7），即菌种经孢子制备，再经种子罐，然后移种至发酵罐的流程。若经过两次种子罐的扩大培养再移至发酵罐的流程为三级发酵。

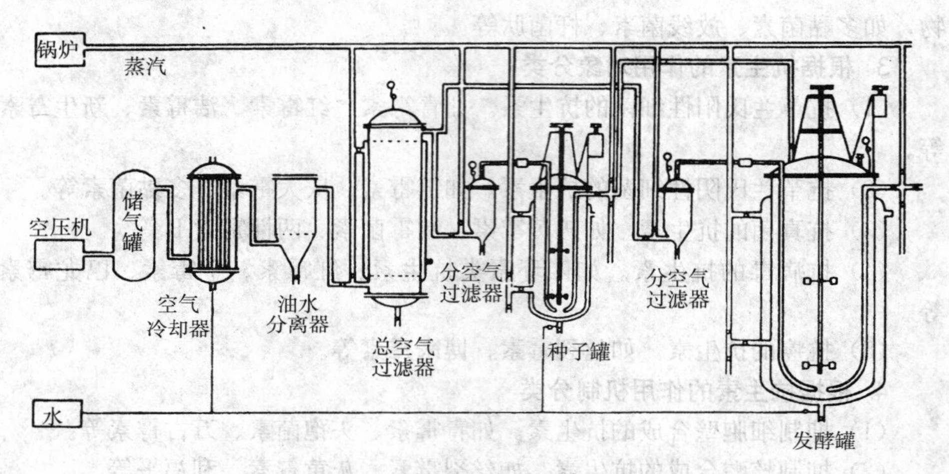

图 10-7 二级发酵的设备管路图
（钱海伦，微生物学，2000）

4. **提取阶段** 发酵结束后将发酵液中的抗生素用理化方法提纯精制为成品的过程。首先将发酵液进行预处理除去菌丝、杂质、蛋白质等，然后进行提取和精制，常用的方法有溶媒萃取法、离子交换法、吸附法、沉淀法等。

（三）抗生素的效价和单位

抗生素有效成分的含量用效价和单位来表示。效价是在同一条件下由抗生素的检品和标准品的抗菌活性的比值得出的百分数。效价即抗生素有效成分的含量。单位是衡量抗生素有效成分的尺度，是效价的表示方法。

1. 抗生素单位的表示方法

（1）质量单位。以抗生素的生物活性部分的质量作为单位，1μg＝1U，1mg＝1 000U。对同一种抗生素的不同盐类而言，它们的抗生素有效含量是相同的。

（2）类似质量单位。以抗生素盐类纯品的质量为单位，包括非活性部分的质量，1μg 为 1U。

(3) 质量折算单位。以与原始的生物活性单位相当的实际质量为1U加以折算，而得的单位。如青霉素的单位，最初确定的1单位相当于青霉素G钠盐0.598 8μg，因此现在一致认定0.598 8μg≈0.6μg=1U。

(4) 特定单位。以特定的一批抗生素样品的某一质量作为1单位，如特定的一批杆菌肽1mg=55U。

2. 标准品与国际单位 标准品是指纯度较高的抗生素，作为测定效价的标准。每种抗生素均有其自己的标准品。有些抗生素经国际间协议，其单位称为国际单位（IU），如青霉素、链霉素、双氢链霉素等。

(四) 抗生素效价的微生物学测定法

采用微生物学方法测定抗生素效价，常用琼脂扩散法中的管碟法。其原理是利用抗生素在培养基平板上的扩散渗透作用，比较检品和标准品的抑菌圈直径，来测定效价。常用二剂量法计算效价。

二剂量法是利用抗生素浓度的对数值与抑菌圈直径成直线关系的原理（图10-8），将抗生素的标准品和检品各稀释成一定比例的两种剂量，即高剂量和低剂量（2∶1或4∶1），在同一平板上对比它们的抗菌活性，根据产生抑菌圈的直径大小，按公式计算检品的效价，是一种相对效价的计算法。

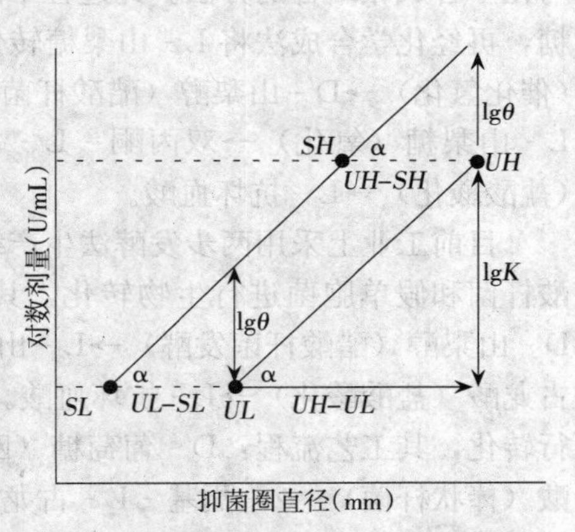

图10-8 二剂量法效价计算示意图
（李榆梅，微生物学，2002）

$$V=(UH+UL)-(SH+SL)$$

$$W=(SH+UH)-(SL+UL)$$

$$\lg\theta=(V/W)\cdot\lg K$$

$$P_u=\theta\cdot P_s$$

式中 P_u——检品效价；

P_s——标准品效价；

θ——检品与标准品效价的比值（P_u/P_s）；

K——高剂量与低剂量浓度之比；

UH——供试品高剂量之抑菌圈直径；

UL——供试品低剂量之抑菌圈直径；

SH——标准品高剂量之抑菌圈直径；

SL——标准品低剂量之抑菌圈直径。

三、维 生 素

维生素是人类必需的营养物质，也是一类重要的药物，在医疗上有许多用途，治疗多种疾病。目前采用微生物发酵法生产的维生素有维生素 C、维生素 B_2、维生素 B_{12} 等，尤其以维生素 C 的生产规模最大。

（一）维生素 C

维生素 C（抗坏血酸）主要用于治疗坏血病。维生素 C 过去采用生物合成与化学合成相结合的方法。此过程中由醋酸杆菌将 D－山梨醇转化为 L－山梨糖，再经化学合成法将 L－山梨糖转化为维生素 C。其工艺流程：D－葡萄糖（催化氢化）→D－山梨醇（醋酸杆菌发酵）→L－山梨糖（酮化）→双丙酮－L－山梨糖（氧化）→双丙酮－L－古龙酸（水解）→2－酮基－L－古龙酸（盐酸酸化）→L－抗坏血酸。

目前工业上采用两步发酵法生产维生素 C，有两种生产方法。一是采用醋酸杆菌和假单胞菌进行生物转化，其工艺流程：D－葡萄糖（催化氢化）→D－山梨醇（醋酸杆菌发酵）→L－山梨糖（假单胞菌发酵）→2－酮基－L－古龙酸（盐酸酸化）→L－抗坏血酸。第二种方法是用欧氏杆菌和棒状杆菌进行转化，其工艺流程：D－葡萄糖（欧氏杆菌）→2，5－二酮基－D－葡萄糖酸（棒状杆菌）→2－酮基－L－古龙酸（盐酸酸化）→L－抗坏血酸。

近年来应用基因工程，将 2，5－二酮－D－葡萄糖酸还原酶基因转化到欧氏杆菌中，得到的“工程菌”，可直接发酵 D－葡萄糖生成 2－酮－L－古龙酸，大大简化了生产工艺。此为一步工程菌发酵法。

（二）维生素 B_2

维生素 B_2（核黄素）主要用于治疗口角炎、皮炎等。工业上采用发酵法生产维生素 B_2，其工艺流程基本上和抗生素的发酵相同。最常用的菌种为棉病囊霉和阿氏假囊酵母。

（三）维生素 B_{12}

维生素 B_{12}（钴胺素）主要用于治疗恶性贫血、肝炎、神经炎等。采用发酵法生产维生素 B_{12}，可以从放线菌产生的抗生素废液中回收提取，也可以用丙酸杆菌或假单胞菌属的菌种直接进行发酵生产。

四、酶制剂与酶抑制剂

酶是一种具有生物催化作用的活性蛋白质，一切生物的新陈代谢活动都是在酶的作用下进行的。由于酶具有其独特的优点，因此酶制剂已广泛应用于食品、医药、制革、酿造、纺织等领域。酶的来源广泛，但由于微生物具有产酶种类多、繁殖快、易培养、产量高等特点，所以已成为酶制剂的主要来源。

（一）酶制剂

酶制剂在医药领域的应用种类很多，现将医药上常用的酶制剂的种类、来源以及在医疗方面的用途列于表 10-1 中。

表 10-1 酶制剂的种类、来源及在医疗方面的用途

名 称	来 源	医疗用途
α-淀粉酶	枯草杆菌、曲霉、麦芽等	液化淀粉、消化剂
蛋白酶	枯草杆菌、曲霉等	消化剂、清创剂、消炎剂
链激酶	链球菌	去除血栓、溶解血块
透明质酸酶	荧光杆菌、链球菌	去除血栓、血肿、减轻疼痛
凝血酶	酵母、细菌、马或人血浆	止血
溶菌酶	蛋清、枯草杆菌	消炎剂、杀菌剂
天冬酰氨酶	细菌	治疗白血病、某些肿瘤
胶原酶	溶组织梭状芽孢杆菌	治疗椎间盘脱出
青霉素酶	蜡样芽孢杆菌、地衣芽孢杆菌	治疗青霉素引起的变态反应
青霉素酰基酶	大肠杆菌、霉菌、放线菌	制备 6-氨基青霉烷酸（6-APA）

（二）酶抑制剂

酶抑制剂是一类主要由微生物产生的小分子生物活性物质，能抑制特异酶的活性，增强机体免疫力，能调节人体内的某些代谢活动，以达到治疗某些疾病的目的，也可用于某些抗药性细菌感染的治疗。

目前已发现数十种由微生物产生的酶抑制剂。如由链霉菌产生抑肽素，是一种蛋白酶抑制剂，可用于治疗胃溃疡，泛涎菌素是淀粉酶的特异性抑制剂，可用以防止肥胖症、糖尿病等，由真菌产生的小奥德蘑酮是酪氨酸羟化酶抑制剂，有降血压的作用。

五、菌体制剂与活菌制剂

（一）药用酵母

酵母菌含有丰富的营养物质，如氨基酸、蛋白质、维生素、核酸等，并含有酶等生理活性物质，有较高的药用价值。酵母菌先经高温干燥处理，使菌体自溶，再加适当辅料压制成片，可用于治疗 B 族维生素缺乏症、消化不良等。

（二）活菌制剂

乳酸杆菌制剂是一种含有活乳酸杆菌的制剂，名为乳酶生。乳酸杆菌在肠

道内生长繁殖，分解糖类产生乳酸，可抑制肠道内有害菌的繁殖，维持正常菌群平衡。可用于治疗消化不良、小儿腹泻、B族维生素缺乏症、婴儿湿疹、肠道菌群失调症等。可以用嗜酸乳酸杆菌、保加利亚乳酸杆菌、乳链球菌、粪链球菌等来制备乳酸菌制剂。

复习思考题

1. 名词解释：生物制品、疫苗、类毒素、免疫血清、抗生素。
2. 苏云金杆菌的杀虫原理是什么？如何应用？
3. 生产中如何应用简易的方法接种根瘤菌？
4. 苗木接种菌根菌的方法有哪些？
5. 简述堆肥的微生物学过程。
6. 沼气中含有哪些气体？
7. 沼气发酵有哪些条件？
8. 食用醋、发酵乳制品、氨基酸、面包、白酒、啤酒、大豆酱、酱油、豆腐乳的生产分别是利用哪些微生物作为发酵菌剂？简要说明其生产原料及生产工艺。
9. 抗生素分哪些类型？试列举出几种常用的抗生素。
10. 简述抗生素的生产过程。
11. 如何用微生物学方法测定抗生素效价？
12. 简述维生素C的两步发酵法工艺流程。

实验实训

实训一　显微镜油镜的使用与细菌形态观察

一、实训目的

（1）了解显微镜的构造、原理、维护及保养方法。
（2）熟悉显微镜油镜的使用方法。
（3）掌握细菌简单染色的具体方法步骤。

二、基本原理

1. 显微镜的基本构造及油镜的工作原理　现代普通光学显微镜利用目镜和物镜两组透镜系统来放大成像，故又被称为复式显微镜。它们由机械装置和光学系统两大部分组成（实训图 1-1）。在显微镜的光学系统中，物镜的性能最为关键，它直接影响着显微镜的分辨率。而在普通光学显微镜通常配置的几种物镜中，油镜的放大倍数最大，对微生物学研究最为重要。与其他物镜相比，油镜的使用比较特殊，需在载玻片与镜头之间加滴镜油，这主要有如下两方面的原因。

（1）增加照明亮度。油镜的放大倍数可达 90～100×，放大倍数这样大的镜头，焦距很短，直径很小，但所需要的光照强度却最大（实训图 1-2）。从承载标本的玻片透过来的光线，因介质密度不同（从玻片进入空气，再进入镜头），有些光线会因折射或全反射，不能进入镜头（实训图 1-3），致使在使用油镜时会因射入的光线较少，物像显现不清。所以为了不使通过的光线有所损失，在使用油镜时须在油镜与

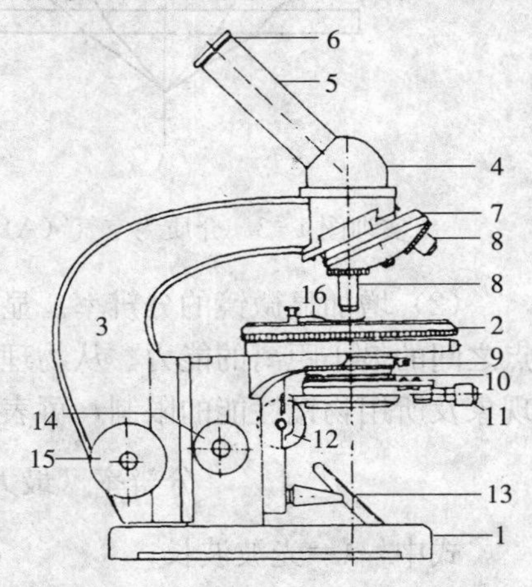

实训图 1-1　显微镜构造示意图

1. 镜座　2. 载物台　3. 镜臂　4. 棱镜套　5. 镜筒　6. 接目镜　7. 转换器　8. 接物镜　9. 聚光器　10. 虹彩光圈　11. 光圈固定器　12. 聚光器升降螺旋　13. 反光镜　14. 细调节器　15. 粗调节器　16. 标本夹

玻片之间加入与玻璃的折射率（n=1.55）相仿的镜油（通常用香柏油，其折射率 n=1.52）。

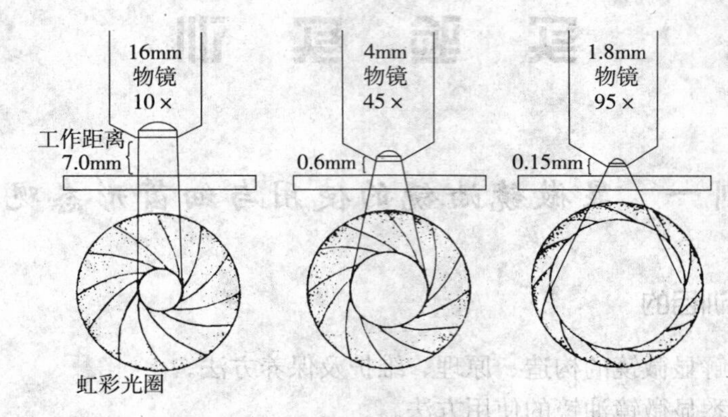

实训图 1-2　物镜的焦距、工作距离和虹彩光圈的关系

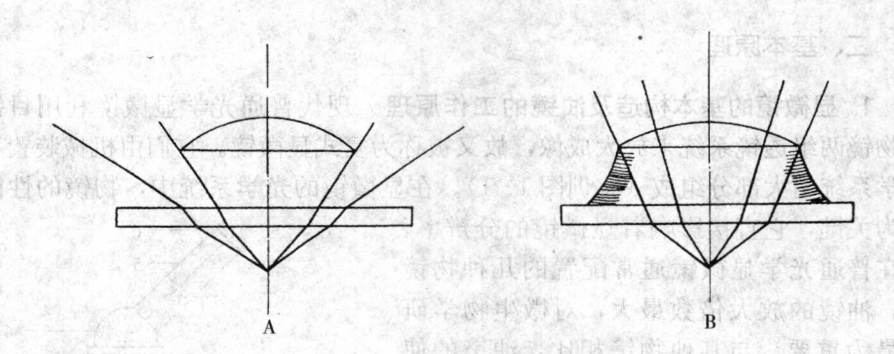

实训图 1-3　介质为空气（A）与介质为香柏油（B）时光线通过的比较

（2）增加显微镜的分辨率。显微镜的分辨率或分辨力是指显微镜能辨别两点之间的最小距离的能力。从物理学角度看，光学显微镜的分辨率受光的干涉现象及所用物镜性能的限制，可表示为：

$$\text{分辨率（最大可分辨距离）}=\frac{\lambda}{2NA}$$

式中　λ=光波波长；

　　　NA=物镜的数值口径。

光学显微镜的光源不可能超出可见光的波长范围（0.4～0.7μm），而数值口径则取决于物镜的镜口角和玻片与镜头间介质的折射率，可表示为：$NA=n\cdot\sin\alpha$。

式中 α 为光线最大入射角的半数。它取决于物镜的直径和焦距，一般来说在实际应用中最大只能达到 120°，而 n 为介质折射率。由于香柏油的折射率（1.52）比空气及水的折射率（分别为 1.0 和 1.33）要高，因此以香柏油作为镜头与玻片之间介质的油镜所能达到的数值口径（NA 一般在 1.2～1.4）要高于低倍镜、高倍镜等干燥系物镜（NA 都低于 1.0）。若以可见光的平均波长 0.55μm 来计，数值口径通常在 0.65 左右的高倍镜只能分辨出距离不小于 0.4μm 的物体，而油镜的分辨率却可达到 0.2μm 左右。

2. 简单染色的原理 简单染色法是利用单一染料进行染色的一种方法。此法操作简便，适用于菌体一般形态和细胞排列的观察。

常用碱性染料进行简单染色，因为在中性、碱性或弱酸性溶液中，细菌细胞通常带负电荷，而碱性染料在电离时，其分子的染色部分带正电荷（酸性染料电离时，其分子的染色部分带负电荷），因此碱性染料的染色部分很容易与细菌结合使细菌着色。经染色后的细菌细胞与背景形成鲜明的对比，在显微镜下更易于识别，常用作简单染色的染料有美蓝、结晶紫、碱性复红等。当细菌分解糖类产酸使培养基酸度增加时，细菌所带正电荷增加，此时可用伊红、酸性复红、刚果红等酸性染料染色。

三、材料和器具

1. 材料

（1）菌种。金黄色葡萄球菌、枯草芽孢杆菌、四联球菌、八叠球菌、苏云金杆菌等 12～18h 的斜面培养物。

（2）溶液或试剂。细菌的无菌平板、香柏油、二甲苯、石炭酸复红、美蓝、结晶紫、无菌蒸馏水等。

2. 器具 显微镜、擦镜纸、干净载玻片、接种环、吸水纸、废液缸、酒精灯、洗瓶、火柴、纱布、记号笔等。

四、方法与步骤

1. 细菌细胞的简单染色

（1）涂片。取一块载玻片，滴一小滴（或用接种环挑取少许）无菌蒸馏水于载玻片中央，用接种环按无菌操作要求分别从枯草芽孢杆菌等斜面上挑取少许菌苔于水滴中，混匀并涂成薄膜。

（2）干燥。室温自然干燥或酒精灯火焰上方烘干。

（3）固定。涂面朝上，通过火焰 2～3 次。此操作过程称热固定，其目的是使细菌细胞质凝固，以固定细菌细胞形态，并使之牢固附着在载玻片上。

（4）染色。将玻片平放于玻片搁架上，滴加染液于涂片上（染液刚好覆盖涂片薄膜为宜)。吕氏碱性美蓝染色 1～2min 或石炭酸复红(或草酸铵结晶紫)染色约 1min。

(5) 水洗。倒去染液,用自来水冲洗,直至涂片上流下的水无色为止。

(6) 干燥。自然干燥,或用电吹风吹干,也可用吸水纸吸干。

(7) 镜检。涂片干后镜检。涂片必须完全干燥后才能用油镜镜检。

2. 显微镜的使用

(1) 观察前的准备。

①显微镜的安置:置显微镜于平整的实验台上,镜座距实验台边缘 3～4cm。镜检时姿势要端正。

②光源调节:安装在镜座内的光源灯可通过调节电压以获得适当的照明亮度,而使用反光镜采集自然光或灯光作为照明光源时,应根据光源的强度及所用物镜的放大倍数选用凹面或凸面反光镜并调节其角度,使视野内的光线均匀,亮度适宜。

③调节双筒显微镜的目镜:根据使用者的个人情况,双筒显微镜的目镜间距可以适当调节,而左目镜上一般还配有屈光度调节环,可以适应眼距不同或两眼视力有差异的不同观察者。

④聚光器数值口径的调节:调节聚光器虹彩光圈值与物镜的数值口径相符或略低。有些显微镜的聚光器只标有最大数值口径,而没有具体的光圈数刻度。使用这种显微镜时可在样品聚焦后取下一目镜,从镜筒中一边看着视野,一边缩放光圈,调整光圈的边缘与物镜边缘黑圈相切或略小于其边缘。因为各物镜的数值口径不同,所以每转换一次物镜都应进行这种调节。

(2) 显微观察。在目镜保持不变的情况下,使用不同放大倍数的物镜所能达到的分辨率及放大率都是不同的。一般情况下,特别是初学者,进行显微观察时应遵守从低倍镜到高倍镜再到油镜的观察程序,因为低倍物镜视野相对大,易发现目标及确定检查的位置。

①低倍镜观察:将金黄色葡萄球菌染色标本玻片置于载物台上,用标本夹夹住,移动推进器使观察对象处在物镜的正下方。下降 10×物镜,使其接近标本,用粗调节器慢慢升起镜筒,使标本在视野中初步聚焦,再使用细调节器调节图像清晰,通过推进器慢慢移动玻片,认真观察标本各部位,找到合适的目的物,仔细观察并记录所观察到的结果。

②高倍镜观察:在低倍镜下找到合适的观察目标并将其移至视野中心后,轻轻转动物镜转换器将高倍镜移至工作位置。对聚光器光圈及视野亮度进行适当调节后微调细调节器使物像清晰,利用推进器移动标本仔细观察并记录所观

察到的结果。

③油镜观察：在高倍镜或低倍镜下找到要观察的样品区域后，用粗调节器将镜筒升高，然后将油镜转到工作位置。在样品区域加滴香柏油，从侧面注视，用粗调节器将镜筒小心地降下，使油镜浸在镜油中并几乎与标本相接。将聚光器升至最高位置并开足光圈，若所用聚光器的数值口径超过1.0，还应在聚光镜与载玻片之间也加滴香柏油，保证其达到最大的效能。调节照明使视野的亮度合适，用粗调节器将镜筒徐徐上升，直至视野中出现物像并用细调节器使其清晰准焦为止。

（3）显微镜用毕后的处理。

①上升镜筒，取下标本玻片。

②用擦镜纸拭去镜头上的镜油，然后用擦镜纸蘸少许二甲苯（香柏油溶于二甲苯）擦去镜头上残留的油迹，最后再用干净的擦镜纸擦去残留的二甲苯。

③用擦镜纸清洁其他物镜及目镜，用纱布清洁显微镜的金属部件。

④将各部分还原，反光镜垂直于镜座，将物镜转成“八”字形，再向下旋。同时把聚光镜降下，以免接物镜与聚光镜发生碰撞。

实训作业

1. 根据观察结果，绘出5种细菌的形态图并标明放大倍数和总放大率。

2. 为什么要求制片完全干？

3. 如果你的涂片未经热固定，将会出现什么问题？如果加热温度过高，时间太长，又会怎样？

4. 用油镜观察时应注意哪些问题？在载玻片和镜头之间加滴什么油？起什么作用？

5. 影响显微镜分辨率的因素有哪些？

实训二　细菌细胞的特殊染色法及特殊构造的观察

一、实训目的

（1）进一步熟悉显微镜油镜的使用方法。

（2）了解革兰氏染色、芽孢染色、鞭毛染色、荚膜染色的原理。

（3）掌握细菌细胞特殊染色的具体方法步骤。

二、基本原理

1. 革兰氏染色原理 革兰氏染色法将细菌分为革兰氏阳性细菌和革兰氏阴性细菌。实际上，当用结晶紫初染后，像简单染色法一样，所有细菌都被染成初染剂的蓝紫色。碘作为媒染剂，它能与结晶紫结合成结晶紫-碘的复合物，从而增强了染料与细菌的结合力。当用脱色剂处理时，两类细菌的脱色效果是不同的。革兰氏阳性细菌的细胞壁主要由肽聚糖形成的网状结构组成，壁厚，用乙醇（或丙酮）脱色时细胞壁脱水，使肽聚糖层的网状结构孔径缩小，透性降低，从而使结晶紫-碘的复合物不易被洗脱而保留在细胞内，经脱色和复染后仍保留初染剂的蓝紫色。革兰氏阴性菌则不同，由于其细胞壁肽聚糖层较薄，类脂含量高，所以当脱色处理时，类脂被乙醇（或丙酮）溶解，细胞壁透性增大，使结晶紫-碘的复合物比较容易被洗脱出来，用复染剂复染后，细菌细胞被染上复染剂的红色。

2. 芽孢染色原理 用着色力强的染色剂孔雀绿或石炭酸复红，在加热条件下染色，使染料不仅进入菌体也可进入芽孢内，进入菌体的染料经水洗后被脱色，而芽孢一经着色难以被水洗脱，当用对比度大的复染剂染色后，芽孢仍保留初染剂的颜色，而菌体和芽孢囊被染成复染剂的颜色，使芽孢和菌体更易于区分。

3. 荚膜染色原理 荚膜是包围在细菌细胞外的一层黏液状或胶质状物质，其成分为多糖、糖蛋白或多肽。由于荚膜与染料的亲和力弱，不易着色，可溶于水，用水冲洗时被除去。所以通常用衬托染色法染色，使菌体和背景着色，而荚膜不着色，在菌体周围形成一透明圈。由于荚膜含水量高，制片时通常不用热固定，以免变形影响观察。

4. 鞭毛染色原理 鞭毛在染色前先用媒染剂处理，使它沉积在鞭毛上，使鞭毛直径加粗，然后再进行染色。鞭毛染色方法很多，本实验介绍硝酸银染色法。

三、材料和器具

1. 材料

（1）菌种。大肠杆菌 24h、金黄色葡萄球菌 24h、蜡样芽孢杆菌、枯草芽孢杆菌 2d、球形芽孢杆菌、褐球固氮菌（或胶质芽孢杆菌 2d）、苏云金芽孢杆菌、假单胞菌的斜面培养物。

（2）溶液或试剂。革兰氏染色液、5%孔雀绿水溶液、0.5%番红水溶液、绘图墨水、1%甲基紫水溶液、1%结晶紫水溶液、6%葡萄糖水溶液、20%硫酸铜水溶液、甲醇、硝酸银鞭毛染色液、无菌水、二甲苯等。

2. **器具** 接种环、酒精灯、洗瓶、小试管、滴管、烧杯、试管架、载玻片、木夹子、盖玻片、吸水纸、擦镜纸、洗瓶、显微镜、纱布等。

四、方法与步骤

1. 革兰氏染色法

(1) 制片。取菌种培养物常规涂片、干燥、固定。

(2) 初染。滴加结晶紫（以刚好将菌膜覆盖为宜）染色 1～2min，水洗。

(3) 媒染。用碘液冲去残水，并用碘液覆盖约 1min，水洗。

(4) 脱色。用吸水纸吸去玻片上的残水，将玻片倾斜，在白色背景下，用滴管流加 95%的乙醇脱色，直至流出的乙醇无紫色时（约 30s），立即水洗。

(5) 复染。用番红液复染约 2～3min，水洗。

(6) 镜检。干燥后，用油镜镜检。菌体被染成蓝紫色的是革兰氏阳性菌，被染成红色的为革兰氏阴性菌。

(7) 混合涂片染色。按上述方法，在同一载玻片上，以大肠杆菌和蜡样芽孢杆菌或大肠杆菌和金黄色葡萄菌做混合涂片、染色、镜检进行比较。

2. 芽孢染色

(1) 制片。按常规涂片、干燥、固定。

(2) 染色。加数滴孔雀绿染液于涂片上，用木夹夹住载玻片一端，在微火上加热至染料冒蒸气并开始计时，维持 5min。

(3) 水洗。待玻片冷却后，用缓流自来水冲洗，直至流出的水无色为止。

(4) 复染。用番红染液复染 2min。

(5) 水洗。用缓流水洗后，吸干。

(6) 镜检。干后油镜镜检。芽孢呈绿色，芽孢囊及营养体为红色。

3. 荚膜染色（湿墨水法）

(1) 制备菌和墨水混合液。加一滴墨水于洁净的载玻片上，然后挑取少量菌体与其混合均匀。

(2) 加盖玻片。将一洁净盖玻片盖在混合液上，然后在盖玻片上放一张吸水纸，轻轻按压以吸去多余的混合液。加盖玻片时勿留气泡，以免影响观察。

(3) 镜检。背景灰色，菌体较暗，在菌体周围呈现明亮的透明圈即为荚膜。

4. 鞭毛染色（硝酸银染色法）

(1) 菌种的准备。要求用对数生长期菌种作鞭毛染色材料。对于冰箱保存的菌种，通常要连续移种2～4次，然后可选用下列方法接种培养作染色用菌种。

①取新配制的斜面（表面较湿润，基部有冷凝水）接种，28～32℃培养

10～14h，取斜面和冷凝水交接处培养物作染色观察材料。

②取新制备的平板，用接种环将新鲜菌种点种于平板中央，28～32℃培养18～30h，让菌种扩散生长，取菌落边缘的菌苔（不要取菌落中央的菌苔）作染色观察的菌种材料。

(2) 载玻片的准备。将载玻片在含适量洗衣粉的水中煮沸约20min，取出用清水充分洗净，沥干水后置95%乙醇中，用时取出在火焰上烧去酒精及可能残留的油迹。

(3) 菌液的制备。取斜面或平板培养物数环于盛有1～2mL无菌水的试管中，制成轻度混浊的菌悬液用于制片。也可用培养物直接制片，但效果往往不及制备菌液。

(4) 制片。取一滴菌液于载玻片的一端，然后将玻片倾斜，使菌液缓缓流向另一端，用吸水纸吸去玻片下端多余菌液，室温（或37℃温室）自然干燥。

(5) 染色。涂片干燥后，滴加硝酸银染色A液覆盖3～5min，用蒸馏水充分洗去A液。用B液冲去残水后，再加B液覆盖涂片染色约数秒至1min，当涂面出现明显褐色时，立即用蒸馏水冲洗。若加B液后显色较慢，可用微火加热，直至显褐色时立即水洗。自然干燥。

(6) 镜检。干后用油镜镜检。观察时，可从玻片的一端逐渐移至另一端，有时只在涂片的一定部位观察到鞭毛。菌体呈深褐色，鞭毛显褐色，通常呈波浪形。

实训作业

1. 列表简述大肠杆菌、葡萄球菌、蜡状芽孢杆菌的革兰氏染色观察结果（说明各菌的形状、颜色和革兰氏染色反应）。

2. 绘图表示枯草芽孢杆菌、球形芽孢杆菌的形态特征（注意芽孢的形状、着生位置及芽孢囊的形状特征）。

3. 绘制所看到的褐球固氮菌或胶质芽孢杆菌荚膜形态图。

4. 绘制所看到的苏云金芽孢杆菌、假单胞菌鞭毛形态图。

5. 革兰氏染色时，哪些环节会影响结果的正确性？其中最关键的环节是什么？

6. 革兰氏染色时，为什么强调菌龄不能太老？用老龄细菌染色会出现什么问题？

7. 革兰氏染色时，初染前能加碘液吗？乙醇脱色后复染之前，革兰氏阳性菌和革兰氏阴性菌分别是什么颜色？

8. 说明芽孢染色法的原理。用简单染色法能否观察到细菌的芽孢？

实训三 放线菌形态的观察

一、实训目的

（1）学习并掌握观察放线菌形态的基本方法。

（2）初步了解放线菌的形态特征。

二、基本原理

放线菌是指能形成分枝丝状体或菌丝体的一类原核细胞微生物。常见放线菌大多能形成菌丝体，紧贴培养基表面或深入培养基内生长的叫基内菌丝（简称“基丝”），基丝生长到一定阶段向空气中生长出气生菌丝（简称“气丝”），并进一步分化产生孢子丝及孢子。在显微镜下直接观察时，气丝在上层，基丝在下层，气丝色暗，基丝较透明。孢子丝依种类的不同，有直、波曲、螺旋形或轮生。在油镜下观察，放线菌的孢子有球形、椭圆、杆状或柱状。为了观察放线菌的形态特征，人们设计了各种培养和观察方法，这些方法的主要目的是为了尽可能保持放线菌自然生长状态下的形态特征。本实验介绍其中几种常用方法。

1. 插片法 将放线菌接种在琼脂平板上，插上灭菌盖玻片后培养，使放线菌菌丝沿着培养基表面与盖玻片的交接处生长而附着在盖玻片上。观察时，轻轻取出盖玻片，置于载玻片上直接镜检。这种方法可观察到放线菌自然生长状态下的特征，而且便于观察不同生长期的形态。

2. 玻璃纸法 玻璃纸是一种透明的半透膜，将灭菌的玻璃纸覆盖在琼脂平板表面，然后将放线菌接种于玻璃纸上，经培养，放线菌在玻璃纸上生长形成菌苔。观察时，揭下玻璃纸，固定在载玻片上直接镜检。这种方法既能保持放线菌的自然生长状态，也便于观察不同生长期的形态特征。

3. 印片法 将要观察的放线菌的菌落或菌苔，先印在载玻片上，经染色后观察。这种方法主要用于观察孢子丝的形态、孢子的排列及其形状等，方法简便，但形态特征可能有所改变。

以上3种方法，单染后油镜镜检效果更佳。

三、材料和器具

1. 材料

（1）菌种。“5406”放线菌。

（2）培养基和试剂。灭菌的高氏Ⅰ号平板、石炭酸复红染液、无菌水等。

2. **器具** 经灭菌的平皿、玻璃纸、盖玻片、玻璃涂棒、载玻片、接种环、接种铲、镊子，显微镜，吸水纸，擦镜纸，洗瓶等。

四、方法与步骤

1. 插片法

（1）倒平板。取融化并冷至大约50℃的高氏Ⅰ号琼脂约20mL倒平板，凝固待用。

（2）接种。用接种环挑取菌种斜面培养物（孢子）在琼脂平板上划线接种。

（3）插片。按无菌操作要求，用无菌镊子将灭菌的盖玻片以大约45°角插入琼脂内（插在接种线上）（实训图3-1），插片数量可根据需要而定。

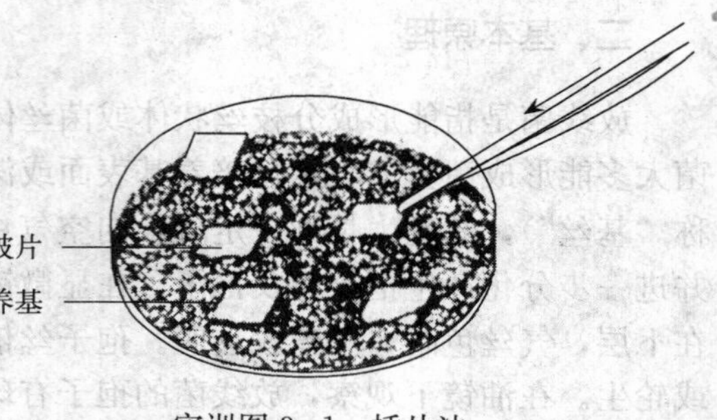

实训图3-1 插片法

（4）培养。将插片平板倒置，28℃培养，培养时间根据观察的目的而定，通常3～5d。

（5）镜检。用镊子小心拔出盖玻片，擦去背面培养物，然后将有菌的一面朝上放在载玻片上，直接或单染后油镜镜检。

2. 玻璃纸法

（1）倒平板。同插片法。

（2）铺玻璃纸。按无菌操作要求，用无菌镊子将已灭菌（160～180℃干热灭菌2h）的玻璃纸片（似盖玻片大小）铺在培养基琼脂表面，用无菌玻璃涂棒（或接种环）将玻璃纸压平，使其紧贴在琼脂表面，玻璃纸和琼脂之间不留气泡。每个平板可铺5～10块玻璃纸。也可用略小于平皿的大张玻璃纸代替小纸片，但观察时需要再剪成小块。

（3）接种。用接种环挑取菌种斜面培养物（孢子）在玻璃纸上划线接种。

（4）培养。将平板倒置，28℃培养3～5d。

（5）镜检。在洁净载玻片上加一小滴水，用镊子小心取下玻璃纸片，菌面朝上放在载玻片的水滴上，使玻璃纸平贴在玻片上（中间勿留气泡），先用低倍镜观察，找到适当视野后换高倍镜观察，再换油镜镜检。

3. 印片法

（1）接种培养。用高氏Ⅰ号琼脂平板，常规划线接种或点种，28℃培养4～7d。

（2）印片。用接种铲或解剖刀将平板上的菌苔连同培养基切下一小块，菌面朝上放在一载玻片上。另取一洁净载玻片置火焰上微热后，盖在菌苔上，轻轻按压，使培养物（气丝、孢子丝或孢子）黏附（“印”）在后一块载玻片的中央，有印迹的一面朝上，通过火焰 2～3 次固定。

（3）染色。用石炭酸复红覆盖印迹，染色约 1min 后水洗。

（4）镜检。干后用油镜镜检。

实训作业

1. 绘图说明你所观察到的放线菌的主要形态特征。

2. 试比较 3 种培养和观察放线菌方法的优缺点。

3. 玻璃纸培养和观察法是否还可用于其他类群微生物的培养和观察？为什么？

4. 镜检时，你如何区分放线菌的基内菌丝和气生菌丝？

实训四　真菌的形态观察

一、实训目的

（1）学会霉菌制片方法。

（2）观察并掌握酵母菌、霉菌（根霉、曲霉、毛霉、青霉）的形态构造。

（3）熟练掌握显微镜的操作使用方法。

二、基本原理

酵母菌是单细胞真菌，细胞呈圆形、卵圆形，其大小通常比细菌大几倍至几十倍。大多数酵母以出芽方式繁殖，有的分裂繁殖。

霉菌的基本构造都是分枝或不分枝的菌丝。菌丝体无色透明或呈暗褐色至黑色，或呈现鲜艳的颜色。在固体培养基上长成绒毛状或棉絮状。霉菌的繁殖分无性繁殖和有性繁殖，分别产生无性孢子和有性孢子。无性孢子或有性孢子的有无及特征、菌丝体与菌落的形态特征是分类时的重要依据。霉菌菌丝和孢子比细菌大，用低倍镜即可观察。观察霉菌的形态常用以下 3 种方法：直接制片观察法、载玻片培养观察法、玻璃纸培养观察法（见实训三中玻璃纸法）。

三、材料和器具

1. 材料　酵母菌、根霉、曲霉、毛霉、青霉、加拿大树胶、乳酸石炭酸液、乳酸石炭酸棉蓝染色液、50%乙醇、20%甘油等。

2. **培养基** 马铃薯琼脂培养基。

3. **器具** 显微镜、擦镜纸、载玻片、盖玻片、接种环、接种针、镊子、解剖刀、无菌吸管、培养皿等。

四、方法与步骤

1. **酵母菌形态观察** 取培养在麦芽汁培养液的酵母菌一管，稍加振荡使酵母细胞上浮。用接种环取一环菌种置于载玻片中央，加无菌水少许和匀。取盖玻片一块，小心地将盖玻片一端与菌液接触，然后缓慢地将盖玻片放下，这样可避免产生气泡。先用低倍镜观察，再用高倍镜观察。观察酵母细胞形状、构造、内含物及有否出芽。

2. **霉菌形态观察**

（1）直接制片观察法。在载玻片上加一滴乳酸石炭酸棉蓝染色液，用解剖针从霉菌菌落边缘外挑取少许菌丝，置于50%乙醇中浸一下以洗去脱落的孢子，再放在载玻片上的染液中，用解剖针小心地将菌丝分开。盖上盖玻片，置低倍镜下观察，必要时换高倍镜观察。

挑菌和制片时尽可能保持霉菌自然状态，加盖玻片时不要压入气泡，以免影响观察。

（2）载玻片培养观察法。

①培养小室的灭菌：在培养皿底部铺一张略小于皿底的圆滤纸片，再放一U形玻棒，其上放一洁净载玻片和两块盖玻片，盖上皿盖，包扎后于121℃灭菌30min，烘干备用。

②琼脂块的制作：取已灭菌的马铃薯琼脂培养基6～7mL注入另一培养皿中，使之凝固成薄层。用解剖刀切成0.5～1cm^{2}的琼脂块，将其移至上述培养室中的载玻片上，每片放两块（实训图4-1）。

③接种：用接种针挑取少量于琼脂块的边缘上，用无菌镊子将盖玻片覆盖在琼脂块上。

④培养：在培养皿的滤纸上加3～5mL灭菌的20%甘油（用于保持湿度），盖上皿盖，28℃培养。

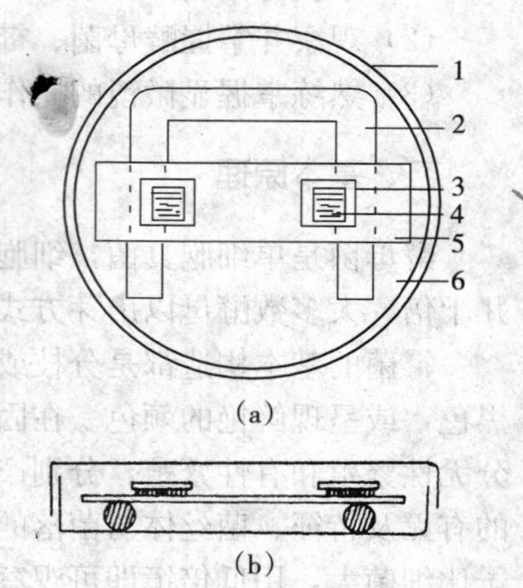

实训图4-1 载玻片培养法示意图

（a）正面观 （b）侧面观

1. 培养皿 2. U型玻棒 3. 盖玻片 4. 培养物 5. 载玻片 6. 保湿用滤纸

（沈萍等，微生物学实验，1999）

⑤镜检：根据需要可以在不同的培养时间内取出载玻片置低倍镜下观察，必要时换高倍镜。

实训作业

1. 把所观察到的放线菌、酵母菌、根霉、毛霉、曲霉、青霉绘图并注明各部分名称。

2. 列表比较各类霉菌在形态结构上有何异同。

3. 酵母菌和细菌的区别在哪里？

4. 曲霉有哪些特点？

实训五　微生物细胞大小的测量

一、实训目的

（1）明确菌体测量的原理。

（2）掌握测量方法。

二、基本原理

微生物细胞的大小是微生物重要的形态特征之一，也是分类鉴定的依据之一。其大小需要在显微镜下借助于测微尺（目镜测微尺和镜台测微尺）进行测定。

目镜测微尺（实训图 5-1）是一块可放入接目镜内的圆形玻片，其中央刻有精确等分线刻度，通常把 5mm 长度等分为 50 小格。测量时将其放在接目镜中的隔板上，用以测量经显微镜放大后的菌体物象。由于不同显微镜或不同物镜及目镜组合的放大倍数不同，目镜测微尺每小格所代表的实际长度就不一样。所以使用前须用镜台测微尺校正，以求得在一定显微镜及一定放大倍数下实际测量时的每格长度。

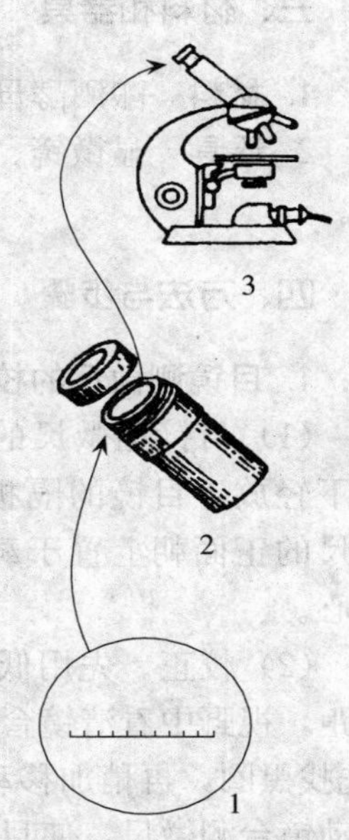

实训图 5-1　目镜测微尺及其安装方法
1. 目镜测微尺　2. 接目镜　3. 显微镜
（李阜棣，农业微生物学实验技术，1996）

镜台测微尺是中央刻有精确等分线的载玻片（实训图 5-2）。一般将 1mm 等分为 100 小格，每格长 10μm（0.01mm）。镜台测微尺并不直接用于测量菌体的大小，而是专用于校正目镜测微尺每格长度的。由于镜台测微尺和被测菌体的玻片都是置于载物台上，都要经过物镜及目镜的两次放大成像进入视野，即同一放大系统的显微镜对镜台测微尺及被测菌体进行相同倍数的放大，每格代表的实际值不随显微镜放大倍数的变化而变化，用其标定出在一定放大倍数下目镜测微尺每格代表的实际长度，才能用目镜测微尺测量菌体的大小。

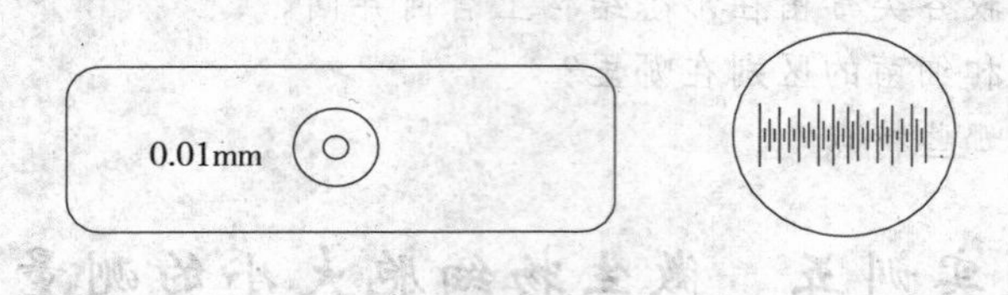

实训图 5-2　镜台测微尺及其中央部分的放大

（李阜棣，农业微生物学实验技术，1996）

三、材料和器具

1. **材料**　酿酒酵母斜面菌种、巨大芽孢杆菌标本片等。

2. **器具**　显微镜、目镜测微尺、镜台测微尺、擦净纸、载玻片、盖玻片等。

四、方法与步骤

1. 目镜测微尺的校正

（1）目镜测微尺的放置。把目镜的上透镜旋下，将目镜测微尺的刻度朝下轻放于目镜的隔板上，旋上上透镜后，将目镜插入镜筒中。把镜台测微尺的正面朝上置于载物台上，使刻度线的中央部位对准显微镜透光孔的中心。

（2）校正。先用低倍镜观察，调节焦距，视野中看清镜台测微尺的刻度后（先找黑圈，再稍加移动），转动目镜和移动镜台测微尺，使目镜测微尺与镜台测微尺的刻度平行于视野中，再使两尺左边的某一条刻度线完全重合，定位后，再仔细向右寻找两尺第二条完全重合的刻度线（实训图 5-3）。分别数出两条重合线之间目镜测微尺及镜台测微

实训图 5-3　镜台测微尺校正目镜测微尺时的情况

（李阜棣，农业微生物学实验技术，1996）

尺的小格数。

（3）计算。已知镜台测微尺每格长 10μm，根据下列公式就可分别计算出在不同放大倍数下，目镜测微尺每格所代表的长度。

$$目镜测微尺每格长度（\mu m）=\frac{两重合线间镜台测微尺格数\times 10}{两重合线间目镜测微尺格数}$$

例如：目镜测微尺 5 小格等于镜台测微尺 2 小格，已知镜台测微尺每小格为 10μm，则 2 小格的长度为 2×10=20μm，那么相应地在目镜测微尺上每小格长度：

$$\frac{2\times 10\mu m}{5}=4\mu m$$

用同法校正在高倍镜下或油镜下目镜测微尺每小格所代表的长度。

2. 菌体测量

（1）制片。将酵母菌斜面制成一定浓度的菌悬液（约 10^{-2}），取一滴酵母菌制成水浸片。

（2）测量。将待测菌体的玻片置于载物台上，先在低倍镜下找到目的物，然后在高倍镜下用目镜测微尺测量酵母菌菌体的长、宽各占多少格（不足 1 格的部分估计到小数点后 1 位），其格数乘上目镜测微尺每小格的长度，即可计算出菌体的长与宽。一般要在同一个涂片上测定 5～10 个菌体，求出平均值，才能代表该菌的大小，而且一般用对数生长期的菌体为测定材料。测量巨大芽孢杆菌等细菌时，应在油镜下进行。

①当更换显微镜或不同放大倍数的目镜或物镜时，必须重新校正目镜测微尺每格所代表的长度。目镜测微尺的矫正与菌体的测量必须在同一放大倍率下进行。

②用高倍镜或油镜校正目镜测微尺时，因物镜距镜台测微尺太近，眼看视野时不要下落镜筒，以免压破镜台测微尺。

实训作业

1. 将测定结果填入实训表 5-1、实训表 5-2。

实训表 5-1 目镜测微尺校正结果表

接目镜放大倍数	接物镜放大倍数	目镜测微尺格数	镜台测微尺格数	目镜测微尺每格代表的长度（μm）
	低倍镜			
	高倍镜			
	油 镜			

实训表 5-2 菌体测定结果表

菌号	酵母菌测定结果				芽孢杆菌测定结果			
	目镜测微尺格数		实际大小（μm）		目镜测微尺格数		实际大小（μm）	
	宽	长	宽	长	宽	长	宽	长
1								
2								
3								
4								
5								
6								
7								
8								
9								
10								
均值								

2. 影响微生物计数准确性的主要因素有哪些？

3. 目镜测微尺在使用前为什么要校正？

实训六　血球计数板计数法

一、实训目的

（1）熟悉血球计数板的构造，明确其计数法的原理。

（2）掌握显微镜下直接计数的方法。

二、基本原理

将一定稀释度的少量待测样品的菌悬液置于血球计数板上，在显微镜下直接计数的一种简便、快速的方法，称为显微镜直接计数法。此法适用于各种含单细胞菌体的纯培养悬浮液，如有杂菌或杂质，常不易分辨。菌体较大的酵母菌或霉菌孢子可采用血球计数板，计数细菌常使用较薄、可以用油镜观察的细菌计数板。两种计数板的原理相同，只是厚薄之别。

血球计数板（实训图 6-1）是一块特制的厚型载玻片，载玻片上有 4 条槽将其分成 3 个平台。中间的平台较宽，其中间又被一短横槽分隔成两段，每段

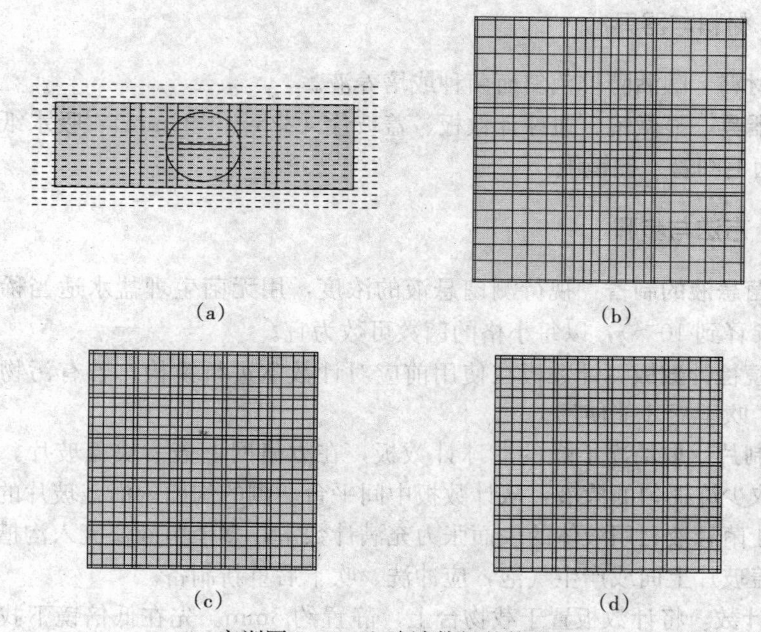

实训图 6-1 血球计数板的构造

(a) 血球计数板正面图 (b) 中央网格放大图

(c) 16×25 计数室 (d) 25×16 计数室

(张青、葛青萍，微生物学，2004)

上面各有一个方格网。中间平台比两边平台低，当盖上盖玻片后，形成一个高度为 0.1mm 的空隙。

每个方格网共 9 个大方格，中间的大方格是计数室（计数只在此区进行），计数室的刻度有两种：一种是计数室被双线分为 16 个中方格，而每个中方格又被单线分成 25 个小方格（25×16）；另一种是计数室被双线分为 25 个中方格，而每个中方格又被单线分成 16 个小方格（16×25）。不管计数室是哪种构造，它们都是由 400 个小方格组成，每个小方格的体积是相同的，使用哪种构造的计数板都一样。

计数室边长为 1mm，其面积为 $1mm^2$，每个小方格的面积为 $1/400mm^2$。盖上盖玻片后，计数室的高度为 0.1mm，其体积为 $0.1mm^3$，每个小方格的体积为 $1/4\,000mm^3$。

计数室注满菌液后，一般用五点取样法取 5 个中方格或 4 个中方格进行镜下计数，求出每中方格的平均含菌数，再除以 16 或 25 就可得出每个小方格的平均含菌数，依据公式就可计算出每毫升（$1\,000mm^3$）被测样品的含菌量。

三、材料与器具

1. 材料 酿酒酵母菌斜面菌种或培养液。

2. 器具 显微镜、血球计数板、盖玻片（22mm×22mm）、吸水纸、计数器、无菌毛细管、擦镜纸。

四、方法与步骤

1. 菌悬液的制备 视待测菌悬液的浓度，用无菌生理盐水适当稀释（斜面一般稀释到 10^{-2}），以每小格的菌数可数为宜。

2. 镜检计数板 计数板在使用前应对计数室进行镜检，若有污物则需进行清洗，吹干后才能使用。

3. 制片 取洁净干燥的血球计数板，在方格网上盖一块盖玻片。用毛细吸管吸取少许摇匀的菌液，从计数板中间平台两侧的沟槽内沿盖玻片的下边缘注入，让菌悬液利用液体的表面张力充满计数室，多余菌液便流入沟槽。若菌液流入盖玻片上面或产生气泡，应冲洗、吹干后重新制备。

4. 计数 将计数板置于载物台上，静置约 5min。先在低倍镜下找到计数室，再换高倍镜进行计数。计数时是以中方格为单位进行，若计数室是由 16 个中方格组成（25×16），一般按对角线方位，数左上、左下、右上、右下的 4 个中方格（100 小格）的菌数。如果是 25 个中方格组成的计数室（16×25），除了计数上述 4 个中方格外，还需数中央 1 个中方格的菌数（80 个小格）。如菌体位于中方格的双线上，一般只计数此方格的上线及右线上的细胞（或者只计数下线及左线上的细胞），以减少误差。若酵母芽体约达到母细胞大小的一半时，可作为两个菌体计算。每个样品重复计数 2～3 次（每次数值不应相差过大，否则应重新操作），取平均数计算结果。求出每小格平均含菌数，再按公式计算出每 mL（g）样品的含菌量。

（1）16×25 血球计数板的计算公式。

$$酵母菌细胞数（个/mL）=\frac{100小格内酵母菌细胞数}{100}\times 400\times 10\,000\times 稀释倍数$$

（2）25×16 血球计数板的计算公式。

$$酵母菌细胞数（个/mL）=\frac{80小格内酵母菌细胞数}{80}\times 400\times 10\,000\times 稀释倍数$$

计数室的盖玻片为悬空状态，容易被物镜压破，使用时要小心调焦。

5. 清洗计数板 用完的计数板用酒精浸泡后再用水龙头上的水柱冲洗干净，切勿用硬物洗刷或抹擦，以免损坏网格刻度。洗净后自行晾干或用吹风机吹干，镜检没有污物或残留菌体后，将其放入盒内保存。

实训作业

1. 将实验结果填入实训表 6-1 中。

实训表 6-1　实验结果记录表

计数次数	各中方格菌数					5个中方格总菌数	稀释倍数	菌数（个/mL）	两室平均值
	1	2	3	4	5				
第一室									
第二室									

2. 请设计 1～2 种检测干酵母粉中活酵母数量的方法。

实训七　培养基的配制

一、实训目的

（1）学习配制马铃薯蔗糖琼脂培养基、牛肉膏蛋白胨培养基的基本技术。

（2）掌握配制培养基的一般方法和步骤。

二、基本原理

马铃薯蔗糖琼脂培养基是一种合成培养基，可用于培养各种真菌。培养基配方：马铃薯（去皮）200g、蔗糖（葡萄糖）20g、水1 000mL、琼脂 18～20g。

牛肉膏蛋白胨培养基是一种最常用的细菌培养基，含有一般细菌生长繁殖所需要的最基本的营养物质，如碳源、氮源、无机盐、水、生长素等。制作固体培养基时需添加 2%琼脂，培养细菌的培养基 pH 宜调至中性或微碱性。培养基配方：牛肉膏 5.0g、蛋白胨 10.0g、水1 000mL、NaCl 5.0g、琼脂 18g、pH 7.2～7.4。

三、材料和器具

1. **材料**　新鲜马铃薯、蔗糖（葡萄糖）、牛肉膏、蛋白胨、NaCl、1mol/L NaOH、1mol/L HCl、水、琼脂。

2. **器具**　试管、三角瓶、烧杯、量筒、漏斗、乳胶管、弹簧夹、纱布、棉花、牛皮纸、线绳、pH 试纸、菜板、小刀、小铝锅、天平、电炉、高压蒸汽灭菌锅。

四、方法与步骤

1. 马铃薯蔗糖琼脂培养基的配制

（1）称样煮沸。称取去皮新鲜马铃薯 200g 切成 $1cm^3$ 小块放入小铝锅中，加入1 000mL水，置电炉上煮沸 30min。然后用 4 层纱布过滤，滤液倒入小铝锅中继续煮沸。

（2）加料溶解。加入称量的蔗糖（葡萄糖）、琼脂，加热搅拌至琼脂完全熔化，并补足水量至1 000mL。

（3）分装。趁热用分装漏斗分装于三角瓶和试管中，分装三角瓶的量以不超过三角瓶容积的 1/2 为宜，分装试管的量以试管高度的 1/4 左右为宜。分装完毕后塞上棉塞，捆扎好并写上标签。棉塞制作过程及塞入方式见实训图 7-1、实训图 7-2。

（4）灭菌。放入高压蒸汽灭菌锅中，0.1MPa、121℃灭菌 30min。趁热取出试管摆放斜面（实训图 7-3）。

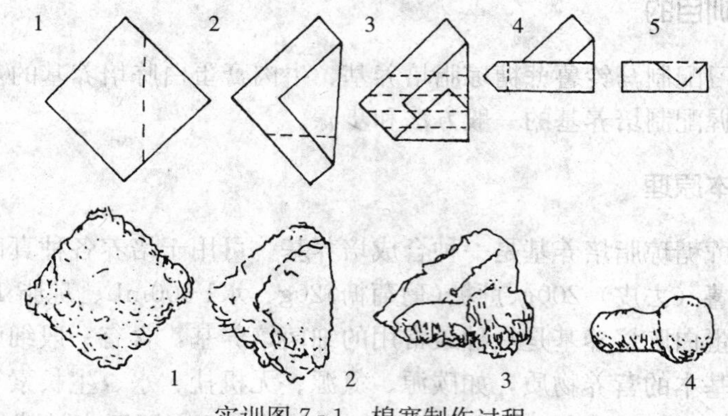

实训图 7-1 棉塞制作过程

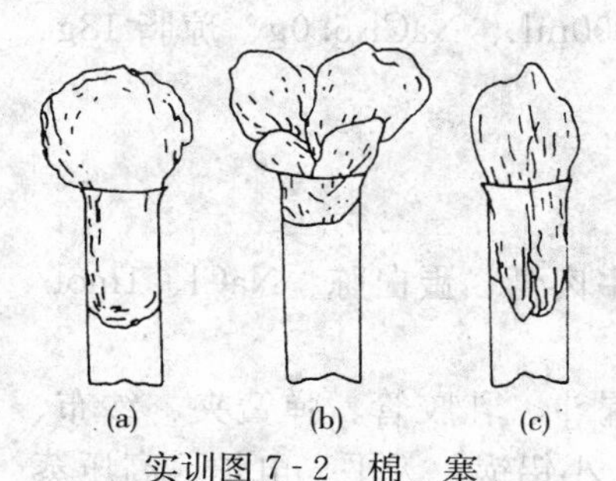

实训图 7-2 棉 塞

（a）正确 （b）、（c）不正确

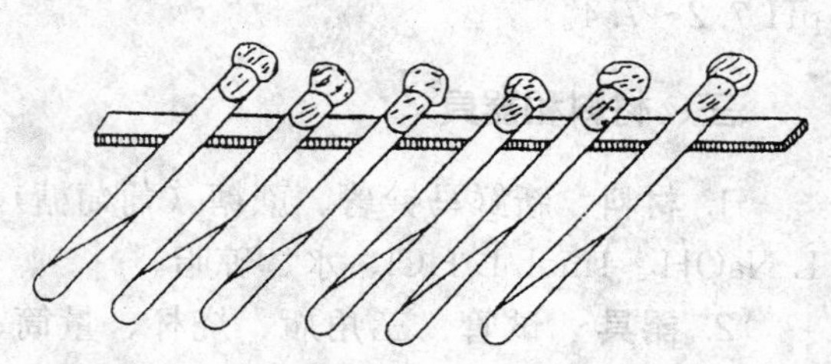

实训图 7-3 搁置斜面

2. 牛肉膏蛋白胨培养基的配制

（1）称样。在100mL小烧杯中称取牛肉膏5.0g、蛋白胨10.0g，加30mL水，置电炉上加热搅拌至牛肉膏、蛋白胨完全溶解。

（2）溶解。用100mL水将溶解的牛肉膏、蛋白胨洗入铝锅中，反复2～3次，加入NaCl，在电炉上边加热边搅拌。

（3）调pH。用玻棒蘸少许液体，测定pH，用1mol/L NaOH或1mol/L HCl调pH至7.2～7.4。

（4）加琼脂。加入洗净的琼脂条，不断搅拌，加热至琼脂完全熔化，补足水量至1 000mL。

（5）分装。用分装漏斗分装于试管中，分装试管的量以试管高度的1/4左右为宜。分装完毕后塞上棉塞，捆扎好并写上标签。

（6）灭菌。放入高压蒸汽灭菌锅中，0.1MPa、121℃灭菌30min。趁热取出试管摆放斜面。

实训作业

1. 观察实验结果，写出马铃薯蔗糖琼脂培养基的配制方法。
2. 根据实验操作过程，说明配制培养基过程中应注意的环节与问题。
3. 比较配制马铃薯蔗糖琼脂培养基与牛肉膏蛋白胨培养基有何异同。
4. 为什么说塞入试管的棉塞要松紧适度？
5. 在添加琼脂条熔化时，为什么要边加热边搅拌？

实训八　消毒与灭菌

一、实训目的

（1）学习消毒、灭菌的原理和方法。

（2）掌握常用的消毒、灭菌方法的操作步骤，并在生产实践中应用。

二、基本原理

灭菌是用物理或化学的方法来杀死或除去物品上或环境中的所有微生物。消毒是用物理或化学的方法杀死物体上绝大部分微生物，实际上是部分灭菌。

三、材料和器具

1. 药品　乙醇、石灰水、石炭酸、来苏儿、甲醛、高锰酸钾、漂白粉、结晶紫、升汞、过氧化氢、新洁尔灭等常用化学杀菌剂。

2. 器具 电烘箱、高压灭菌锅、紫外灯、细菌过滤器、玻璃器皿、金属接种工具等。

四、常用的灭菌方法

1. 火焰灭菌和干热灭菌

（1）火焰灭菌。微生物接种工具如接种环、接种针或其他金属用具等，可直接在酒精灯火焰上灼烧灭菌。

（2）干热灭菌。用干燥热空气（170℃）杀死微生物的方法。玻璃器皿（如吸管、平板等）、金属用具等不适于用其他方法灭菌而又耐高温的物品都可用此方法灭菌。培养基、橡胶制品、塑料制品等不能用干热灭菌法。

电烘箱构造如实训图 8-1 所示，操作步骤如下。

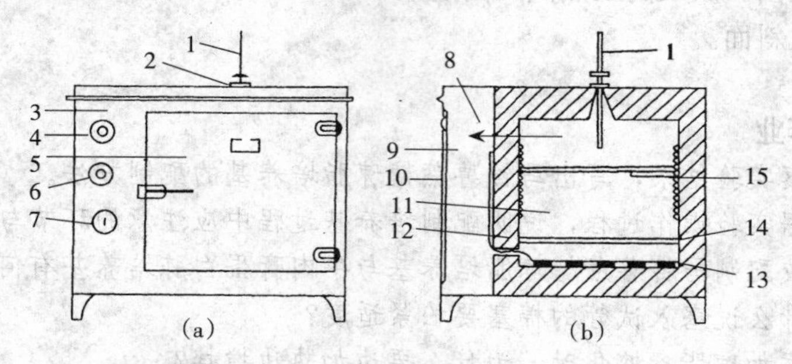

实训图 8-1 电烘箱的外观和结构

（a）外观 （b）结构

1. 温度计 2. 排气阀 3. 箱体 4. 控温器旋钮 5. 箱门 6. 指示灯 7. 加热开关 8. 温度控制阀 9. 控制室 10. 侧门 11. 工作室 12. 保温层 13. 电热器 14. 散热板 15. 搁板

①将准备灭菌的玻璃器皿洗净晾干，用纸包好，放入灭菌的铁盒或铝盒内，置于电烘箱内，关好箱门。

②接通电源，打开电烘箱排气孔，等温度升至 80～100℃时关闭排气孔，继续升温至 160～170℃，恒温灭菌 1～2h。

③灭菌结束后，断开电源，自然降温至 60℃以下，打开电烘箱门，取出物品放置备用。

2. 常压蒸汽灭菌 常压蒸汽灭菌适宜于不宜用高压蒸煮的物质如糖液、牛奶、明胶等灭菌，分常压蒸汽持续灭菌和常压蒸汽间歇灭菌。

（1）常压蒸汽持续灭菌。将待灭菌的培养基或物品装入常压灭菌锅内，加热至 100℃大量产生蒸汽时，继续加大火力保持充足蒸汽，持续 3～6h，杀死绝大部分芽孢和全部营养体。

（2）常压蒸汽间歇灭菌。将待灭菌的培养基或物品装入常压灭菌锅内，加热至100℃大量产生蒸汽时，维持30～60min，每天灭菌1次，连续灭菌3d。在两次灭菌之间，将培养基放在室温（28～30℃）下培养。

3. 高压蒸汽灭菌 高压蒸汽灭菌是应用最广、效果最好的湿热灭菌方法。将待灭菌的物品放入一个密闭的高压蒸汽灭菌锅内，通过加热使灭菌锅内水沸腾产生蒸汽，驱除锅内冷空气后，关闭排气阀，继续加热使锅内蒸汽压力提高，水的沸点上升，获得高于100℃的蒸汽温度，以达到完全灭菌的目的。

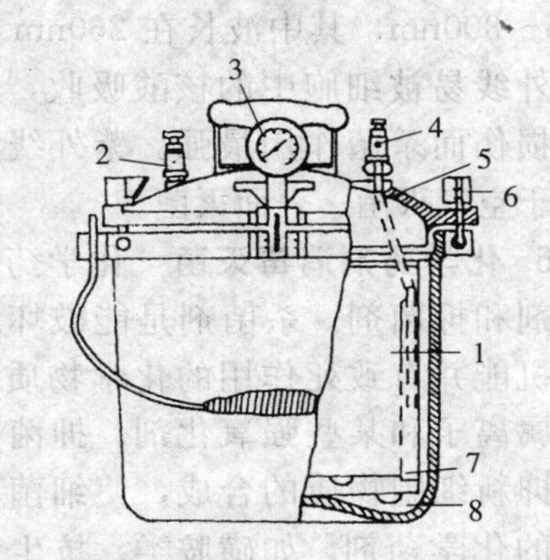

实训图8-2 手提式高压蒸汽灭菌锅

1. 灭菌桶 2. 安全阀 3. 压力表 4. 放气阀 5. 软管 6. 紧固螺栓 7. 支架 8. 水

高压蒸汽灭菌器有立式、卧式、手提式等类型，下面以手提式高压蒸汽灭菌锅（实训图8-2）为例说明操作方法。

（1）加水。使用前将内层锅取出，向外层锅内加入适量的水，使水面与三角搁架相平为宜。

（2）装锅。将待灭菌物品放入内层锅中，不要过满或太挤，以免妨碍蒸汽流通影响灭菌效果。盖好锅盖，旋紧四周固定螺栓，打开排气阀。

（3）加热排气。加热至锅内沸腾，并有大量蒸汽自排气阀冒出时，维持3～5min以排除空气，然后关闭排气阀。

（4）保温保压。当压力升至0.1MPa，温度达到121℃时，控制热源，保持压力和温度，灭菌30min后，切断热源。

（5）出锅。当压力表降至“0”处，温度降到100℃以下后，打开排气阀，松开螺栓，打开盖子，取出灭菌物品。

4. 过滤除菌 过滤除菌是指含菌液体或气体通过细菌过滤器，使杂菌留在滤器或滤板上，从而去除杂菌的方法。常用于不宜用湿热灭菌的液体物质灭菌，如抗生素、血清、糖类溶液等。细菌过滤器是由孔径极小能阻挡细菌的陶瓷、硅藻土、石棉或玻璃粉等制成（实训图8-3）。为了加快过滤，一般采用抽气减压的方法进行过滤。

细菌过滤器的种类很多，主要有陶瓷滤器、硅藻土滤器、石棉板滤器、玻璃滤器、微孔滤膜等。各种滤器在使用前后都要彻底洗涤干净，新滤器在使用前应先在流水中浸泡洗涤，再放在0.1%盐酸中浸泡数小时，最后用流水冲洗洁净后使用。

5. **紫外线灭菌** 紫外线的波长范围是15～300nm，其中波长在260nm左右的紫外线易被细胞中的核酸吸收，造成细胞损伤而杀菌作用最强。紫外线灭菌常用于空气灭菌、表面灭菌。

6. **化学药剂消毒灭菌** 化学药剂分杀菌剂和抑菌剂。杀菌剂是能破坏细菌代谢机能并有致死作用的化学物质，如重金属离子和某些强氧化剂。抑菌剂只是阻抑新细胞物质的合成，使细菌不能增殖的化学药剂，如磺胺类、抗生素制剂等。在通常情况下，杀菌剂只能杀死细菌营养体而不能杀死芽孢，起到消毒作用，又称消毒剂。

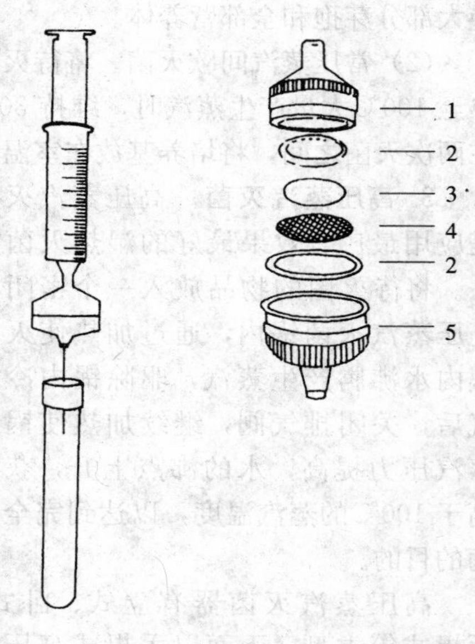

实训图 8-3 微孔滤膜过滤器装置
1. 入口端 2. 垫圈 3. 微孔膜
4. 支持板 5. 出口端

常用的化学杀菌剂及其使用浓度和应用范围见实训表8-1。

实训表 8-1 常用化学杀菌剂使用浓度和应用范围

类 别	名 称	常用浓度	应用范围
醇类	乙醇	70%～75%	皮肤及器械消毒
酸类	乳酸	0.33～1moL	空气消毒
碱类	石灰水	1%～3%	地面消毒、粪便消毒等
酚类	石炭酸	5%	空气消毒、地面或器皿消毒
	来苏儿	2%～5%	空气消毒、皮肤消毒
醛类	甲醛	40%溶液 2～6mL/m³	接种室、接种箱或器皿消毒
重金属离子	升汞	0.1%	植物组织表面消毒
	硝酸银	0.1%～1%	皮肤消毒
氧化剂	高锰酸钾	0.1%～3%	皮肤、水果、蔬菜、茶杯等消毒
	过氧化氢	3%	清洗伤口、口腔黏膜消毒
	氯气	0.2～1mL/m³	饮用水清洁消毒
	漂白粉	1%～5%	培养基容器及饮用水消毒
	过氧乙酸	0.2%～0.5%	塑料、玻璃、皮肤消毒等
染料	结晶紫	2%～4%	外用伤口消毒
表面活性剂	新洁尔灭	0.25%	皮肤及不能遇热的器皿消毒

实训作业

1. 干热灭菌适用哪些对象？为什么有些物品不宜用干热灭菌？
2. 高压蒸汽灭菌适用哪些对象？有什么优点？
3. 为什么干热灭菌的温度要比蒸汽灭菌的温度高？
4. 高压蒸汽灭菌在正式灭菌前为什么要排除冷空气？
5. 紫外线灭菌一般在何种情况下采用？
6. 常用的化学消毒剂有哪些？

实训九　微生物的纯种分离技术

一、实训目的

（1）掌握常用微生物纯种分离技术。

（2）熟悉无菌操作环节。

二、基本原理

微生物纯种分离技术要求在严格的无菌条件下进行，常用的微生物分离方法有稀释平板分离法和划线分离法。根据不同的材料采用不同的方法，其目的是要在培养基上出现欲分离微生物的单菌落，必要时再对单菌落进一步纯化。

三、材料和器具

1. 材料　菜园土、无菌水。

2. 培养基　牛肉膏蛋白胨琼脂培养基。

3. 器具　接种环、玻璃刮铲、250mL 三角瓶、培养皿、试管、1mL 无菌吸管、酒精灯、试管架、标签纸、天平、记号笔等。

四、方法与步骤

1. 稀释平板分离法

（1）样品稀释液的制备。准确称取过筛的菜园土 10g，放入装有 90mL 无菌水并放有小玻璃珠的 250mL 三角瓶中，充分振荡 10～20min，静置 20～30s，即成 10^{-1}稀释液；再用 1mL 无菌吸管吸取 10^{-1}稀释液 1mL 移入装有 9mL 无菌水的试管中，混合摇匀即成 10^{-2}稀释液；再用一支 1mL 无菌吸管吸取 10^{-2}稀释液 1mL 移入装有 9mL 无菌水的试管中，混合摇匀即成 10^{-3}稀释液；以此类推，连续稀释，制成 10^{-4}、10^{-5}、10^{-6}稀释液，供平板接种用

(实训图 9-1)。

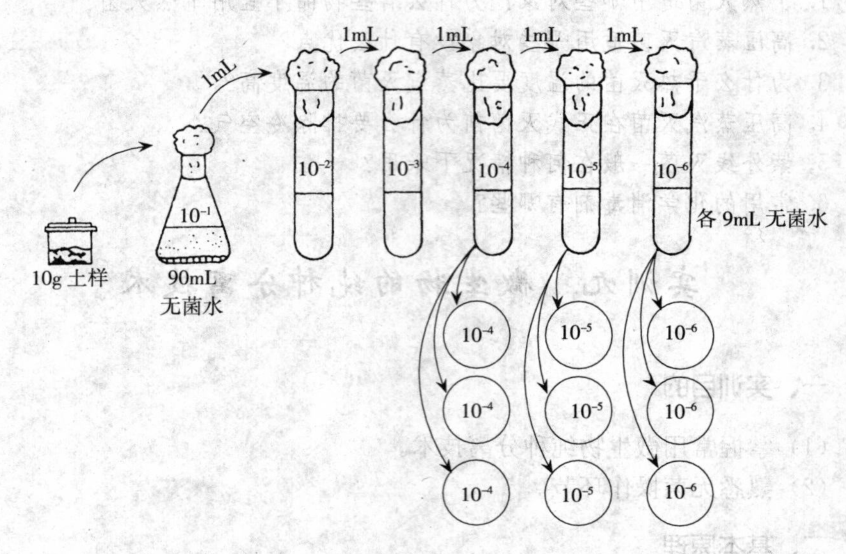

实训图 9-1 样品的稀释和稀释液的取样培养

(2) 平板接种培养。平板接种培养有混合平板培养法和涂抹平板培养法。

①混合平板培养法是将无菌培养皿按稀释度编号，每一编号设置 3 个重复，用 1mL 无菌吸管按无菌操作要求吸取 10^{-6} 稀释液 1mL 放入编号 10^{-6} 的培养皿中，再重复 2 次。同样的方法吸取 10^{-5} 稀释液放入编号 10^{-5} 的 3 个无菌培养皿中，吸取 10^{-4} 稀释液放入编号 10^{-4} 的 3 个无菌培养皿中。然后在 9 个培养皿中分别倒入已融化冷却至 45℃左右的牛肉膏蛋白胨琼脂培养基，轻轻转动平板使稀释液与培养基混合均匀，冷凝后倒置培养。

②涂抹平板培养法与混合平板法基本相同，所不同的是先将培养基熔化后趁热倒入无菌培养皿中，待凝固后编号。然后用无菌吸管吸取 0.1mL 稀释液接种在相应稀释度编号的平板培养基上，再用无菌刮铲在平板上涂抹均匀。将涂抹好的平板静置 20～30min，使菌液渗透于培养基内，然后倒转平板，保温培养（实训图 9-2，实训图 9-3）。

2. **划线分离法** 用灭菌接种环沾取 10^{-1} 稀释液一环于已凝固的平板培养基上进行划线。划线有两种方式，一种为交叉划线法，一种为连续划线法。交叉划线法见实训图 9-4 (a)，是在平板的一边做第一次“Z”字形划线，转动培养皿约 70°，将接种环在火上烧过并冷却后，通过第一次划线部分，做第二次“Z”字形划线。同样的方法进行第三次、第四次划线。连续

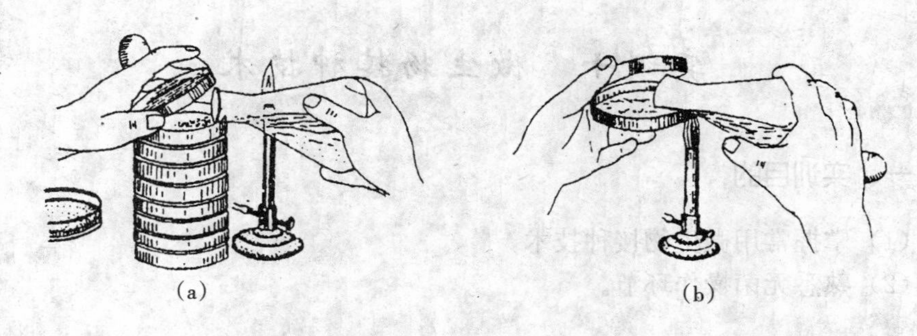

实训图 9-2　倒平板

(a) 皿架法　(b) 手持法

划线法是从平板边缘的一点开始，如实训图 9-4（b）做连续波浪式划线，直到平板另一边。转动培养皿 180°，再从平板另一边同样划线至平板中央(不烧接种环)。

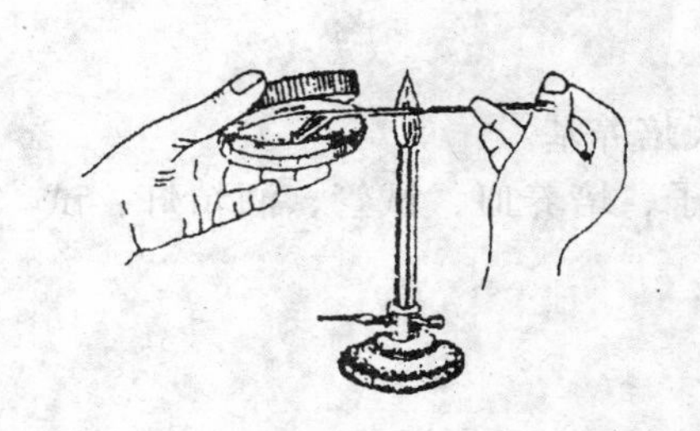

实训图 9-3　涂布法

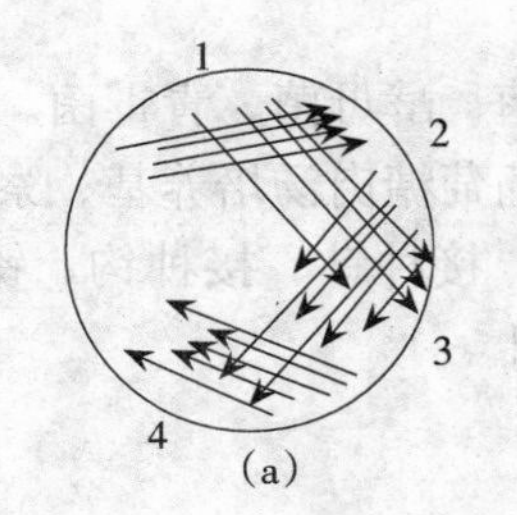

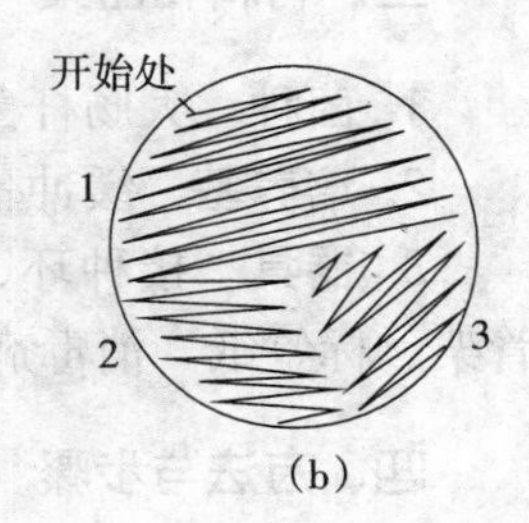

实训图 9-4　划线分离法

(a) 交叉划线分离法　(b) 连续划线分离法

1、2、3、4. 表示划线起始和终止位置

3. **培养**　将上述接种过土壤悬液的平板倒置于 30℃培养，至长出菌落为止。

4. **纯化**　在平板上选择较好的有代表性的单菌落接种斜面，同时做涂片检查。若有不纯，应进一步挑取菌落采用划线分离，或制成菌悬液做稀释分离，直至获取纯培养。

实训作业

1. 观察稀释平板分离法的实验结果，写出分离方法，分析实验结果。
2. 观察划线分离法的实验结果，写出实验步骤与环节。
3. 比较稀释平板分离法与划线分离法的优缺点。

实训十　微生物接种技术

一、实训目的

（1）掌握常用微生物接种技术。

（2）熟悉无菌操作环节。

二、基本原理

微生物接种技术是生物类专业最基本的操作技术，要求在严格的无菌条件下进行。因实验目的、培养基种类及容器的不同，所用接种方法不同。常用的接种方法有斜面接种、液体接种、固体接种和穿刺接种。

三、材料和器具

1. 菌种　大肠杆菌、酵母菌、青霉菌。

2. 培养基　缓冲葡萄糖肉汤培养基、察氏培养基。

3. 器具　接种环、接种针、接种钩、镊子、培养皿、试管、酒精灯、试管架、标签纸、消毒剂。

四、方法与步骤

1. 接种前的准备

（1）无菌室的准备。一般小规模的接种操作使用无菌接种箱或超净工作台；工作量大的使用无菌室接种，配合使用超净工作台。

（2）接种工具的准备。最常用的接种工具是接种环，此外，还有接种针、接种钩等。

（3）接种材料的准备。将菌种、欲接种的培养基试管或平板贴好标签及其他用品放在操作台上摆好。

（4）环境消毒。无菌室或工作台使用前需打开紫外线灯，照射 30min，关闭紫外线灯使用。接种人员操作前还需换好隔离工作服、鞋、帽，戴上口罩，将手清洗消毒。

2. 接种方法

（1）斜面接种技术。斜面接种是从已经生长好的菌种斜面上挑取少量菌种移植到另一支新鲜斜面培养基上的一种接种方法（实训图 10 - 1）。

①手持试管：将菌种和待接斜面的两支试管如图所示握在左手中，斜面向

上，保持水平。

②取接种环：右手拿接种环，在火焰上将环端及可能伸入试管的部分烧红灭菌。

③拔棉塞：用右手的无名指和小指先后拔出菌种管和待接试管的棉塞，让试管口缓缓过火灭菌。

④取菌种：将灼烧过的接种环伸入菌种管，先接触管壁或未长菌的培养基让其冷却。待冷却后轻轻沾取少量菌或孢子，移出菌种管。

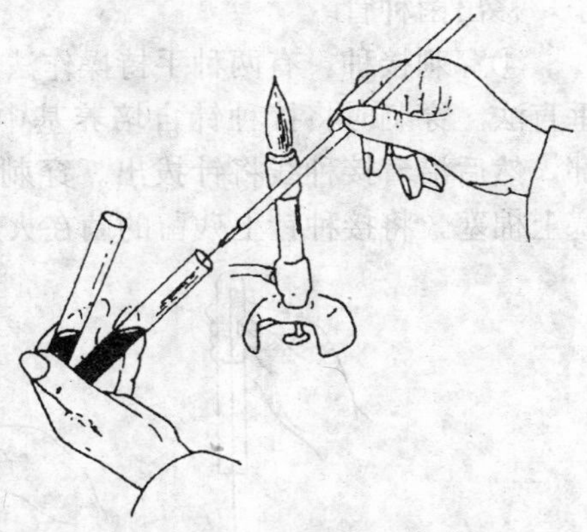

实训图 10-1 斜面接种

⑤接种：在火焰旁边迅速将沾有菌种的接种环伸入另一支待接斜面试管。从斜面培养的底部向上部做“Z”形来回密集划线。注意不要划破培养基斜面。

⑥塞棉塞：取出接种环，灼烧试管口，在火焰旁边塞上棉塞。

⑦环灭菌：再将接种环烧红灭菌，放好。

（2）液体接种技术。

①斜面菌种接种液体培养基：如接种量小，可用接种环取少量菌体移入待接培养基中，在器壁上摩擦，把菌苔研开。抽出接种环，塞上棉塞，轻轻摇晃液体，让菌体均匀分布。如接种量大，可先在斜面菌种管中倒入定量无菌水，用接种环把菌苔刮下研开，再把菌悬液在火焰旁边倒入液体培养基中。注意倒前需将试管口在火焰上灭菌。

②液体菌种接种液体培养基：可用无菌的滴管或移液管吸取菌液接种到液体培养基，也可直接把液体培养物倒入液体培养基中。

（3）固体接种技术。

①用菌液接种固体料：菌液包括用菌苔刮洗制成的悬液和直接培养的发酵液，接种时在无菌条件下将菌液直接倒入固体培养料中，搅拌均匀即可。

②用固体菌种接种固体料：固体菌种包括用孢子粉、菌丝孢子混合菌种，在无菌条件下把菌种直接倒入灭菌的固体培养料中，进行充分搅拌。

（4）穿刺接种技术。是一种用接种针从菌种斜面上挑取少量菌体，并把它穿刺接种到固体或半固体的深层培养基中的方法，适合于细菌和酵母菌的接种培养。

①持管：手持试管，旋松棉塞。

②针灭菌：取接种针，灼烧灭菌。

③拔塞取菌：用右手的无名指和小指拔出棉塞，将灼烧过的接种针伸入菌种管，先接触管壁或未长菌的培养基让其冷却。待冷却后轻轻沾取少量菌或孢

子，移出菌种管。

④穿刺接种：有两种手持操作法（实训图 10-2），一种是水平法，一种是垂直法。穿刺时将接种针自培养基中心垂直刺入培养基中，直到接近试管底部，然后沿着接种线将针拔出。穿刺时手要稳，动作要轻，速度要快。最后，塞上棉塞，将接种针上残留的菌在火焰上烧掉。

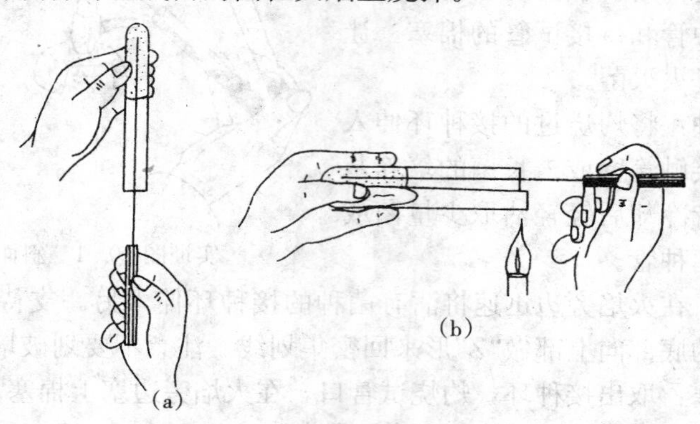

实训图 10-2　穿刺接种法

(a) 垂直法　(b) 水平法

3. 培养　将接种过的试管或培养皿放在恒温培养箱中培养，24h 后观察结果。

实训作业

1. 以斜面接种技术为例写出接种全过程。
2. 根据培养结果分析接种过程中应注意的关键技术环节。
3. 试比较上述 4 种接种方法的特点及适用对象。

实训十一　自来水中大肠杆菌的测定

一、实训目的

(1) 学习测定水中大肠杆菌数量的多管发酵法。
(2) 了解测定水中大肠杆菌的意义。

二、基本原理

大肠杆菌能发酵乳糖产酸产气，而很多细菌不能发酵乳糖。发酵管中加入乳糖蛋白胨培养基，并倒置一德汉氏小管，培养基中还加入了溴甲酚紫作指示剂（溴甲酚紫还有抑制芽孢菌等细菌的作用）。如果样品中有大肠杆菌菌群，接种后37℃培养24h后，培养基混浊，大肠杆菌发酵乳糖而产酸产气，培养基由原来的紫色变为黄色，倒置于发酵管中的德汉氏小管中出现气泡，为阳性结果。但也有其他细菌在此条件下产气，产酸不产气的也不能作为阴性结果，如果样品中大肠杆菌量少，也可能培养48h后产气，此时作为可疑结果，需做平板分离和复发酵实验进一步检查。培养48h后还不产气的是阴性结果。

平板分离一般用伊红美蓝培养基，此培养基用伊红和美蓝作为指示剂。大肠杆菌发酵乳糖产酸时，两种染料结合成复合物，产生带核心的有金属光泽的深紫色菌落。初发酵管培养24h和48h内产酸产气的都需要做平板分离，平板分离培养基还可用远藤氏培养基或复红亚硫酸钠培养基。

以上大肠杆菌阳性菌落，若镜检为革兰氏染色阴性无芽孢杆菌，通过发酵实验再进一步证实，原理同前，培养24h后产酸产气的是阳性结果。

三、材料和器具

1. 培养基 乳糖蛋白胨发酵管（内有倒置德汉氏小管）、三倍浓缩乳糖蛋白胨发酵管（内有倒置德汉氏小管）、伊红美蓝琼脂培养基、灭菌水。

2. 器具 三角瓶、玻璃瓶（带塞）、吸管、试管、培养皿等。

四、方法与步骤

1. 水样的采取 用酒精灯外焰将自来水水龙头烧3min，再放开水龙头5min，用灭菌三角瓶接取水样，待用。

2. 初发酵实验 向两个含有50mL三倍浓缩乳糖蛋白胨发酵烧瓶中，各加入100mL水样。在10支含有5mL三倍浓缩的乳糖蛋白胨发酵管中，各加入10mL的水样。混匀后，37℃培养24h。如果发酵管内培养基变黄但小管内没有气体，则继续培养48h。

3. 平板分离 经24h培养后，将产酸产气的发酵管（瓶）分别划线接种于伊红美蓝平板上，再于37℃培养18～24h。如果出现深紫黑色、有金属光泽或紫黑色、不带或略带金属光泽或淡紫红色、中心颜色较深的菌落，挑菌体做革兰氏染色、镜检。

4. 复发酵实验 如果镜检为革兰氏阴性无芽孢杆菌，则挑取菌落的另一部分，重新接种于普通浓度的乳糖蛋白胨发酵管中，每管可接种来自同类型菌落1～3个，37℃培养24h，结果又产酸产气，即证实有大肠杆菌群存在。根据初发酵实验的阳性管数，查实训表11-1可得自来水中大肠杆菌群数。

实训表 11-1　大肠杆菌检数表

10mL 的阳性管数 \ 100mL 的阳性管数	0	1	2
	每升水样中大肠杆菌数	每升水样中大肠杆菌数	每升水样中大肠杆菌数
0	<3	4	11
1	3	8	18
2	7	13	27
3	11	18	38
4	14	24	52
5	18	30	70
6	22	36	92
7	27	43	120
8	31	51	161
9	36	60	230
10	40	69	>230

注：接种水样总量 300mL（100mL2 份，10mL10 份）

本实验多管发酵法操作步骤和结果解释见实训图 11-1。

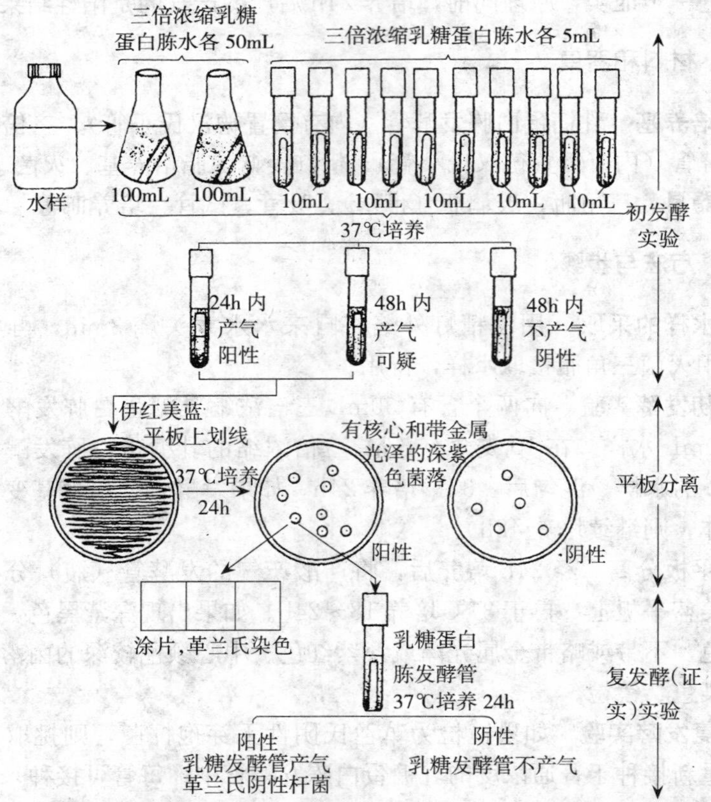

实训图 11-1　多管发酵法测定水中大肠杆菌的操作步骤和结果解释

（沈萍等，微生物学实验，1999）

实训作业

1. 测定水中大肠杆菌数量有何意义?

2. 如何测定湖水、河水中的大肠杆菌数量?

实训十二　微生物菌种保藏

一、实训目的

掌握菌种保藏的基本原理及常用的保藏方法。

二、基本原理

菌种保藏的目的是使菌种经保藏后不死亡、不衰退、不污染杂菌。在菌种保藏的过程中，要创造一个适合于微生物休眠或代谢活动降到极低程度的环境，根据微生物的生理、生化特性可以通过控制低温、干燥、真空缺氧、缺乏营养物质等条件来实现。

三、材料和器具

1. 材料　细菌、酵母菌、放线菌、霉菌等斜面菌种、液体石蜡、10% HCl、河砂、黄土（或红土）、无水 $CaCl_2$、P_2O_5。

2. 器具　无菌试管、无菌吸管（1mL 及 5mL）、无菌滴管、接种环、60 目及 100 目筛子、干燥器、真空泵。

四、方法与步骤

1. 斜面低温保藏法

（1）贴标签。将标有菌种名称和接种日期的标签贴在无菌斜面试管的管口上，在斜面的正上方，距试管口 2～3cm 处。

（2）斜面接种。将待保藏的菌种用接种环以无菌操作移接至相应的试管斜面上。

（3）培养。细菌 37℃培养 18～24h，酵母菌 28～30℃培养 36～60h，放线菌和丝状真菌 28℃培养 4～7d。

（4）保藏。斜面长好后，用牛皮纸将管口棉塞包扎好，可直接放入 4℃冰箱保藏。

保藏时间依微生物种类而不同，无芽孢细菌及酵母菌可保藏 1～3 个月，霉菌、放线菌及有芽孢的细菌可保存 3～6 个月，而不产芽孢的细菌最好每月移种一次。此法操作简单，使用方便，但保存时间短，需要经常移种，并容易变异和污染杂菌。

2. 液体石蜡保藏法

（1）液体石蜡灭菌。将液体石蜡分装在三角烧瓶中，塞上棉塞，并用牛皮纸包扎好，放高压锅内121℃湿热灭菌30min，然后置于105～110℃烘箱中1h，以除去石蜡中的水分。

（2）接种培养。同斜面低温保藏法。

（3）加液体石蜡。用无菌滴管吸取经灭菌的液体石蜡，以无菌操作注入到已长好菌种的斜面上，液体石蜡的加入量以高出斜面顶端约1cm为标准，使菌种与空气隔绝。

（4）保藏。用牛皮纸将试管口棉塞包好，然后直立放置于4℃冰箱中保存。

利用这种保藏方法，霉菌、放线菌、有芽孢细菌可保藏2年以上，酵母菌可保藏1～2年，一般无芽孢细菌也可保藏1年左右。此法操作简单，不需要特殊设备，但需直立保存，又不便携带。

3. 砂土管保藏法

（1）砂土处理。取河砂经60目筛子过筛，除去粗颗粒，加10%HCl浸泡4h，然后煮沸30min，以除去有机杂质，然后倒去盐酸，用清水冲洗至中性，烘干或晒干。取贫瘠的黄土（不含有机质），用自来水浸泡、冲洗至中性，烘干、粉碎，用100目筛子过筛，除去粗颗粒。

（2）装砂土管。将砂与土按2∶1的比例（或其他比例）混合均匀，装入10mm×100mm的试管中，每管装1cm高，加棉塞，并外包牛皮纸，高压锅121℃湿热灭菌1h，然后烘干。抽样检验，确保无菌。

（3）制备菌液。在待保藏的菌种试管斜面里用无菌操作加入3～5mL无菌水，用接种环轻轻搅动，制成菌悬液。

（4）加样。用无菌吸管吸取适量菌悬液加入砂土管中，用接种环拌匀。加入菌悬液量以砂土湿润为宜。

（5）干燥。将含菌的砂土管放入盛有$CaCl_2$或P_2O_5干燥剂的干燥器中，再用真空泵连续抽气3～4h，抽干水分，加速干燥。

（6）保藏。将砂土管用石蜡封口后可保藏于干燥器中或者4℃的冰箱中，也可以在室温干燥处保存。

此法适用于能产生芽孢的细菌及形成孢子的霉菌、放线菌等的保藏，一般可保存1～10年。

实训作业

1. 填写实训报告于实训表12-1。

实训表12-1 菌种保藏记录表

菌种名称	保藏编号	保藏方法	保藏日期	存放条件	经手人

2. 说明菌种保藏的原理。
3. 各种保藏方法分别适合保藏哪些类型的微生物？能保藏多长时间？
4. 如何防止菌种斜面试管棉塞受潮和污染杂菌？

实训十三 血清学技术

一、实训目的

(1) 了解血清学反应的基本原理。
(2) 掌握凝集试验操作方法及结果的判断。
(3) 掌握环状沉淀试验的操作方法及结果的判断。

二、基本原理

血清学反应是在电解质存在的情况下，抗原与相应抗体特异性结合，发生聚合形成肉眼可见的聚合物的反应。电解质的主要作用是消除抗原抗体结合物表面的电荷，使其失去同电相斥的作用而变的相互吸引，从而形成聚合物。

凝集反应是颗粒性抗原（如细菌、细胞等）与特异性抗体结合。试验时是稀释抗体，凝集反应可以在玻片上进行，也可以在试管内进行。玻片凝集试验是用已知的抗血清鉴定未知抗原的试验，为定性试验。试管凝集试验是用已知定量抗原检测血清中有无特异性抗体，测定抗体效价，为定量试验。

沉淀反应是可溶性抗原（如细菌提取物、血清、病毒溶液等）与特异性抗体结合。由于是可溶性抗原，单个抗原分子体积小，单位体积的溶液内所含的抗原量多，其总反应面积大，出现反应所需的抗体量多。因此，试验时为了使抗原抗体比例合适，不使抗原过剩，常常是稀释抗原，而不是稀释抗体。引起沉淀反应的抗原称为沉淀原，对应的抗体称为沉淀素。出现环状沉淀反应的抗原最高稀释度的倒数为沉淀素的效价。

三、材料和器具

1. 材料 大肠杆菌斜面培养物、大肠杆菌悬液、大肠杆菌免疫血清、马血清、兔抗马免疫血清、正常兔血清、生理盐水。

2. 器具 载玻片、吸管、毛细吸管、小试管、沉淀管、接种环、酒精灯、水浴箱等。

四、方法与步骤

1. 玻片凝集试验

(1) 在载玻片的一端加一滴大肠杆菌免疫血清，另一端加一滴生理盐水作对照，并做好标记。

(2) 用接种环从大肠杆菌斜面培养物上取少许菌体，涂于生理盐水中，并涂匀；灼烧接种环，同法取少许菌体涂于免疫血清中，并涂匀。

(3) 轻轻摆动玻片，然后在室温下静置 5min 观察结果。生理盐水不发生凝集，为均匀混浊状；在免疫血清中，出现凝集块、周围液体澄清，说明抗原抗体发生特异性结合为阳性反应。

2. 试管凝集试验

(1) 取小试管 1 支，用 1mL 吸管吸取 0.9mL 生理盐水，加入试管；再用另一支 1mL 吸管吸取 0.1mL 大肠杆菌免疫血清，加入试管。用此吸管将试管内液体吸吹 3 次，配制成稀释度为 1∶10 的血清。

(2) 试管架上排列小试管 8 支，依次编号。

(3) 用 5mL 吸管吸取 4mL 生理盐水，按顺序分别向各试管中加 0.5mL。

(4) 用 1mL 吸管吸取 0.5mL 稀释度为 1∶10 的大肠杆菌免疫血清，加入第 1 个试管中，吸吹 3 次以混合均匀；再取 1 支 1mL 吸管从第 1 个试管中取 0.5mL，加入第 2 个试管中，同法混匀；再取 1 支吸管从第 2 个试管中吸取 0.5mL 加入第 3 个试管中。依此类推，直到第 7 个试管为止，用 1mL 吸管从第 7 个试管中取 0.5mL 稀释血清弃去。第 8 个试管不加血清，为生理盐水对照。这样 1～7 个试管内血清稀释度依次为 1∶20、1∶40、1∶80、1∶160、1∶320、1∶640、1∶1 280。这种稀释法称为连续倍比稀释法。

(5) 用另一支吸管吸取大肠杆菌悬液 4mL，从第 8 个试管加起，顺序逐个加入 0.5mL。则试管内血清稀释度又增加一倍，即 1∶40～1∶2 560。本试验稀释法总结于实训表 13 - 1。

(6) 摇匀各管，置 37℃水浴箱中 4h，取出后放冰箱过夜，18～24h 后观察结果。

实训表 13-1 试管凝集试验稀释操作表

试管号	1	2	3	4	5	6	7	8
生理盐水（mL）	0.5	0.5	0.5	0.5	0.5	0.5	0.5	0.5
1∶10 血清量(mL)	0.5 →	0.5 →	0.5 →	0.5 →	0.5 →	0.5 →	0.5 →	弃去 0.5
血清稀释度	1∶20	1∶40	1∶80	1∶160	1∶320	1∶640	1∶1 280	对照
细菌悬液	0.5	0.5	0.5	0.5	0.5	0.5	0.5	0.5
最后血清稀释度	1∶40	1∶80	1∶160	1∶320	1∶640	1∶1 280	1∶2 560	对照

（7）判断结果需要有良好的光源和黑暗的背景，先不摇动试管，观察管底有无凝聚物出现，阴性和对照试管，无凝集块，细菌沉积于管底呈圆形，边缘整齐，阳性试管可见管底形成边缘不整齐的凝集块。然后可摇动试管，阴性试管内沉积菌分散成均匀的悬液，阳性试管内不是均匀混浊，而是有很多小块悬浮于液体中。

按照凝集的强度，将试验结果分 5 级。

①＋＋＋＋：细菌全部凝集，凝集块完全沉积于管底，液体澄清。

②＋＋＋：细菌绝大部分凝集，凝集块沉于管底，液体微混。

③＋＋：细菌部分凝集，液体较混浊，管底有较多细小凝集物。

④＋：少量细菌凝集，液体混浊。

⑤－：无凝集，同对照管。

取能发生“＋＋”级凝集的最高血清稀释度的倒数，为该血清的抗体效价。

3. 环状沉淀试验

（1）取 1∶25 的马血清 1mL 用生理盐水稀释成实训表 13-2 中各浓度，稀释方法同试管凝集试验（倍比稀释法）。

实训表 13-2 马血清稀释操作表

试管号	1	2	3	4	5	6	7
生理盐水（mL）	1	1	1	1	1	1	1
1∶25 马血清量（mL）	1 →	1 →	1 →	1 →	1 →	1 →	1
血清稀释度	1∶50	1∶100	1∶200	1∶400	1∶800	1∶1 600	1∶3 200

（2）试管架上排列沉淀管 9 支，依次编号。

（3）用毛细吸管吸取1∶2的兔抗马免疫血清加入沉淀管底部，每试管约2滴。

（4）用另一毛细吸管吸上面已稀释好的马血清，按实训表 13-3 加入各试管。从最高稀释度加起，沿管壁徐徐加入，使之与下层兔抗马免疫血清之间形成界面，切勿摇动，第 8 试管加生理盐水，第 9 试管加稀释兔血清以作对照。

实训表 13-3　环状沉淀试验操作表

试 管 号		1	2	3	4	5	6	7	8	9
1∶2兔抗马免疫血清量（滴）		2	2	2	2	2	2	2	2	2
马血清	稀释度	1∶50	1∶100	1∶200	1∶400	1∶800	1∶1 600	1∶3 200	生理盐水	兔血清1∶50
	量（滴）	2	2	2	2	2	2	2	2	2

（5）在室温下静置 15～30min 后观察结果，注意在两液面交界处看有无白色环状沉淀出现。

（6）结果记录的方法是凡有白色环状沉淀者记“＋”号，没有沉淀者记“－”。两液面交界处有白色环状沉淀的最大稀释度的倒数即为沉淀素的效价。

实训作业

1. 将试验结果记录填入实训表 13-4、实训表 13-5、实训表 13-6。

实训表 13-4　玻片凝集试验记录表

	大肠杆菌抗血清＋大肠杆菌	生理盐水＋大肠杆菌
画图表示		
阴性或阳性（以－或＋表示）		

实训表 13-5　试管凝集试验记录表

试管号	1	2	3	4	5	6	7	8
血清稀释度								
结果								

实训表 13-6　环状沉淀试验记录表

试管号	1	2	3	4	5	6	7	8	9
抗原稀释度	1∶50	1∶100	1∶200	1∶400	1∶800	1∶1 600	1∶3 200	生理盐水	兔血清
结果									

2. 试验中为什么要加生理盐水？

3. 测得的大肠杆菌免疫血清抗体效价是多少？

4. 测得的兔抗马免疫血清沉淀素的效价是多少？

实训十四 抗生素效价的微生物学测定

一、实训目的

(1) 了解抗生素效价的微生物测定法的基本原理。

(2) 掌握管碟法的基本操作方法。

二、基本原理

抗生素效价的微生物学测定法指的是利用抗生素对某种微生物具有抗菌性能的特点来测定抗生素含量的方法，有稀释法、比浊法和琼脂扩散法3大类。管碟法是琼脂扩散法中最常用的一种方法，在管碟法中又有一剂量法、二剂量法和三剂量法。

本实训采用二剂量法。该法是利用抗生素在琼脂培养基中的扩散、渗透作用，将已知效价的标准品与未知效价的待检品均做同样倍数的稀释，取高、低两种浓度的抗生素稀释液，在相同条件下分别加到含有敏感试验菌的琼脂培养基平板表面的牛津杯（小不锈钢管）内，经培养后，由于抗生素的抑菌作用，在抗生素扩散的有效范围内会出现透明的抑菌圈。通过比较标准品和待检品的抑菌圈大小，就可计算出待检品的效价。

由于本法是利用抗生素抑制敏感菌的直接测定方法，符合临床应用的实际情况，而且灵敏度很高，不需特殊设备，因此一般实验室及生产上多采用此法。也被世界所公认，而成为国际通用的方法被列入各国药典。但此方法的缺点是培养时间较长，操作步骤较多，重复性较差。

三、材料和器具

1. 材料 金黄色葡萄球菌、营养肉汤培养基、营养琼脂培养基、青霉素标准品、青霉素待检品、蒸馏水。

2. 器具 牛津杯（小不锈钢管）、培养皿、无菌吸管、镊子、陶瓦盖、卡尺、100mL容量瓶等。

四、方法与步骤

1. 试验菌的培养 在营养琼脂培养基上接金黄色葡萄球菌菌种培养传代一次后，再移种至营养肉汤培养基中，37℃培养10～18h，取出备用。

2. 1%的pH6.0磷酸缓冲溶液的配制 准确称取0.8gKH_2PO_4和0.2g

K_2HPO_4，置100mL容量瓶中，用蒸馏水稀释至刻度，转入试剂瓶中灭菌备用。

3. 青霉素标准品溶液的配制 精确称量青霉素标准品6g，用1%的pH6.0磷酸盐缓冲溶液溶解成一定浓度的原液，再将此原液进一步稀释至2.0U/mL和0.5U/mL两种浓度。

4. 待检样品溶液的配制 待检样品溶液按标准品溶液的配方进行配制。最终得到的高浓度和低浓度与标准品的两种浓度相近。由于在效价计算中，所用的数据为高浓度和低浓度的比值，即稀释倍数的比值，因而虽不知道待检品高浓度稀释液和低浓度稀释液的具体浓度值，也不会影响效价的计算结果。

5. 混菌平板的配制 用大口吸管吸取20mL已加热熔化的营养琼脂培养基，注入无菌培养皿内，均匀铺满皿底，待凝固后作为底层培养基。用2mL无菌吸管吸取培养好的金黄色葡萄球菌培养液1.2mL，加至48～50℃保温的100mL营养琼脂培养基中，轻轻摇匀，再用无菌大口吸管吸取5.0mL加至已冷凝好的底层培养基上，立即摇匀。

6. 效价测定（管碟法）

（1）加小钢管。待含菌薄层平板完全凝固后，在培养皿底部划分成4区（实训图14-1），并做标记，中心部位贴一标签纸，在纸的四角相应位置注明加入药物的名称。然后用无菌镊子夹取小钢管的上部，将其分别轻放在4个区的中央，用镊子轻轻按小钢管使其与培养基表面紧密接触，但不能穿破培养基。

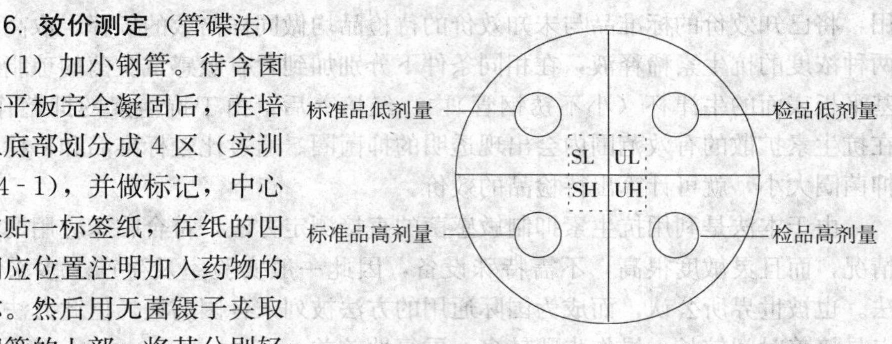

实训图14-1 管碟法效价测定示意图

（2）加药液。用无菌吸管吸取标准品和待检品各两种浓度的药液，分别注满相应的小钢管内，但不能溢出，4个小钢管加的药量要一致。

（3）换陶瓦盖。以无菌操作法取下培养皿盖，立即换上已灭菌的陶瓦盖，平放于37℃恒温箱内培养18～24h，观察结果。

（4）测量抑菌圈直径。用卡尺精确测量不同浓度每种药液的抑菌圈直径（用mm表示）。

（5）效价计算。直接代入公式计算

$$\lg\theta=\frac{V}{W}\cdot\lg K=\frac{(UH+UL)-(SH+SL)}{(SH+UH)-(SL+UL)}\cdot\lg\frac{H}{L}$$

$$P_u=\theta \cdot P_s$$

式中 SH ——标准品的高剂量稀释液（H=2.0U/mL）的抑菌圈直径；

SL ——标准品的低剂量稀释液（L=0.5U/mL）的抑菌圈直径；

UH ——待检品的高剂量稀释液的抑菌圈直径；

UL ——待检品的低剂量稀释液的抑菌圈直径；

θ ——相对效价（待检品与标准品效价之比）；

P_s ——标准品效价；

P_u ——待检品效价。

为了减少误差，一般做4个培养皿，然后计算出每个数值4皿的平均值，最后代入公式，计算出待检品的效价。

实训作业

1. 计算青霉素待检品的效价是多少？
2. 抗生素效价测定为什么不用玻璃皿盖而用陶瓦盖？
3. 抗生素效价测定中为什么常用管碟法？其优缺点有哪些？

附 录

附录Ⅰ 常用试剂和指示剂的配制

1. 3%酸性乙醇溶液：浓盐酸 3mL、95%乙醇 97mL。

2. 1mol/LNaOH 溶液：NaOH40g、蒸馏水1 000mL。

3. 溴甲酚紫指示剂：溴甲酚紫 0.04g、0.01mol/LNaOH7.4mL、蒸馏水 92.6mL，溴甲酚紫 pH5.2～6.8，颜色由黄变紫，常用浓度 0.04%。

4. 1.6%溴甲酚紫乙醇溶液：溴甲酚紫 1.6g、95%乙醇 50mL、蒸馏水 50mL。

5. 溴麝香草酚蓝指示剂：溴麝香草酚蓝 0.04g、0.01mol/LNaOH6.4mL、蒸馏水 93.6mL，溴麝香草酚蓝 pH6.0～7.6，颜色由黄变蓝，浓度为 0.04%。

6. 甲基红试剂：甲基红 0.04g、95%乙醇 60mL、蒸馏水 40mL，先将甲基红溶于 95%乙醇中，然后加入蒸馏水即可。

7. 伏普试剂：

(1) 5%α-萘酚无水乙醇溶液：α-萘酚 5g、无水乙醇 100mL。

(2) 40%KOH 溶液：KOH40g、蒸馏水 100mL。

8. 吲哚试剂：对二甲基氨基苯甲醛 2g、95%乙醇 190mL、浓盐酸 40mL。

附录Ⅱ 常用染液的配制

1. 齐氏石炭酸复红染色液：

(1) A 液：碱性复红 0.3g、95%乙醇 10mL。

(2) B 液：石炭酸 5.0g、蒸馏水 95mL。

2. 吕氏碱性美蓝染色液：

(1) A 液：美蓝（甲烯、次甲基蓝、亚甲基蓝）0.6g、95%乙醇 30mL。

(2) B 液：KOH0.01g、蒸馏水 100mL。

分别配制 A 液和 B 液，配好后混合摇匀即可使用。

3. 革兰氏染色液：

(1) 草酸铵结晶紫染色液：A 液为结晶紫 2.0g、95%乙醇 20mL，B 液为草酸铵 0.8g、蒸馏水 80mL，将 A、B 两液充分溶解后混合静置 48h 后使用。

（2）路哥氏碘液：碘 1g、碘化钾 2g、蒸馏水 300mL，配制时，先将碘化钾溶于 5～10mL 水中，再加入碘 1g，使其溶解后，加水至 300mL 即成。

（3）95%乙醇溶液。

（4）番红复染液：番红 2.5g、95%乙醇 100mL，取上述配好的番红乙醇溶液 10mL 与 80mL 蒸馏水混匀即成。

4. 芽孢染色液：

（1）5%孔雀绿染色液：孔雀绿 5g、蒸馏水 100mL，配制时尽量溶解，最后过滤使用。

（2）0.5%番红水溶液：番红 0.5g、蒸馏水 100mL。

5. 0.1%美蓝染液（观察酵母和放线菌用）：美蓝 0.1g、蒸馏水 100mL。

6. 乳酸石炭酸棉蓝溶液（观察霉菌形态用）：石炭酸 10g、乳酸（相对密度 1.2）10mL、甘油（相对密度 1.25）20mL、蒸馏水 10mL、棉蓝 0.02g，配制时，先将石炭酸放入水中加热溶解，然后慢慢加入乳酸及甘油，最后加入棉蓝，使其溶解即成。

附录Ⅲ　常用培养基的配制

1. 牛肉膏蛋白胨培养基（培养细菌用）：牛肉膏 3g、蛋白胨 10g、NaCl 5g、琼脂 15～20g、水1 000mL，pH 为 7.0～7.2，121℃灭菌 20min。

2. 高氏Ⅰ号培养基（培养放线菌用）：可溶性淀粉 20g、KNO_3 1g、NaCl 0.5g、K_2HPO_4 0.5g、$MgSO_4$ 0.5g、$FeSO_4$ 0.01g、琼脂 20g、水 1 000mL，pH 为 7.2～7.4，配制时，先用少量冷水将淀粉调成糊状，倒入煮沸的水中，加热，边搅拌边加入其他成分，待溶解后补足水分至1 000mL，121℃灭菌 20min。

3. 察氏（Czapek）培养基（培养霉菌用）：$NaNO_3$ 2g、K_2HPO_4 1g、KCl 0.5g、$MgSO_4$ 0.5g、$FeSO_4$ 0.01g、蔗糖 30g、琼脂 15～20g、水1 000mL，121℃灭菌 20min。

4. 马铃薯培养基（简称 PDA）（培养真菌用）：马铃薯 200g、蔗糖（或葡萄糖）20g、琼脂 15～20g、水 1 000mL，马铃薯去皮，切成小块煮沸 30min，然后用纱布过滤得滤液，加入糖及琼脂，融化后补足水至1 000mL，121℃灭菌 30min。

5. 麦芽汁琼脂培养基：

（1）取大麦或小麦若干，用水洗净，浸水6～12h，置15℃阴暗处发芽，上盖纱布一块，每日早、中、晚淋水一次，麦根伸长至麦粒的2倍时，即停止发芽，摊开晒干或烘干，储存备用。

（2）将干麦芽磨碎，1份麦芽加4份水，在65℃水浴锅中糖化3～4h，糖化程度可用碘滴定之。

（3）将糖化液用4～6层纱布过滤，滤液如混浊不清，可用鸡蛋白澄清，方法是将一个鸡蛋白加水约20mL，调匀至生泡沫时为止，然后倒在糖化液中搅拌煮沸后再过滤。

（4）将滤液稀释到波美5～6°，pH约6.4，加入2%琼脂即成。

（5）121℃灭菌20min。

6. 麦氏琼脂培养基（培养酵母菌用）：葡萄糖1g、KCl 1.8g、酵母浸膏2.5g、醋酸钠8.2g、琼脂15～20g、蒸馏水1 000mL，113℃灭菌20min。

7. 缓冲葡萄糖肉汤培养基：蛋白胨10g、Na_2HPO_4 2g、葡萄糖1g、NaCl 3g、肉浸液（或用0.5%的牛肉膏代替）1 000mL，称取各种药品于肉浸液中加热溶解，调pH至7.4，分装，121℃高压蒸汽灭菌30min。

8. 柠檬酸盐培养基：$NH_4H_2PO_4$ 1g、K_2HPO_4 1g、NaCl 5g、$MgSO_4$ 0.2g、柠檬酸钠2g、琼脂15～20g、蒸馏水1 000mL、1%溴香草酚蓝乙醇溶液10mL，将上述各成分加热溶解后，调pH至6.8，然后加入指示剂摇匀，用脱脂棉过滤。制成后为黄绿色，分装试管，121℃灭菌20min后制成斜面。

注意：配制时控制好pH为6.8，不要过碱，以黄绿色为准。

9. 醋酸铅培养基：pH 7.4的牛肉膏蛋白胨琼脂100mL、硫代硫酸钠0.25g、10%醋酸铅水溶液1mL，将牛肉膏蛋白胨琼脂100mL加热熔解，待冷至60℃时加入硫代硫酸钠0.25g，调pH至7.2，分装于三角瓶中，115℃灭菌15min。取出后待冷至55～60℃，加入10%醋酸铅水溶液（无菌的）1mL，混合后倒入灭菌试管或平板中。

10. 合成培养基：$(NH_4)_3PO_4$ 1g、KCl 0.2g、$MgSO_4 \cdot 7H_2O$ 0.2g、豆芽汁10mL、琼脂20g、蒸馏水1 000mL，pH为7.0，加12mL0.04%的溴甲酚紫（pH 5.2～6.8，颜色由黄变紫）作指示剂，121℃灭菌20min。

11. 蛋白胨水培养基：蛋白胨10g、NaCl 5g、蒸馏水1 000mL，pH为7.6，121℃灭菌20min。

12. 葡萄糖蛋白胨水培养基：蛋白胨5g、葡萄糖5g、K_2HPO_4 2g、蒸馏水1 000mL，将各成分溶于1 000mL水中，调pH为7.0～7.2，过滤，分装试管，每管10mL，112℃灭菌30min。

13. 豆芽汁培养基：黄豆芽100g、蔗糖（或葡萄糖）50g、蒸馏水

1 000mL，称新鲜豆芽 100g，放入烧杯中，加水 1 000mL，煮沸约 30min，用纱布过滤。用水补足原量，再加入蔗糖（或葡萄糖）50g，煮沸融化。121℃灭菌 20min。

附录Ⅳ 常用消毒剂的配制

1. 5%石炭酸液：石炭酸（酚）5g、水 100mL。

2. 5%甲醛液：甲醛原液（35%）100mL、水 600mL。

3. 3%过氧化氢（双氧水）：30%过氧化氢原液 100mL、水 900mL，密闭、避光、低温保存。

4. 75%乙醇：95%乙醇 75mL、水 20mL。

5. 2%煤酚皂液（来苏儿）：煤酚皂液 40mL、水 960mL。

6. 0.25%新洁尔灭：新洁尔灭（5%）50mL、水 950mL。

7. 漂白粉溶液：漂白粉 10g、水 140mL，使用前临时配制。

8. 消毒碘酒：碘片 20g、碘化钾 8g、乙醇（95%）500mL，蒸馏水加至 1 000mL。

9. 红汞（医用红药水）：红汞 20g 溶于1 000mL 蒸馏水中。

10. 0.1%的 $KMnO_4$：用 1g$KMnO_4$溶解于 999mL 水中即成。

附录Ⅴ 洗涤液的配制与使用

1. 洗涤液的配制：洗涤液分浓溶液和稀溶液两种。

（1）浓溶液：重铬酸钠或重铬酸（工业用）50g、自来水 150mL、浓硫酸（工业用）800mL。

（2）稀溶液：重铬酸钠或重铬酸（工业用）50g、自来水 850mL、浓硫酸（工业用）100mL。

配法都是将重铬酸钠或重铬酸先溶解于自来水中，可慢慢加温，使溶解，冷却后徐徐加入浓硫酸，边加边搅动。

配好的洗涤液应是棕红色或橘红色，储存于有盖容器内。

2. 原理：重铬酸钠或重铬酸钾与硫酸作用后形成铬酸。铬酸的氧化能力极强，因而此液具有极强的去污作用。

3. 使用注意事项：

（1）洗涤液中的硫酸具有强腐蚀作用，玻璃器板浸泡时间太长，会使玻璃变质，因此切记将器板取出冲洗。其次，洗涤液若沾污衣服和皮肤应该立即用水洗，再用苏打水或氨液洗。如果溅在桌椅上，应立即用水洗去或湿布抹去。

(2) 玻璃器板投入前，应尽量干燥，避免洗涤液稀释。

(3) 此液的使用仅限于玻璃或瓷制器板，不适用于金属和塑料器板。

(4) 有大量有机质的器板应先行擦洗，然后再用洗涤液，这是因为有机质过多，会加快洗涤液失效。此外，洗涤液虽为很强的去污剂，但也不是所有的污迹都可清除。

(5) 盛洗涤液的容器应始终加盖，以防氧化变质。

(6) 洗涤液可反复使用，但当其变为墨绿色时即已失效，不能再用。

主要参考文献

[1] 沈萍．微生物学．北京：高等教育出版社，2000
[2] 沈萍，范秀容，李广武．微生物学实验．北京：高等教育出版社，1999
[3] 沈萍．微生物学实验．第三版．北京：高等教育出版社，2002
[4] 李阜棣，胡正嘉等．微生物学．第5版．北京：中国农业出版社，2000
[5] 李阜棣，喻子牛，何绍江等．农业微生物学实验技术．北京：中国农业出版社，1996
[6] 周德庆．微生物学教程．第2版．北京：高等教育出版社，2002
[7] 黄秀梨．微生物学．第2版．北京：高等教育出版社，2003
[8] 黄秀梨．微生物学．北京：高等教育出版社，1998
[9] J. 尼克林，K. 格雷米—库克，R. 基林顿著．林稚兰译．微生物学．第2版．北京：科学出版社，2003
[10] 张青，葛菁萍等．微生物学．北京：科学出版社，2004
[11] 周奇迹．农业微生物．北京：中国农业出版社，2001
[12] 刘璋，陈其国．简明微生物学教程．武汉：武汉大学出版社，2004
[13] 陈华葵，樊庆笙．微生物学．第四版．北京：农业出版社，1979
[14] 无锡轻工业学院等．微生物学．北京：轻工业出版社，1980
[15] 翁连海．食品微生物基础与应用．北京：高等教育出版社，2002
[16] 陈铁华．微生物学．北京：中国林业出版社，1990
[17] 岑沛霖．工业微生物学．北京：化学工业出版社，2004
[18] 卢希平．园林植物病虫害防治．上海：上海交通大学出版社，2004
[19] 钱存柔等．微生物学实验教程．北京：北京大学出版社，1999
[20] 郭维烈．实用微生物技术．北京：科学技术文献出版社，1991
[21] 项琦．粮油食品微生物学检验．北京：中国轻工业出版社，1992
[22] 杨崇智．食品微生物学．北京：农业出版社，1990
[23] 武汉大学．微生物学．北京：高等教育出版社，1990
[24] 闻玉梅，陆德源．现代微生物学．上海：上海医科大学出版社，1991
[25] 杨颐康．微生物学．北京：高等教育出版社，1986
[26] 杨洁彬，李淑高等．食品微生物学．北京：北京农业大学出版社，1989
[27] 陈宗泽，唐玉琴．农业微生物学．长春：吉林科学技术出版社，1998
[28] 甘肃农业大学．兽医微生物学．北京：农业出版社，1980
[29] 陈文新．土壤和环境微生物学．北京：北京农业大学出版社，1990
[30] 武汉大学，复旦大学．微生物学．第二版．北京：高等教育出版社，1987
[31] 葛兆宏．动物微生物学．北京：中国农业出版社，2001
[32] 周少奇．环境生物技术．北京：科学出版社，2003
[33] 钱爱东．食品微生物．北京：中国农业出版社，2002

[34] 蔡信之，黄君红．微生物学．第二版．北京：高等教育出版社，2002
[35] 钱海伦．微生物学．北京：中国医药科技出版社，1996
[36] 岑沛霖，蔡谨．工业微生物学．北京：化学工业出版社，2000
[37] 吴金鹏．食品微生物学．北京：农业出版社，1992
[38] 唐珊熙．微生物学．北京：中国医药科技出版社，1996
[39] 李榆梅．微生物学．北京：中国医药科技出版社，1999
[40] 廖湘萍．微生物学基础．北京：高等教育出版社，2002
[41] 张惠康．微生物学．北京：中国轻工业出版社，1990

图书在版编目（CIP）数据

微生物学/张曙光主编．—北京：中国农业出版社，2006.5（2008.2重印）
21世纪农业部高职高专规划教材
ISBN 978-7-109-10635-2

Ⅰ．微…　Ⅱ．张…　Ⅲ．微生物学—高等学校：技术学校—教材　Ⅳ．Q93

中国版本图书馆CIP数据核字（2006）第034927号

中国农业出版社出版
（北京市朝阳区农展馆北路2号）
（邮政编码 100125）
责任编辑　王芳芳

北京通州皇家印刷厂印刷　　新华书店北京发行所发行
2006年8月第1版　　2010年8月北京第3次印刷

开本：720mm×960mm 1/16　　印张：15.5
字数：272千字
定价：20.80元